Das
egoistische
Gehirn

이기적인
뇌

DAS EGOISTISCHE GEHIRN
by Achim Peters
Copyright ⓒ 2000 by Ullstein Buchverlage GmbH, Berlin.
Published in 2011 by Ullstein Verlag.

All rights reserved. No Part of this publication may be used or reproduced in
any manner whatever without the written permission except in the case of brief
quotation embodied in critical articles or reviews.

Korean Translation Copyright ⓒ 2013 by ECO-LIVRES Publishing Co.
Korean edition is published by arrangement with Ullstein Buchverlage GmbH
through BC Agency, Seoul.

이 책의 한국어판 저작권은 BC 에이전시를 통해 저작권자와 독점 계약한 에코리브르에 있습니다.
저작권법에 의해 한국 내에서 보호를 받는 저작물이므로 무단 전재와 복제를 금합니다.

이기적인 뇌
뇌는 왜 다이어트를 거부하고 몸과 싸우는가

초판 1쇄 인쇄일 2013년 6월 20일   초판 1쇄 발행일 2013년 6월 25일

지은이 아힘 페터스 | 옮긴이 전대호
펴낸이 박재환 | 편집 유은재 이정아 | 관리 조영란
펴낸곳 에코리브르 | 주소 서울시 마포구 서교동 468-15 3층(121-842) | 전화 702-2530 | 팩스 702-2532
이메일 ecolivres@hanmail.net | 출판등록 2001년 5월 7일 제10-2147호
종이 세종페이퍼 | 인쇄·제본 상지사

ISBN 978-89-6263-096-1 03510

책값은 뒤표지에 있습니다.   잘못된 책은 구입한 곳에서 바꿔드립니다.

이기적인 뇌

뇌는 왜
다이어트를 거부하고
몸과 싸우는가

아힘 페터스 지음 | 전대호 옮김

에코
리브르

리자 마리와 라세에게 바칩니다.

머리말: 지키니엔 문제

2008년 여름, 나는 함부르크에서 에스파냐로 날아가는 비행기 안에 있었다. 생각에 잠긴 채 창밖으로 비행기가 맑은 날씨에 레만 호변의 로잔과 몽트뢰 상공을 지나는 모습을 보았다. 나는 일주일 전 그곳에서 내 친구이자 동료인 뤽 펠르랭Luc Pellerin을 방문했다. 우리는 토론하고 연구 결과를 나누면서 며칠 동안 흥미진진한 시간을 보냈다. 창밖 저 아래로 웅장한 산맥이 지나갈 때, 갑자기 깊은 행복감이 나를 휘감았다. 어느 철학자가 자신의 인생에 결정적 영향을 미친 깨달음을 얻은 젊은 시절의 한순간을 묘사한 책을 읽은 덕분에 나도 내 과거로 빠져들었다……. 1976년 여름, 나는 마침내 고등학교 졸업장을 손에 쥐고 의학 공부를 하기 위한 준비로 간호사 실습을 시작했다. 그해 여름에는 전국수학경시대회 2차전에도 참가했다. 참가자는 네 문제를 두 달 동안 집에서 풀어야 했다. 그중 세 문제는 쉽게 풀었지만 나머지 한 문제는 아주 어려웠다. 내가 몇 주 동안 매달린 넷째 문제는 이러했다. "지키니엔 섬의 모든 마을에서는 각각 도로 3개가 뻗어나간다. 그 도로 각각은 다른 마을로 이어진다. 이 도로 외에 다른 도로는 없으며, 마을의 수는 유한하다. 여행자 하나가 A 마을을 출발한다. 다음 마을에서는 두 갈래 길에서 왼쪽 길을 선택하고, 그다음 마을에서는 오른쪽 길을 선택한다. 이런 식으로 계속해서 왼쪽 길과 오른쪽 길을 번갈아 선택한다. 이럴 경우 이 여행자가 결국에는 A 마을로 돌아오게 된다는 것을 증명하라."

불현듯 나는 결정적인 단서를 잡았다. 해답은 지키니엔에 마을의 수가 무한히 많지 않다는 것과 관련이 있는 게 분명했다. 실제로 나는 여행자의 여로旅路가 출발점으로 돌아오는 "닫힌 경로"를 이룬다는 것을 증명할 수 있었다. 내가 마침내 이 넷째 문제를 풀었을 때 느낀 행복감은 이루 말할 수 없었다. 지금도 기억하지만, 훗날 나는 의학 분야에서도 그렇게 명확한 해답을 한 번 얻게 되길 얼마나 자주 꿈꿨는지 모른다. 레만 호 상공의 비행기 안에서 창밖을 내다보던 나는 갑자기 그 꿈을 실현하는 게 임박했음을 깨달았다. 마침내 내 닫힌 경로를 발견한 것이다! 지키니엔 섬의 여행자가 다시 출발점으로 돌아오듯 뇌를 위한 에너지는 그것을 필요로 하는 장소에서 뇌로 보내진다는 사실을 말이다. 요컨대 내 의학적인 지키니엔 문제의 해답은 다음과 같았다.

"뇌는 가장 먼저 자기 자신을 챙긴다."

차례

006 머리말: 지키니엔 문제

1부 뇌는 어떻게 물질대사를 조절하는가
- 012 과체중: 모든 것은 의지의 문제?
- 033 뇌가 주문하는 에너지: 하루에 설탕 한 잔
- 044 진화와 이기적인 뇌
- 050 뇌의 에너지 관리
- 061 이기적인 뇌의 탄생
- 070 운동선수의 성공이 머리에서 비롯되는 이유
- 080 한밤의 발작적 배고픔
- 088 우리 안의 짚신벌레

2부 뇌는 어떻게 몸을 희생해 에너지 위기를 해결하는가
- 102 전반적 침묵: 뇌 속의 고요
- 113 뇌-당김의 경쟁력 부족: 비상 대책으로서 음식 섭취
- 123 시험대에 오른 당뇨병의학
- 144 다이어트가 부질없는 이유
- 154 살빼기를 하면 우울증이 생길까

3부 과체중과 당뇨병의 진짜 원인: 예방과 출구

- 170 손상된 기억 유전자
- 183 만성 스트레스는 우리의 뇌를 어떻게 프로그래밍할까
- 194 프로그래밍된 식욕
- 210 스트레스가 정신적 외상으로 발전할 때
- 219 게임 조종기와 뇌 물질대사의 재프로그래밍
- 224 거짓 신호
- 240 과체중의 참된 원인을 알아내고 제거하기
- 254 감정은 우리의 길잡이
- 274 물질대사 교육: 우리 아이들을 날씬하게 키우는 법

- 300 맺음말
- 305 용어 설명
- 310 참고문헌
- 342 감사의 글

I

뇌는 어떻게 물질대사를 조절하는가

과체중:
모든 것은 의지의 문제?

가장 끔찍한 예상이 들어맞았다고 체중계의 눈금이 말해준다. 2킬로그램이 늘었다, 며칠 만에. 몇 주 동안의 다이어트 노력이 이번에도 헛수고로 돌아갔다. 처음엔 어느 모로 보나 희망적이었다. 찬란한 여름 햇살 아래 버터처럼 몇 킬로그램이 녹아 없어졌다. 그러나 사라진 몇 킬로그램이 안겨준 자부심은 금세 날아갔다. 음식을 포기할 때의 서운함, 식사 때마다 자기 자신과 싸워야 하는 괴로움, 우울한 기분, 고통스러운 발작처럼 치미는 식욕, 끊임없는 음식 생각이 결심의 바위에 균열을 내고 결국 모든 계획을 내팽개치는 순간이 찾아온다. 불현듯 모든 게 무의미하고 중요한 것은 다시 한 번 제대로 먹어보는 것이라는 생각이 엄습한다.

다이어트를 해본 사람이라면 누구나 이런 상황을 안다. 그런데도 조언자들과 언론은 살을 빼는 일이 아주 간단하다고 속삭인다. 체중 감량은 결국 의지의 문제일 뿐이다. 그렇지 않은가? 그렇지 않다면, 온갖 노력에도 불구하고 감량에 실패하거나 성공했다가도 금세 원래 체중으로 돌아갈 때, 왜 우리는 죄책감을 느낄까? 날씬한 몸매는 이미 오래전에 우리 사회의 핵심적 가치 규범이 되었고, 그 규범에 맞지 않는 사람은 능력을 인정받기가 한층 어렵다. 날씬한 몸매는 활동성, 긍정적 태도, 유능함을 연상시킨다. 반면 비만은 규율 및 책임감 부족의 결과로 여겨진다. 자기 몸 하나 다스리지 못하는 사람이 갈수록 큰 역동성과 유연성을 요구하는 이 사회에서 어떻게 제구실을 할 수 있겠는가?

쾌락 추구가 의지력 부족의 표현이라는 생각은 서양 기독교 문명에서 오랜 전통을 지녔다. 중세에는 무절제한 음식 섭취가 죽을죄로까지 간주되었다. 예컨대 이탈리아 시인 단테는 《신곡》에서 절제 없이 음식을 탐한 자들이 어떤 벌을 받는지 이렇게 묘사했다. "그들은 진창과 오물 속 깊이 누웠고 그들 위로 비가 가차 없이 내리친다. ……입으로 지은 망할 죄 때문에." 지금도 사람들은 뚱뚱한 이에게 낙인을 찍는다. 반드시 악의 때문에 그러는 것은 아니다. 오히려 정반대다. 뚱뚱한 사람들이 미디어에서, 또는 동료나 전문가에게서 듣는 대부분의 말은 최선의 의도에서 비롯된다. 중요한 것은 건강 문제의 예방이다. 사람들은 개인뿐 아니라 보건 체계 전체에 심각한 악영향을 미치는 당뇨병과 기타 질병에 걸릴 위험을 경고한다.

그러나 좋은 의도를 품은 모든 감량 권고는 실은 난감함에서 비롯된 것이기도 하다. 왜냐하면 의학은 과체중의 원인에 대한 구체적인 답을 아직까지 내놓지 못하고 있기 때문이다. 세계보건기구WHO의 자료를 보면, 우리가 과체중 예방과 치료를 위한 뾰족한 대책을 아직 마련하지 못했다는 생각을 하게 된다. 비만이라는 고요한 건강 재앙에 관한 통계를 보면, 전 세계적으로 16억 명의 성인이 과체중이다. 그중 4억 명이 비만,

곧 병으로 분류할 만큼 심한 과체중이다. 5세 미만의 아동에서도 4200만 명이 확실한 과체중이다. 세계보건기구 보고서에서는 여러 해 전부터 과체중을 지구적 유행병으로, 또한 향후 수십 년 동안 가장 많은 비용이 들 건강 문제로 거론한다. 미국의 몇몇 주에서는 성인 비만증 환자의 수가 1980년 이후 3배 넘게 증가했다. 그런 곳에서는 어느새 초비만(체질량지수 35 이상)이라는 개념까지 도입되었다. 영국, 동유럽, 오세아니아의 상황도 그에 못지않게 극적이다. 유럽연합에서는 독일이 과체중 남성 75.4퍼센트, 과체중 여성 58.9퍼센트로 1위에 올랐다. 특히 아동과 청소년 중에서 과체중 인구가 걱정스러울 만큼 증가했다. 현재 독일 아동과 청소년의 14.8퍼센트, 즉 170만 명이 과체중이다. 우리 아이들이 날씬한 몸매를 유지하고 비만이라는 유행병에서 벗어나게 하려면 무엇을 바꿔야 할까?

중국 보건 당국도 나날이 심각해지는 과체중 문제에 직면했다. 적어도 인구가 빠르게 증가하는 대도시에서만큼은 그러하다. 급격한 경제 발전이 사람들의 물질대사에 남긴 흔적이 불거지는 속도는 놀랄 만큼 빠르다. 베이징 인구의 53.9퍼센트, 상하이 인구의 34퍼센트가 과체중이다. 통상 굶주림과 영양 부족의 대륙으로 여겨지는 아프리카는 어떨까? 믿기 어려울지 모르지만, 과체중은 아프리카에서도 확산 중이다. 대체 왜 우리는 이 유행병을 다스리지 못하는 것일까? 많은 나라에서 엄청난 예산과 치료비를 투입하건만 왜 과체중의 유행은 잦아들지 않을까? 인간은 늘 음식을 섭취해왔는데, 왜 갑자기 먹는 것이 문제가 되었을까? 그리고 왜 아무도 이 문제를 해결하지 못할까? 요컨대 사람들이 나날이 뚱뚱해지는 원인은 무엇일까?

"과체중의 원인은 신체의 에너지 대사에 있다"고 생리학자 진 메이어Jean Mayer는 확신했다. 그는 1950년대에 최초로 과체중자에 대한 낙인찍기를 새로운 과학적 지식을 통해 종식시키려 한 인물이다. 메이어는 영양 섭취가 의지에 좌우되지 않고 우리 신체의 에너지 수준에 의해 조절된다는 것을 생리학적 모형을 통해 입증하고자 했다. 이 같은 기본 발상을 출발점으로 메이어는 미국의 과체중 현상에 대처하기 위해 의학적·보건 정책적 싸움을 벌였다.

프랑스 태생인 메이어는 뚜렷한 정치의식과 큰 영향력을 지닌 영양 섭취 전문가로서 과체중 및 제2형 당뇨병 확산과의 싸움에 중요하게 기여한 선구자 중 한 사람이다. 사업가와 의사를 여럿 배출한 유서 깊은 가문의 자손인 그는 1920년 2월 19일 파리에서 태어났다. 처음엔 소르본 대학에서 철학과 수학, 생물학을 공부했다. 그러던 중 제2차 세계대전이 터지는 바람에 어쩔 수 없이 학업을 중단했다. 전쟁이 끝난 후 메이어는 미국 이민을 결심했고, 그곳에서 저명한 생리학자였던 아버지의 뒤를 따르기 시작했다. 예일 대학에서 생리화학으로 박사 학위를 받은 후 워싱턴 의과대학과 하버드 대학에서 근무했다. 메이어는 과학의 하늘에 새롭게 떠오른 찬란한 별이었다. 게다가 그가 다루는 분야는 의학 및 보건 정책에서 그 중요성이 점점 더 커지고 있었다. 영양 섭취를 연구한 그의 전문 분야는 과체중과 당뇨병의 발생 및 치료였다. 경제 위기와 결핍, 전쟁, 배급으로 대표되는 수십 년이 지난 후 1950년대와 더불어 풍요의 시대가 찾아왔다. 미국인의 식습관은 극적으로 변화했다. 미국의 간이식당은 패스트푸드 체인점으로 바뀌었다. 패스트푸드가 가정에서 요리한 음식을 온 가족이 식탁에서 함께 먹는 문화를 밀어내는 추세가 갈수록 강해졌다. 이런 변화의 결과는 당대 의학의 관점에서 충격적이었다. 과체중과 당뇨병이 확산된 것이다. 당시 의사들은 물질대사에서 비롯된 질환, 곧 대사성 질환을 치료할 준비가 덜 되어 있었다. 특히 인슐린의존형 소아당뇨병(제1형 당뇨병)이 의학자들을 괴롭혔다. 당시의 혈당 측정은 가정의가 한 달 정도 간격을 두고 가끔 할 수밖에 없었다. 반면 요즘은 간편한 혈당측정기가 있어 모든 당뇨병 환자는 하루에도 여러 번 스스로 자신의 혈당을 신속하게 측정하고 그 결과에 따라 영양 섭취와 인슐린 투여를 조절할 수 있다. 또 50년 전에는 합병증의 위험을 줄이는 의학적 조치도 지금보다 훨씬 더 미흡했다. 더구나 먼저 물질대사의 점진적 증가와 과체중을 일으켜 결국에는 비인슐린의존형 성인당뇨병(제2형 당뇨병)을 유발하는 원인들에 대해서도 알려진 게 거의 없었다.

메이어는 이런 상황을 타개하고자 했다. 인체의 에너지 공급을 지배하는 법칙을 발견하고 그것을 설명하는 데 매진한 것이다. 그의 기본 발상은 몸에 채워진 에너지의 정도에 따라 영양 섭취량이 결정된다는 것이었다. 쉽게 말해서, 몸에 에너지가 너무 적으면 우리는 배고픔을 느끼고 음식을 먹는다. 그 결과 몸속 에너지 수준이 다시 상승하면 배가 부르고 먹기를 그친다. 이런 전제에 따르면, 우선 몸에 에너지가 필요하다는 것을 알리고 이어서 적당량의 에너지를 요구하는 신호가 있어야 한다.

이러한 몸의 에너지 충만 정도를 알리는 신호 물질을 찾기 위해 메이어는 가장 먼저 혈액에 주목했다. 인체에서 가장 중요한 에너지 통화通貨가 포도당이라는 것은 이미 알려져 있었다. 그리고 혈당 수치는 당시 알려진 체내 에너지 관련 질환 중 가장 큰 제1형 당뇨병 치료에서 이미 중요한 역할을 하고 있었다. 메이어는 이 같은 기존 지식을 바탕으로 "포도당 항상성 이론glucostatic theory"을 내놓았다. 이 이론에 따르면, 인체의 에너지 공급을 좌우하는 결정적 요인은 혈당의 균형이다. 요컨대 영양 섭취를 통해 조절되는 혈당이 뇌를 포함한 모든 장기에 공급되는 에너지의 양을 결정한다.

진 메이어는 자신의 이론을 1953년에 발표했다. 같은 해에 고든 케네디Gordon Kennedy는 메이어의 기본 발상을 변형해 채택한 "지방 항상성 이론lipostatic theory"을 제기했다. 케네디 역시 몸에서 나온 어떤 신호 물질이 에너지 수급을 조절한다고 전제했다. 그러나 그는 그 물질이 혈액에 있지 않고 지방 조직에 있다고 추측했다. 그의 이론에 따르면, 지방 세포는 에너지 충만 상태에 따라서 신호 물질을 분비하고, 그 물질이 지방 세포에 공급되는 영양분의 양을 조절한다. 케네디는 일종의 포만 호르몬을 발견하기 위해 애썼지만 성공하지 못했다. 비슷한 접근법을 채택한 다른 과학자들은 에너지 수급 메커니즘의 명확한 단서를 찾기 위해 위장관胃腸管: 위와 창자를 포함한 소화 계통의 일부—옮긴이을 탐구했다. 이 모든 연구에서 비만의 발생과 관련한 획기적인 성과는 아직 나오지 않았다.

결국 메이어의 기본 발상이 비만과 당뇨병 치료에서 지배적인 위치에 올라섰다. 진 메이어는 자신의 포도당 항상성 이론을 규명하는 데 많은 시간을 투자하며 연구와 출판을 통해 그 이론의 적용 범위를 확장할 수 있었다. 하지만 그 이론의 결함을 메우지는 못했다. 수십 년에 걸친 그의 연구에도 불구하고 여전히 많은 의문이 남아 있다. 그중엔 다음과 같은 결정적인 질문도 있다. 왜 당뇨병 환자는 혈당이 극적으로 높아진

뒤에도 음식을 먹을까? 메이어의 이론이 옳을 경우, 혈당이 높아지면 환자는 곧바로 먹기를 그쳐야 한다. 메이어의 기본 발상에서 파생된 지방 항상성 이론도 유사한 허점을 드러낸다. 왜 비만증 환자는 몸에 지방이 남아도는데도 음식을 먹을까? 그 이론이 예측한 바에 따르면, 비만증 환자는 체내 에너지 충만 수준이 높기 때문에 더 이상 먹지 말아야 한다. 이처럼 예측과 현실이 따로 노는 이유를 지금까지 아무도 설명하지 못했다.

메이어는 1969년부터 실험실 연구를 등졌다. 터프츠 대학의 총장이 된 후에는 여러 해 동안 미국 대통령(리처드 닉슨, 제럴드 포드, 지미 카터)의 보건 정책 자문위원을 맡았다. 비록 이론적으로 명백한 결함이 있었지만, 1993년 사망하기까지 그는 미국에서 가장 영향력 큰 영양 섭취 전문가였다. 영양의 부족과 과잉 문제에 대처하기 위한 다양한 프로그램과 지침이 그의 지휘 아래 채택되었고, 그중 일부는 법과 행정명령으로 제정되었다. 그의 기본 발상은 전 세계에서 존중받았으며 독일의 보건 정책에도 영향을 끼쳤다. 예컨대 의학 전문 분야의 하나인 당뇨병학 전체가 메이어의 이론을 기초로 다음과 같은 치료 목표를 설정했다. 즉 환자의 혈당은 정상 범위를 벗어나지 않거나 크게 벗어나지 않아야 한다. 제2형 당뇨병 환자도 마찬가지다. 내과의학에서 과체중의 위험성을 평가할 때도 같은 원리를 적용한다. 메이어의 기본 발상에서 파생된 지방 항상성 이론에 따르면, 체중 역시 정상 범위를 벗어나지 말아야 한다. 이 원리에 입각한 비만 치료법의 간단명료한 목표는 체중의 정상화이다.

진 메이어의 이론은 지난 수십 년 동안 보건 정책 토론에 지대한 영향을 미쳤다. 하지만 성취는 변변치 않았다. 산업화한 국가들은 전과 다름없이 과체중과 그로 인한 질병에 대처하기 위해 어마어마한 비용을 지출한다. 또한 다이어트, 저열량 식품, 영양 보조 식품 등으로 막대한 돈을 벌어들이는 거대 시장이 형성되었다. 과체중 문제를 해결하기 위해 온갖 노력을 시도했지만, 세계보건기구의 통계가 보여주듯 어떤 방법도 성과를 내지 못하고 있다.

그런데도 모든 사람이 이제껏 써온 방법을 고수한다는 것은 놀라운 일이 아닐 수 없다. 의사, 정치인, 영양 섭취 전문가, 생리학자 할 것 없이 모두 마찬가지다. 다양한 노력에도 불구하고 문제를 풀어낼 가망이 보이지 않는 현실 앞에서 책임 소재를 놓고 논쟁이 벌어진다. 누군가가 과체중 유행병에 책임이 있는 것은 분명하다. 끝도 의미도 없는 이 논쟁에 대해 소아과 의사 로베르트 루스티히Robert Lustig는 학술지 〈소아과의학 연감Pediatric Annals〉에서 다음과 같이 적절한 논평을 했다. "보건 당국은 과체중이 에너지 수급의 불균형에서 비롯된다고 말한다. 사람들이 너무 많은 열량을 섭취하고 운동을 너무 적게 한다고 말이다. 거대 식품 회사는 사람들의 운동량이 부족한 것을 탓하고, 텔레비전 산업은 그릇된 식생활이 원인이라고 주장하며, 앳킨스 다이어트Atkins diet: 일명 황제 다이어트—옮긴이 옹호자는 탄수화물을 마녀로 몰고, 오니시 다이어트Ornish diet 옹호자는 지방을 저주하며, 과일 주스 생산 업체는 레모네이드를 탓하고, 레모네이드 생산 업체는 과일 주스를 손가락질한다. 학교는 부모에게 책임을 돌리고, 부모는 학교에 책임이 있다고 여긴다. 아무도 책임감을 느끼지 않는 문제를 어떻게 해결한단 말인가?" 아무튼 문제는 나날이 더 절박해지고 있다. 앞서 언급한 세계보건기구의 통계는 머잖아 경신될 것이다. 특히 극적인 것은 과체중 아동의 급격한 증가이다. 청소년기 과체중은 성년기 과체중의 뚜렷한 전조인 데다 과체중이 시작되는 나이가 이를수록 병에 걸릴 위험도 한층 빨라진다. 요컨대 이런 식으로 시간을 낭비할 때가 아니다. 위기 선언을 해야 할 때다. 아동과 성인의 과체중은 엄청난 문제이며, 책임 소재를 따져서 그 문제를 풀 수는 없다. 이제는 오래된 믿음에 의문을 제기하고 비만의 원인을 더 자세히 연구하고 새롭게 평가할 때다. 이와 관련해 중요한 단서를 제공하는 새로운 연구 결과들이 있다. 그러한 결과들은 영양 섭취 증가는 궁극적으로 뇌가 자신이 에너지 위기에 처했다고 판단해 취하는 비상 대책이라는 것을 보여준다. 이때 스트레스가 어떤 역할을 하는지, 또한 그 역할과 관련해 영양 섭취와 다이어트, 과체중과 당뇨병 치료, 심지어 아동 교육에 대해 어떤 교훈을 얻을 수 있는지가 이 책이 다룰 내용이다. 이 새로운 과학적 관점은 과체중의 발생을 논하면서 "쾌락"과 "책임 소재" 운운하는 전통적 사고방식을 마침내 불필요하게 만들 것이다.

저울 위의 뇌

스스로를 비판할 줄 아는 과학자답게 진 메이어는 자신의 개념에 부합하지 않는 실험 결과를 붙들고 계속 고민했다. 흥미롭게도 그는 포도당 항상성 이론뿐 아니라 지방 항상성 이론도 지닌 결정적인 결함 중 하나를 메움으로써 자신의 개념을 대폭 확장하고 개선할 기회가 있었다. 1921년 독일 예나 대학교의 병리학자 마리 크리거$^{Marie\ Krieger}$가 발표한 연구 결과물이 그것이다. 요컨대 크리어의 연구 결과는 메이어의 이론을 위한 중요한 주춧돌이 될 수 있었고, 메이어는 그녀의 연구를 참조할 기회가 있었다. 크리거의 박사 논문 지도교수 로베르트 뢰슬레$^{Robert\ Rössle}$와 메이어의 아버지는 당대의 가장 저명한 생리학자 2인방이었다. 따라서 서로의 연구에 대해 잘 알았을 게 확실하므로 메이어가 크리거의 연구를 몰랐을 가능성은 희박하다. 하지만 메이어는 자신의 출판물에서 크리거의 연구를 한 번도 언급하지 않았다. 우리는 마리 크리거가 90여 년 전에 이룬 발견을 이제야 비로소 제대로 평가할 수 있다. 그 발견은 뇌의 에너지 수요가 우리의 체중에 미치는 영향에 관한 연구에서 중요한 이정표이다.

1917년 봄, 1000만 명 넘는 독일 병사가 두 개의 전선에서 전쟁을 벌이고 있었다. 서부 전선의 적은 프랑스와 영국과 미국, 동부 전선의 적은 무너져가는 러시아 제국이었다. 길고 소모적인 전쟁은 군인뿐 아니라 민간인에게도 재앙을 가져왔다. 연합국의 대륙 봉쇄로 독일의 물자는 갈수록 부족해졌다. 연료와 의약품 그리고 무엇보다도 식량이 부족했다. 1916년에서 1917년에 걸친 이른바 '순무 겨울$^{제1차\ 세계대전\ 중\ 독일의\ 기아가\ 극에\ 달한\ 시기에\ 시민들은\ 주로\ 순무로\ 연명했다—옮긴이}$'에 상황은 극도로 악화되었다. 많은 사람이 영양 부족으로 병에 걸리고 쇠약해졌다. 티푸스, 이질, 결핵이 창궐했다.

예나에 있는 프리드리히-실러 대학의 병리학 연구소에는 치명적인 영양 결핍의 희생자들이 하루도 빠짐없이 들어왔다. 연구소는 병과 굶주림 때문에 쇠약해져 사망한 시신을 연구 목적으로 인도받았다. 박사 과정을 밟고 있던 젊은 마리 크리거는 연구소 건물의 지하실에서 일했다. 그녀가 쓰고 있는 논문의 제목은 "기아성 쇠약 상태에서 인체 장기들의 위축에 대하여"였다. "위축^{atrophy}"이란 몸과 장기의 조직 감소를 의미한다. 제목에 있는 두 번째 의학 전문 용어 "기아성 쇠약^{inanition}"은 그 위축의 원인을 말해준다. 의학에서 "기아성 쇠약"이란 몸이 극단적으로 말라서 정상 체중을 훨씬 밑도는 상태를 뜻한다. 마리 크리거가 검사한 시신들은 정상 체중보다 훨씬 가벼웠다. 몇 구는 체중 감소가 45퍼센트에 달했다. 그 원인은 다양했지만 모두 전쟁과 관련이 있었다. 심각한 식이장애를 일으키는 심리적 질환 또는 환자의 영양 섭취를 중단시키는 이질이 원인인 경우도 있었지만, 젊은 군인들 사이에서 가장 큰 원인은 극단적 영양실조였다.

이 세기의 재앙은 의학자 크리거에게 연구의 기회가 되었다. 인간의 굶주림과 쇠약이 장기에 미치는 영향을 연구한 사람은 그때까지 없었다. 크리거는 다음과 같은 아주 간단한 질문을 출발점으로 삼았다. 굶주림이나 단식으로 몸무게가 줄면 근육과 지방뿐 아니라 내부 장기들도 줄어들까? 만일 그렇다면 모든 장기가 고르게 줄어들까?

이런 질문에 답하기 위해 크리거는 정상적으로 영양을 섭취한 남성과 여성의 내부 장기 평균 무게를 알아냈다. 예컨대 간에 대해 그녀는 이렇게 썼다. "영양 상태가 정상인 건강한 성인 남성에서 간의 무게는 몸무게의 2.69퍼센트, 즉 1592~1659그램이다." 크리거가 측정한 뇌의 평균 무게는 1405그램이었다. 이어서 크리거는 쇠약한 시신에서 여러 장기를 떼어내 저울에 올렸다. 대부분의 측정값은 정상값과 크게 달랐다. 쇠약한 시신의 모든 내부 장기는 정상적으로 영양을 섭취한 성인의 장기보다 최대 40퍼센트나 가벼웠다. 단, 뇌는 예외였다. 마리 크리거가 얻은 측정값에서 뇌의 무게 감소는 2퍼센트 이하였다. 놀라운 발견이었다. 심지어 최악의 영양 상태에서도 뇌의 무게는 아주 조금밖에 변하지 않았다.

크리거는 1921년에 연구 결과를 발표했다. 당시의 분석 기법이 제한적이었음에도 불구하고 크리거의 발견은 지금도 타당성을 인정받는다. 오늘날에는 자기공명영상MRI을 통해 살아 있는 사람의 내부 장기 무게 감소도 정확하게 측정할 수 있다. 신경성 식욕부진증(거식증) 환자의 내부 장기 무게는 극단적인 경우 40퍼센트까지 감소하는 반면, 뇌의 크기와 무게는 아주 조금만 줄어든다. 고도 비만 상태에서 저열량 다이어트로 몸무게를 줄여가는 환자를 촬영한 최신 자기공명영상도 다른 모든 장기와 달리 뇌의 무게가 줄어들지 않는다는 것을 보여준다.

왜 그럴까? 왜 우리 몸속의 장기 중 하나는 절박한 기아 상황에서도 영양 부족의 영향을 받지 않는 것처럼 보일까? 이런 현상에 대해 내놓을 수 있는 유일한 설명은 뇌가 몸의 물질대사 위계에서 특별한 지위를 차지한다는 것뿐이다. 뇌는 우선 자기 자신에게 영양을 공급한다. 몸의 나머지 부분은 뇌에 공급하고 남은 영양으로 만족해야 한다. 따라서 결핍 상황이 되면 다른 모든 장기는 가용한 에너지의 전량을 뇌한테 넘기고 굶주려야 한다. 정말로 우리의 뇌는 이기적인 폭군인 걸까?

견제와 균형: 뇌 속의 권력 분립 원리

1950년대 이래로 과학자들은 뇌가 물질대사를 통해 정보를 받아들이고, 처리하고, 전달한다는 것을 잘 알고 있었다. 하지만 원리적으로 뇌는 다른 모든 장기와 마찬가지로 아주 평범한 에너지 수용자일 뿐이었다. 뇌가 독자적인 에너지 수급 계획을 가질 수 있다고 생각한 사람은 아무도 없었다. 일찍이 마리 크리거는 우리의 물질대사가 위계적으로 조직되어 있고, 그 위계에서 뇌가 특별한 지위를 차지한다는 증거를 처음으로 제시했다. "뇌의 이기성"은 비상 상황에서 뇌가 몸의 나머지 부분으로 가는 에너지 대부분을 차단하는 것으로까지 나타난다. 이런 특징적인 행동은 이 책의 바탕에 깔린 연구 방향에 "이기적인 뇌 이론Selfish brain theory"이라는 이름을 붙이는 계기가 되었다.

얼핏 생각하면 우리의 뇌가 이기적일 수 있다는 말이 이상하게 들릴 것이다. 왜냐하면 이 말은 우리의 중추신경계가 독자적으로, 경우에 따라서는 우리의 바람이나 이해관계에 아랑곳하지 않고 행동한다는 뜻을 함축할 수도 있기 때문이다. 하지만 지금 말하는 뇌의 이기성은 우리 인간에게 이롭다. 그렇다면 그 정도로 경쟁력 있는 뇌를 적당히 이용해 영양 과잉 상태에서 몸을 날씬하게 유지할 수도 있지 않을까?

물론 버튼을 누르듯 간단한 일은 아니다. 우리 머릿속에서 일어나는 결정 및 행위 과정은 우리가 생각하는 것보다 훨씬 더 복잡하며, 굳이 말하자면 민주 법치 국가를 운영하는 방식에 비유하는 것이 가장 그럴듯하다. "견제와 균형"은 영어권 정치학에서 유래한 용어다. 이 용어로 대표되는 권력 체계는 민주적 통치를 가능케 하고 독재의 위험을 줄인다. 왜냐하면 여러 주체가 권력을 나누어 갖고 서로 영향을 주고받으면서 견제하기 때문이다. 민주 국가에서 권력 주체는 정부, 정당, 의회, 법원 그리고 유권자이다. 어느 주체도 혼자서 결정할 수 없다. 시대가 안정적이고 시스템이 온전한 한 어느 누구도 무제한의 권력을 쥘 수 없다. 그리하여 모든 주체의 본질적 욕구를 만족시키는 이상적인 균형이 이루어진다.

이 같은 권력 분립은 우리 뇌의 근본 원리이기도 하다. 이 원리는 의식적인 결정뿐 아니라 무의식적인 결정에도 적용된다. 뇌의 다양한 부분이 모두 빠짐없이 결정에 참여한다. 어느 부분도 혼자서 지배하지 못한다. 결국 어느 부분이 주도권을 행사할지, 최종 결정으로 이어질 임펄스^{impulse}가 뇌 속의 어느 주체를 거치면서 어떻게 변형될지는 매우 다양한 요인에 의해 결정된다. 손상되거나 위기에 처한 시스템은 변화한 상황에 적응할 수 있지만, 이 경우에도 새로운 균형이 이루어진다. 권력을 재분배하고, 다른 방식으로 욕구를 충족한다. 이러한 균형은 애초의 균형처럼 이상적이지는 않지만 수많은 나쁜 선택지 가운데 최선이다.

이런 식의 적응을 뇌과학에서는 "변화를 통한 안정화"라고 한다. 변화를 통한 안정화는 특히 물질대사 관련 생리 과정과 더불어 일어난다. 즉, 몸 안에서 에너지가 분배될 때 일어난다. 뇌로 공급되는 에너지가 부족하면, 뇌는 곧바로 특별한 능력을 발휘하기 시작한다. 우리의 생존에 결정적으로 중요한 이 능력은 뇌가 몸에 대항해 독자적으로, 또한 때로는 이기적으로 결정을 내리는 것이다. 지정학적 용어를 쓰자면, 이렇게 말할 수 있다. 즉 뇌가 에너지 정책에서 가장 중시하는 것은 신경계의 안정이다.

에너지: 뇌로 가는 무전여행

나는 이기적인 뇌 이론의 기본 개념을 1987년 5월 캐나다의 대도시 토론토에서 구상했다. 당시 나는 독일연구재단^{DFG}의 지원금 덕분에 북미에서 매우 권위 있는 병원 중 하나로 손꼽히는 아동병원$^{Hospital\ for\ Sick\ Children}$

에서 당뇨병에 관한 연구에 착수할 수 있었다. 토론토는 당뇨병 연구의 역사에서 중요한 의미가 있는 곳이다. 이 도시에서 인슐린을 치료약으로 사용하는 방법을 고안하고 실험했다. 내 연구실에서 아주 가까운 곳에 있는 연구소에서 1921년 프레드 밴팅Fred Banting과 찰스 베스트Charles Best는 최초로 인슐린을 분리해 레너드Leonard라는 작은 소년에게 투여했다. 그들이 0번 환자로 명명한 레너드는 제1형 당뇨병에 걸려 있었다. 소년의 췌장에 있는 섬세포들은 인슐린 생산을 차츰 멈춰가는 중이었다. 그러나 인슐린은 생명에 필수적이다. 몸이 받아들인 당(포도당) 형태의 에너지를 저장해두려면 반드시 인슐린이 필요하다. 췌장에서 인슐린을 생산하지 못하는 사람은 아무리 많이 먹더라도 몇 주 안에 굶어죽는다. 레너드는 제1형 당뇨병에 걸리고도 살아남은 최초의 사례가 되었다. 이후 당뇨병에 인슐린 주사를 처방하기 시작했고, 당뇨병 환자의 예상 생존 연수는 사실상 제로에서 "거의 정상 수준"으로 상승했다.

이 같은 의학적 성취의 역사에도 불구하고 1980년대까지 당뇨병은 의사와 환자에게 심각한 문제였다. 왜냐하면 환자의 몸에 필요한 인슐린의 양에 관한 지침이 없었기 때문이다. 인슐린 치료법은 의학에서 가장 까다로운 조치 중 하나다. 매일 네 번 혈당을 분석해 적절한 인슐린 투여량을 계산해야 한다. 사실 이런 계산은 전문 의료인만이 최적으로 할 수 있다. 이 일을 장기적으로 환자 본인에게 요구하는 것은 부당하다. 이런 이유로 나는 토론토에 머무르는 동안, 적절한 인슐린 투여량을 환자 스스로 알아내는 데 도움을 줄 방법을 고민했다.

나는 문제 해결을 위한 단서를 발견할 수 있을 거라고 믿었다. 1980년대 중반에는 성능 좋은 휴대용 계산기에 기반을 둔 최초의 소형 컴퓨터가 존재했다. 환자 본인이 스스로 혈당 수치를 측정해 간단히 입력함으로써 컴퓨터로 하여금 적당한 인슐린 투여량을 계산하도록 하면 어떨까? 당시까지의 관행대로 어림짐작을 하는 것이 아니라 컴퓨터로 정확하게 계산한다면, 이는 중요한 진보일 터였다. 그러면 인슐린의 효과가 향상될뿐더러 과다 투여의 위험이 낮아지므로 한편으로는 체중 증가의 위험이 줄고, 다른 한편으로는 저혈당으로 인한 실신을 예방할 수 있을 것이다. 게다가 정확한 계산으로 알아낸 양을 환자 스스로 주사할 수도 있을 것이다. 그러면 효과적인 치료와 삶의 질 향상을 한꺼번에 성취할 수 있을 것이다.

하지만 그런 컴퓨터 프로그램을 어떻게 짜야 할까? 어떤 처리 방식을 기초로 삼아야 할까? 이 질문에 답하려면 우리 몸이 건강한 상태에서 인슐린 분비량의 최적화 문제를 어떻게 해결하는지 알아야 했다. 하지만 그 해결 방법은 지금도 의학의 수수께끼로 남아 있다.

어느 날 아침, 나는 곧장 연구실로 가지 않고 토론토 중심가를 거닐며 신선한 봄 공기를 만끽했다. 최고의 아이디어는 걸을 때 떠오른다는 말도 있지 않은가. 나는 네거리에 이르러 신호등이 바뀌길 기다렸다. 내 앞의 차들이 멈춰 있는 동안, 내 옆의 차들이 지나갔다. 곧이어 신호등이 바뀌자 이번엔 반대로 내 앞의 차들이 지나갔다. 나는 생각에 몰두한 나머지 보행자용 녹색등이 켜진 것도 모르고 홀린 듯 교차로를 바라보았다. 두 도로가 만날 경우, 단순한 빨강-녹색 신호등으로 효과적이고 안전하게 교통을 통제할 수 있다. 이 모형을 물질대사에도 적용할 수 있을까? 인체에 모종의 신호등이 있어서 포도당이 뇌로 가거나 저장 기관으로 가는 것을 통제한다고 생각할 수 있을까?

나는 달리다시피 연구실로 직행해 책장을 살폈다. 나는 이미 수학과 회로 계산을 공부한 적이 있었다. 따라서 조지프 다이스테파노스Joseph DiStefanos가 쓴 《되먹임과 제어 시스템의 이론 및 문제Theory and Problems of Feedback and Control Systems》가 책장 어딘가에 분명 있을 것이었다. 아니나 다를까 나는 그 책에서 서로 교차하는 도로 A와 B의 교통을 제어하는 신호등을 발견했다. 하지만 그 신호등은 평범한 교통 신호등과 달리 고정적으로 프로그램화되어 있지 않았다. 요컨대 그 신호등은 가변적이었다. 현재 교통량에 관한 정보를 끊임없이 입수해 교통 정체가 발생하지 않도록 A와 B의 녹색등 기간을 적당히 조절하는 신호등이었다.

인체에서, 예컨대 어린 레너드의 몸에서 혈당을 조절하는 시스템을 그런 가변적인 신호등에 빗댈 수 있을까? 나는 시나리오를 펼쳐보았다. 가령 도로 A는 뇌로 통하고, 도로 B는 지방 및 근육 조직으로 통한다고 치자. 에너지 불균형이 발생하면(포도당이 뇌에는 너무 적게, 저장 기관에는 너무 많이 도달하면) 췌장에 "인슐린 분비 억제!"라는 신호가 발령된다. 그러면 지방 조직과 근육 조직은 포도당을 받아들이지 못하고 "혈당 교통"은 거침없이 뇌로 흐른다. 그리고 뇌에서 용량 초과가 발생하면 "인슐린 분비!"라는 반대 명령이 내려진다. 그러면 근육 및 지방 조직에 있는 저장소가 열리고, 포도당 흐름이 그곳으로 유도된다.

이 원리가 타당하다면, 인슐린 계산기를 만들 수 있을 터였다. 현재의 혈당 수치를 근거로 최적의 인슐린 투여량을 계산해 체내 에너지 흐름을 제어하는 일종의 영리한 신호등을 제작하는 것이다. 그러나 이 신호등 모형이 실제로 인체에 타당한지는 1987년 당시엔 아직 밝혀져 있지 않았다. 생리학의 많은 측면이 미지의 상태로 남아 있었다. 혈당을 어디로 보낼지 결정하는 과정에서 뇌가 어떤 구실을 하는지도 명확하지 않았다. 심지어 뇌가 물질대사 신호등 조작을 혼자서 도맡을 가능성도 있지만, 확실히 아는 사람은 아무도 없었다. 뇌의 에너지 흐름 통제에 관한 이 간단하면서도 근본적인 질문은 결국 이기적인 뇌 이론의 출발점이 되었다. 1987년까지 의학은 몸의 에너지 수급 장애를 증상 차원에서 치료하려 했다. 그 불균형의 심층적 원인에 대한 상세한 연구는 시도하지 않은 채 말이다.

당시 나는 내 이론을 실험으로 뒷받침할 수 없었지만 이기적인 뇌라는 아이디어를 포기할 수는 없었다. 그 후 1998년에 다시금 신호등 아이디어에 몰두했다. 그때 나는 캐나다에서의 연구 프로젝트를 마무리한 뒤 뤼베크 대학 의학부에 재직 중이었다. 그곳에서 내가 다룬 결정적인 질문은 이것이었다. 뇌가 체내 에너지 흐름을 제어하는가? 그리고 만일 제어한다면, 어떤 방식으로 제어하는가? 토론토 시절 이후 12년이 지난 때였다. 12년이면 새로운 지식들이 나오기에 충분한 시간이다. 그사이에 캐나다인 한 명, 미국인 한 명 그리고 영국인 한 명이 뇌와 몸의 물질대사와 관련한 중요한 기능 세 가지를 발견했다. 뤽 펠르랭은 1994년 뇌 에너지 대사의 핵심 메커니즘을 발견하고 신경세포가 몸에게 에너지를 달라고 "주문한다"는 것을 입증했다. 같은 해에 제프리 프리드먼$^{Jeffrey\ Friedman}$은 렙틴(그리스어 '렙토스^{leptos}, 날씬한'에서 유래한 명칭)을 발견했다. 렙틴은 몸에서 분비되는 신호 물질로, 지방 및 근육 조직의 에너지 충만 수준을 뇌에 알려준다. 3년 후에는 데이비드 스팬스윅$^{David\ Spanswick}$이 마지막 고리를 채워 넣었다. 그는 복내측 시상하부$^{ventromedialen\ hypothalamus,\ VMH}$에서 렙틴을 발견했다. 복내측 시상하부는 뇌간 상부의 한 구역으로, 몸의 물질대사를 제어한다. 이 구역은 혈액 속 에너지의 흐름에 관한 정보가 모여드는 곳이며, 뇌의 에너지 충만 정도와 지방 및 근육 조직의 에너지 충만 정도를 점검하고 비교한다. 또한 포도당 흐름을 제어하는 곳이기도 하다. 요컨대 스팬스윅은 뇌 속의 신호등을 발견한 것이다!

이제 할 일은 이러한 성과를 종합하는 것뿐이었다. 그런데 흥미롭게도 그 일은 아직 이루어져 있지 않았다. 펠르랭, 프리드먼, 스팬스윅은 서로의 연구에 대해 아는 게 매우 적었다. 그러나 몸과 뇌의 물질대사에 관한 이들의 탁월한 연구 성과를 퍼즐 조각처럼 맞추면, 전혀 새로운 그림의 윤곽이 나타날 것이었다. 그 결과는 뇌가 어떻게 스스로 결정해 자기 몫의 에너지를 확보하고 위기 상황에서는 다른 모든 장기를 제쳐놓는지 설명하는 이기적인 뇌 이론이었다.

나는 1998년 뤼베크에서 이기적인 뇌 이론을 체계화하고 2004년에 그것을 발표했다. 샌프란시스코의 금문교와 마찬가지로 두 개의 근본적인 기둥이 이 이론을 떠받친다.

- 뇌는 우선 자신의 에너지 충만 상태를 조절한다. 이를 위해 뇌는 스트레스 시스템을 활성화하고, 스트레스 시스템은 몸에 저장된 에너지를 뇌로 끌어들인다. (뇌로 통하는 도로에 녹색등이 켜진다.)
- 곧이어 스트레스 시스템은 다시 휴지 상태로 복귀한다. 이제 몸의 에너지 저장소를 다시 채우기 위한 영양 섭취가 이루어진다. (몸으로 통하는 도로에 녹색등이 켜진다.)

이기적인 뇌 이론은 지금까지 아주 다양한 전문 분야에서 나온 1만

건 이상의 논문에서 긍정적인 평가를 받았다. 또한 수많은 개인적 대화와 신경에너지학, 스트레스의학, 비만증, 당뇨병, 수면 및 기억 분야에서 엄선한 전문가들이 참여한 두 번의 국제학회에서 "개연성" 검증을 거쳤다. 2004년 독일연구재단은 뤼베크 대학에 "이기적인 뇌: 뇌 포도당과 물질대사 증후군"이라는 이름의 임상 연구팀을 조직했다. 이후 내가 지휘하는 이 팀에서는 뇌과학, 내과의학, 당뇨병학, 정신의학, 심리학, 신경내분비학, 약리학, 식품가정경제학, 생화학, 화학, 수학 분야의 과학자 36명과 박사 과정 50명이 뇌의 이기성을 공동 주제로 삼아 연구하고 있다.

나중에 살펴보겠지만, 뇌의 이기성은 뇌 자신만을 위한 것이 아니다. 오히려 뇌의 이기성은 진화적인 장점이다. 선사 시대의 인간은 항상 영양 부족과 환경의 위험에 노출되어 있었다. 이 문제는 근대가 시작되고도 한참 동안 여전했다. 여기에 적절히 대응하기 위해서는 무엇보다도 뇌가 제대로 기능하는 것이 중요했다. 감각이 예민해야 했고, 위험한 상황에서 옳은 결정을 내려야 했고, 궁핍한 시기에는 어디에서 먹을거리를 구할 수 있는지 알아야 했다. 따라서 결론은 "모든 에너지를 통제본부로!"였다. 과거 영양 부족의 시대에 우리 뇌의 정상적인 기능을 보장해준 이 메커니즘은 지금도 우리 안에서 작동한다. 이 메커니즘이 원활하게 작동할 때 우리는 영양 과잉에도 불구하고 날씬한 몸매를 유지할 수 있다. 반대로 이 메커니즘에 장애가 생길 때, 아울러 오직 그럴 때에만 우리는 뚱뚱해진다.

이 주제는 과학자의 관점에서 볼 때 당연히 흥미진진하다. 하지만 그보다 먼저 우리 모두에게 대단히 중요하다. 왜냐하면 뇌가 물질대사 전체에 얼마나 큰 영향을 미치는지 보여주기 때문이다. 뇌의 신호등이 제대로 기능하면, 뇌의 이기성은 우리에게 이롭다. 왜냐하면 뇌의 이기성이 궁핍한 시기엔 우리의 생존을 보장해주고, 풍요의 시기엔 우리의 몸매를 날씬하게 유지해주니 말이다. 하지만 그 신호등 시스템에 문제가 생기면 심각한 결과가 발생한다. 비만, 제2형 당뇨병, 거식증과 폭식증 등 이른바 우리 시대의 문명병은 "무절제"나 의식적인 "포기"에서 비롯된 것이 아니라 우리 안의 신호등 시스템 변화에서 비롯된 것이다. 인간의 에너지 대사에서 뇌가 최고 소비자 겸 통제자로서 하는 역할을 이해해야만 증상 치료에 머물지 않고 마침내 비만과 당뇨병의 원인을 제거하는 치료법을 개발할 수 있다. 또한 우리가 매우 엄격하게 다이어트를 하기만 하면 오랫동안 감량 상태를 유지할 수 있다는 생각과도 결별할 수 있다. 이 주제는 우리의 감정생활과 스트레스 관리가 뇌 및 몸의 물질대사와 얼마나 연계되어 있는가라는 질문으로도 이어질 것이다.

뇌가 주문하는 에너지: 하루에 설탕 한 잔

마리 크리거의 연구는 위기 상황에서 우리 몸의 물질대사가 뇌를 위하는 쪽으로 극단화한다는 것을 보여주는 최초의 증거였다. 바꿔 말하면 이렇다. 즉 굶주린 사람이 먹을거리를 얻기 위해 자연이나 다른 사람을 상대로 벌이는 싸움은 그 사람의 신체 내부에서도 유사한 방식으로 벌어진다. 이 내적인 싸움의 목적은 인체에서 가장 중요한 자원인 당을 얻는 것이다.

탄수화물의 일종인 당은 포도당의 형태로 혈류를 타고 순환한다. 포도당은 물질대사에서 가장 인기 있는 에너지원이다. 평범한 조건에서 사람은 하루에 포도당 200그램을 섭취한다. 이미 언급했듯 우리의 뇌는 가장 먼저 자기 몫을 챙기는 이기적인 지배자다. 따라서 당을 분배할 때에도 뇌는 큰 부분을 챙길 것이라고 짐작할 수 있다. 그렇다면 그 양은 얼마나 많을까? 또 나머지 장기들에는 얼마나 많은 당이 돌아갈까?

일찍이 1940년대에 미국 신경과학자 시모어 케티$^{Seymour\ Kety}$와 칼 슈미트$^{\text{Carl Schmidt}}$는 한 가지 실험을 고안해 뇌의 물질대사에 관한 중요한 통찰을 얻었다. 이들은 피실험자의 장 동맥$^{\text{intestinal arteries}}$에 카테터$^{\text{catheter:}}$ $^{\text{체강 또는 내강이 있는 장기 안에 삽입하는 튜브형 기구—옮긴이}}$를 삽입했다. 이는 뇌를 거치기 전 혈액의 당 함량을 측정하기 위함이었다. 또 다른 관은 목 양쪽의 큰 정맥에 귀 높이까지 삽입했다. 그 위치는 뇌를 거친 혈액이 반드시 지나야 하는 곳이었다. 이런 식으로 뇌로 들어가는 혈액과 뇌에서 나오는 혈액의 포도당 함량을 측정하면 뇌가 챙기는 포도당의 양을 정확히 알아낼 수 있다. 여담이지만 이 방식은 피실험자에게 피해를 줄 위험이 있기 때문에 오늘날에는 예외적인 경우에만 활용한다. 어쨌든 이 케티-슈미트 측정법으로 1950년대와 1960년대에 이미 24시간 동안 혈류에서 처리되는 포도당의 양과 그중에서 뇌가 소비하는 양이 밝혀졌다. 결과는 놀라웠다. 한 사람이 하루에 섭취하는 포도당 200그램 가운데 무려 130그램을 뇌 혼자서 소비한다—포도당 130그램이면 대략 가정용 설탕 130그램(커피 잔에 담으면 거의 가득 찰 만큼)에 해당한다. 그만큼의 당이 매일 우리 뇌로 운반되고 거기에서 소비된다. 그 덕분에 우리는 생각하고 느끼고 결정하고 꿈꾸고 몸을 통제할 수 있다.

그런데 고에너지 자원인 포도당을 뇌가 독차지하다시피 할 수 있는 이유는 무엇일까? 에너지 수요가 많은 근육과 기타 장기들은 왜 가만히 있는 것일까? 왜 이런 '불공정한 에너지 분배'에 저항하지 않는 것일까? 이런 현상을 설명하기 위해 연구자들은 우선 뇌의 신경세포, 즉 뉴런에서 에너지 조달이 어떻게 이루어지는지에 관심을 집중했다.

모든 개별 신경세포는 자신을 위한 에너지 물류를 스스로 관리한다. 뉴런은 이른바 성상교세포^{astrocyte}에서 에너지를 끌어오는데, 뇌 조직에서 성상교세포는 말하자면 주유소 같은 구실을 한다. 성상교세포는 여러 개의 돌기가 있어 마치 별 같은 모양인데, 한쪽 돌기들은 신경세포에 닿아 있고 반대쪽 돌기들은 모세혈관에 닿아 있다. 우리 몸에서 가장 가느다란 혈관인 모세혈관은 연료와도 같은 혈액을 세포까지 운반해준다. 모세혈관의 벽과 성상교세포의 막에는 포도당 분자를 받아들여 전달할 수 있는 운반 장치가 있다. 처음에 연구자들은 이들 포도당 수송체가 딱딱한 관의 형태이고 혈액 속 포도당이 압력에 밀려 그 관으로 빠져 나온다고 생각했다. 이 생각이 옳다면, 신경세포는 수동적으로 당을 공급받는 셈이다. 즉, 혈액 속 포도당이 많으면, 압력에 밀려 신경세포로 들어오는 포도당도 많아진다는 뜻이다.

그러나 실제 포도당 수송 시스템은 훨씬 더 복잡하게 작동한다. 성상교세포 막의 포도당 수송체가 관의 형태를 띠고 있는 것은 맞다. 하지만 이 관은 열리고 닫히는 유연한 성질을 갖고 있다. 세포가 에너지를 필요로 할 때 열리고 에너지 수요가 채워지면 다시 닫힌다. 요컨대 성상교세포는 능동적으로 에너지를 받아들인다. 열린 관을 통해 성상교세포에 도달한 포도당은 곧바로 화학 반응을 거쳐 젖산으로 바뀐다. 이로써 포도당을 신경세포에서 소비할 준비를 갖추는 과정이 마무리된다.

대강의 작동 원리는 여기까지다. 그런데 성상교세포는 자신과 연결된 뉴런이 언제 에너지를 필요로 하는지 어떻게 알까? 더구나 뉴런이 얼마나 많은 에너지를 필요로 하는지 어떻게 알까? 캐나다 생리학자 뤽 펠르랭은 성상교세포와 뉴런 간의 에너지 교환을 조절하는 모종의 화학적 신호가 있는 것이 틀림없다고 추측했다. 그는 신경세포 간 정보 전달에서 가장 중요한 역할을 하는 신호 물질인 글루타메이트glutamate를 가지고 실험을 했다. 성상교세포의 돌기들이 정보 발송 신경세포와 정보 수용 신경세포 사이의 틈에 닿아 있으면, 성상교세포도 글루타메이트와 접촉한다. 이런 연결 상태에서는 뉴런과 성상교세포 사이에 일종의 틈이 형성되고, 그 틈은 정보 수용에 적합하다. 펠르랭은 성상교세포가 글루타메이트를 받아들이고 그 신호 물질의 명령에 반응한다는 것을 실험실 조건에서 입증하고자 했다. 그가 직접 배양한 성상교세포들에 적당량의 글루타메이트를 투여하자 실제로 그 세포들은 포도당을 빨아들여 처리하기 시작했다. 이로써 펠르랭은 획기적인 발견을 하기에 이르렀다. 즉 뇌세포는 필요한 에너지를 스스로 주문한다는 것이다. 더 정확히 말하면, 스스로 글루타메이트를 동원해 필요한 에너지를 주문한다. 펠르랭이 "수요 맞춤형 에너지"라고 명명한 이 개념은 그때까지 적어도 세포 수준에서 널리 퍼져 있던 통설(뇌가 챙기는 에너지의 양은 오로지 몸에서 오는 공급량에 따라 결정되며, 뇌는 이런 식으로 철저히 수동적으로 에너지를 조달한다는 통설)을 반박했다. 새롭게 밝혀진 진실은 이러했다. 즉 뇌의 신경세포는 에너지를 주문하며, 그 세포들이 챙기는 에너지의 양은 공급량과 수요량에 따라 결정된다.

펠르랭이 세포 수준에서 얻은 에너지 조절에 관한 지식을 우리 몸의 에너지 수급과 뇌의 능력에도 적용할 수 있다면, 왜 뇌가 그토록 많은 포도당을 독차지할 수 있을까라는 질문에 답할 수 있을 것이다. 그런데 이런 전용轉用을 시도하다 보면 "자기 닮음의 원리"와 마주치게 마련이다. 살아 있는 자연과 그렇지 않은 자연에서 우리는 한 시스템의 거시 구조와 미시 구조가 두드러지게 유사한 경우를 놀랍도록 자주 발견한다. 예컨대 해안선의 위성사진을 점점 더 크게 확대하면서 살펴보면, 짧은 해안 구간의 굴곡과 전체 해안의 굴곡이 놀랄 만큼 유사하다는 것을 확인할 수 있다. 그런 유사성을 보노라면 미시 우주와 거시 우주가 생각을 주고받는 게 아닐까 하는 느낌마저 든다.

펠르랭은 미시 우주(세포의 물질대사)를 연구한 반면, 나는 거시 우주(장기의 에너지 조달)를 연구했다. 2002년 펠르랭이 뤼베크에 있는 나를 처음 방문했을 때, 우리가 함께 제기한 핵심 질문은 이것이었다. 어떻게 에너지가 신경세포로, 또는 장기와 뇌로 들어갈까? 펠르랭은 자기 분야에서 실험실 실험을 통해 이 질문에 성공적으로 답했다. 그러나 이기적인 뇌에 대한 연구는 장기 수준에서 이루어지므로 그와 같은 성과를 간단히 거둘 수는 없었다. 근육 및 순환계 전체와 뇌를 실험실에서 배양할 방법은 없다. 그런데 이 대목에서 자기 닮음의 원리가 우리에게 도움을 주었다. 그 원리가 이 경우에도 적용된다면, 미시 규모의 개별 신경세포뿐 아니라 거시 규모의 뇌도 매순간 필요한 에너지를 요구할 것이다. 평생 동안, 우리가 잠들었을 때에도 쉬지 않고 말이다.

그런 끊임없는 에너지 요구를 충족하는 일이 우리 몸에게 얼마나 어려운 과제일지 능히 짐작할 수 있다. 원리적으로 뇌는 일류 호텔에 투숙한 까다롭기 그지없는 손님처럼 완벽한 서비스를 요구하면서 호텔 직원들을 밤낮으로 부려먹는다. 혈액 속에 에너지는 충분히 많이 있는가? 그 에너지가 충분히 신속하게 뇌에 도달하는가? 에너지를 공급할 준비가 확실히 되어 있는가? 다음번 공급 때까지 얼마나 오랜 시간이 걸리는가? 이런 질문을 던지며 상황을 챙기는 시스템이 행사하는 조달 압력은 너무나 엄청나 우리 삶에 끊임없이 영향을 미칠 것이다.

몸을 이런 요구에 강제로 맞출 만큼 강한 힘으로 뇌가 갖고 있는 것은 오로지 스트레스 시스템뿐이다. 스트레스라고 하면 아마도 외적인 영향을 생각하는 사람이 많을 것이다. 외적인 영향 때문에 우리가 "스트레스"를 받는다는 식으로 말이다. 예컨대 약속 시간이 빠듯한데 교통 정체에 걸렸을 때, 시험을 치러야 할 때, 분쟁에 휘말렸을 때, 우리는 스트레스를 받는다고 말한다. 그러나 실제로 척추동물의 진화에서 스트레스 시스템은 위험 상황을 더욱 잘 극복하고 스트레스 요인(위협적인 외부 자극)에 곧바로 싸움 또는 도피 반응으로 대처하기 위해 생겨난 것이다. 위험이 닥치면 반응 능력이 향상되고, 스트레스 호르몬인 아드레날린이 분비되고, 혈압이 상승하고, 심장 박동이 격해지고, 몸이 최대 출력으로 작동한다. 위험이 사라지면 스트레스 시스템은 다시 휴지 상태로 복귀한다. 마치 텔레비전 수상기가 대기 상태에 있는 것처럼 스트레스 시스템은 켜짐 단추만 누르면 프로그램을 다시 작동할 수 있는 상태로 대기한다.

당연한 말이지만, 우리의 스트레스 시스템이 텔레비전 수상기처럼 단추 하나로 켜지는 것은 아니다. 그 시스템의 정확한 작동 방식은 다음 예를 통해 가장 잘 설명할 수 있다. 대형 미술관에 전시실이 하나 있는데, 그곳의 실내 온도를 연중 정확히 섭씨 20도로 유지해야 한다고 가정해보자. 이 임무를 난방 장치(스트레스 시스템)가 맡는다. 오래되고 비싸고 변색하기 쉬운 회화 작품이 전시되어 있으므로, 고가의 난방 장치는 대단히 민감하다. 갑자기 침입자가 전시실의 창을 연다(외부 스트레스 요인). 민감한 자동온도조절기(뇌 속의 에너지 감지 장치)가 곧바로 온도를 측정해보니 19.8도로, 관람객은 거의 느끼지 못할 만큼 낮아졌다(뇌의 에너지 위기). 자동온도조절기가 난방기에게 원래 온도를 정확히 회복하기 위해 필요한 만큼 출력을 높이라고 지시한다. 이때 전체 난방 장치는 아주 효율적이고 정확하게 작동해 온도가 더 이상 떨어지지 않게끔 만든다. ±1퍼센트만큼의 미세한 온도 변화만 일어나도 곧바로 시스템 작동이 활발해진다. 난방 장치는 높은 출력을 유지하다(부하 걸린 스트레스 시스템) 누군가가 창을 닫아 위험을 제거하자 출력을 낮춘다(스트레스 시스템이 차츰 휴지 상태로 복귀한다). 이제 다시 난방 장치는 실내 온도를 회화 작품에 가장 좋은 20도(뇌의 에너지 균형)로 유지하기 위해 기본 출력을 낸다.

뇌의 스트레스 시스템도 이처럼 정확하게 작동한다.

부하 걸린 스트레스 시스템

우리의 스트레스 시스템은 상존하는 중요 변수다. 휴지 상태에 있더라도 그 중요성은 여전하다. 그 시스템은 휴지 혹은 대기 상태에 있더라도 언제든 활동 상태로 돌변할 수 있다. 이러한 변화가 얼마나 신속하고 어떤 결과를 가져오는지는 아마 누구나 어느 정도 체험한 적이 있을 것이다. 싸우거나 시험을 보거나 위험에 처했을 때 말이다. 뤼베크 대학에서 연구 목적으로 트리어 사회 스트레스 검사Trier social stress test를 실시한 적이 있다. 자원한 참가자들은 난해한 시험을 보거나 심문을 당할 때 발생할 수 있는 심리사회적 스트레스에 노출되었다. 18~33세의 건강한 남성으로 이루어진 참가자들은 가구가 거의 없는 방에 들어갔다. 테이블 뒤에는 흰색 의사 가운을 걸친 여성 시험관과 남성 시험관이 앉아 있고, 피검사자들은 서 있어야 했다. 카메라와 마이크도 설치해 "시험" 상황임을 알려주었다. 피검사자들은 몇 분 동안 자기소개를 하고 자신의 장점에 대해 이야기했다. 그들은 시험관들의 믿음을 얻어야 했다. 하지만 인정과 열린 마음과 격려의 신호는커녕 심각하고 차가운 눈빛만 받았다. 시험관들은 피검사자의 말에 노골적으로 불만을 드러내면서 끊임없이 무언가를 적었다. 다음 단계에서는 수학 문제가 주어졌다. 피검사자들은 17단계에 걸친 계산을 해야 했다. 오류를 범할 때마다 차가운 경멸을 당함과 동시에 처음부터 다시 계산을 해야 했다.

이런 힘든 상황을 10분 동안 겪은 뒤, 피검사자들은 옆방으로 가서 스트레스 수준을 측정받았다. 검사 전에 연구진은 이미 피검사자들의 팔 정맥에서 혈액을 채취해두었다. 연구진은 이 최초 혈액 시료를 나중 채취한 시료와 비교했다. 피검사자들은 자신이 단지 과학 실험에 참가할 뿐이며 그 수학 시험이 자신의 삶에 큰 의미가 없다는 것을 알고 있었다. 하지만 그들의 혈액은 전혀 다르게 반응했다. 10분 동안 수학 시험을 치르고 나자 스트레스 호르몬인 아드레날린과 코르티솔^{cortisol}의 수치가 매우 높아졌다. 더불어 심장 박동수 증가, 불안, 떨림, 땀 흘림 등의 스트레스 증상도 나타났다. 이는 뇌가 내부 장기와 소통할 때 의지하는 교감신경계 활성화의 전형적 징후로서 충분히 예상할 수 있는 일이었다. 놀라운 것은 이른바 신경 당결핍^{neuroglycopenia} 증상도 함께 나타났다는 사실이다. 이런 증상은 특히 '시험 스트레스'를 받은 직후에 뚜렷했다. 신경 당결핍이란 신경세포에 당이 부족한 상태를 말한다("neuro"=신경, "glyco"=포도당, "penia"=결핍). 그 증상은 언어 장애, 집중력 저하(심하면 암전^{blackout}), 생각의 지체, 시야 흐림, 어지러움, 힘 빠짐 등이다. 이런 증상은 원래 저혈당 상태, 즉 뇌로 공급되는 포도당이 부족한 상태의 당뇨병 환자에게서만 나타난다. 그런데 연구자들은 그런 신경 당결핍 증상을 혈당 수치가 정상인 사람들에게서도 관찰한 것이다. 이 실험 결과에서 얻을 수 있는 결론은 단 하나, 심리사회적 스트레스가 측정 가능한 에너지 문제를 뇌에서 일으킬 수 있다는 것, 즉 뇌의 에너지 고갈을 초래할 수 있다는 것뿐이다.

이와 유사한 상황에서 발생하는 불안, 날뛰는 생각, 차츰 가라앉는 흥분을 우리는 누구나 다 경험한다. 또 그러는 동안 많은 에너지를 소비한 게 틀림없다는 느낌도 갖는다. 그러나 이때 몸에서 무슨 일이 일어나는지에 대해 아는 사람은 거의 없다. 다시 시험 상황을 생각해보자. 피검사자가 땀을 흘리면서 열심히 고민한다. 이때 그의 뇌가 필요로 하는 에너지의 양은 증가한다. 피검사자의 뇌에 있는 스트레스 중추가 높은 경보 단계로 활성화되어 더 많은 포도당을 요구한다. 뇌는 더 잘 숙고하기 위해 더 많은 에너지를 필요로 한다. 에너지 주문은 부신에서 분비되는 스트레스 호르몬, 즉 아드레날린과 코르티솔을 통해 이루어진다. 혈류를 타고 순환하는 포도당을 확실히 뇌에 공급하도록 하기 위해 추가로 교감신경계를 통해 "인슐린 분비 중지!"라는 명령이 췌장에 내려진다. 인슐린은 평소 근육 및 지방 조직이 포도당을 흡수하기 위해 반드시 필요하다. 하지만 지금 같은 비상 상황에서는 포도당이 너무나 부족하고 귀하다. 뇌의 엄격한 지시에 따라 인슐린은 더 이상 혈류로 공급되지 않고, 따라서 근육과 지방은 이제 포도당을 흡수하지 못한다. 결과적으로 더 많은 포도당이 뇌에 공급된다. 뇌는 다른 대부분의 장기와 달리 인슐린이 없어도 포도당을 흡수할 수 있다.

하지만 위기가 끝나려면 아직 멀었다. 시험관들은 피검사자를 계속 압박하고, 아드레날린과 코르티솔은 점점 더 많이 분비된다. 교감신경계가 췌장에 내리는 명령, 즉 인슐린을 분비하지 말라는 명령도 부담스럽고 고통스러운 "시험"이 끝날 때까지 계속 강하게 유지된다. 시험이 끝나면 30분 안에 아드레날린 수치가 다시 정상 수준으로 떨어진다. 코르티솔 수치는 훨씬 더 느리게 떨어지고(한두 시간 뒤에 정상 수치를 회복한다), 인슐린 수치는 한숨 더 떠서 두세 시간 동안 평균치를 밑돈다. 비록 급성 스트레스는 지나갔지만 뇌는 여전히 에너지 부족 신호를 보내고 몇몇 뇌 기능을 꺼서 에너지를 절약한다. 그리하여 연구자들이 관찰한 신경 당결핍 증상(집중력 저하, 생각의 지체 등)이 발생한다.

뤼베크 대학의 과학자들은 실험의 마지막 단계에 착수했다. 모든 피검사자는 검사를 네 시간 앞두고 똑같은 점심을 먹었다. 그다음에는 음식 섭취를 일체 금지했다. 그리고 시험 스트레스를 겪고 난 피검사자들에게 '보상' 차원에서 풍성한 뷔페를 제공했다. 메뉴는 치즈, 소시지, 빵, 연어, 고기 샐러드, 머핀, 초콜릿, 오렌지 주스였다. 피검사자들이 음식을 먹는 동안, 연구진은 그들의 혈액을 반복해서 채취했다. 피검사자들에게 스트레스를 주기 전에 미리 채취한 혈액과 나중에 채취한 혈액을 비교해보니, 10분 동안 시험 스트레스를 겪으면서 얼마나 많은 포도당을 소비했는지 드러났다. 피검사자들은 뷔페에서 평균 34그램의 탄수화물을 추가로 섭취했다. 34그램이면 하루 탄수화물 필요량 약 200그램의 6분의 1에 해당한다. 간단한 계산으로 알 수 있듯 10분 동안 심리사회적 스트레스를 겪을 때 소비하는 에너지가 작은 빵(무게 50그램) 하나에 들어 있는 에너지보다 많은 셈이다.

스트레스에 시달린 피검사자들에게 풍성한 뷔페는 일종의 행복한 결말이었다. 그들은 각자의 에너지 저장소를 작심한 듯 가득 채웠고, 떨림과 땀 흘림을 비롯한 스트레스 증상은 금세 사라졌다. 또 스트레스 경험에 뒤따르는 피로, 탈진 등의 증상도 사라졌다. 그러나 최신 할리우드 영화의 DVD 버전에서 가끔 그렇듯 이 실험에도 또 다른 결말이 있었다. 연구진은 두 번째 피검사자 집단에게는 녹색 채소에 저칼로리 드레싱을 끼얹은 샐러드 뷔페만 제공했다. 이 집단도 시험 스트레스를 겪은 후 배고픔을 느끼며 샐러드를 먹었지만 기운을 되찾지는 못했다. 샐러드 섭취 후 한 시간 반이 지나서도 이 집단의 신경 당결핍 증상은 스트레스 경험 직후와 다름없이 뚜렷하게 나타났다. 위기 상황이 지속되자 피로와 탈진으로 이어졌다. 이른바 대조군인 이 집단은 다음과 같은 사실을 입증했다. 즉 추가 포도당은 스트레스로 인한 뇌의 에너지 문제를 경감하거나 심지어 해소할 수 있다.

뤼베크 대학 연구진이 얻은 결과를 우리의 일상에 적용하면, 왜 스트레스 상황에서 갑자기 극심한 허기가 발생하는지, 왜 뇌가 잠깐 동안 출력을 높여도 극심한 피로가 몰려오는지, 포도당 공급이 부족할 때 왜 우리의 뇌는 못 견디게 성가신 존재가 되는지 이해할 수 있다.

그런데 한편으론 이런 의문이 생긴다. 왜 뇌는 스트레스를 받으면 다르게 반응하지 못하고 위와 같이 반응하는 것일까? 위기 상황에서 우리의 신경계가 따르는 프로그램은 언제 생겨났을까? 흥미롭게도 그 프로그램은 10만 년보다 훨씬 더 전에 생겨났으니 상당히 낡았다. 우리의 스트레스 시스템은 지금도 우리가 수렵 채집 시대에 사는 것처럼 작동한다.

진화와 이기적인 뇌

약 6만 년 전. 현재의 쿠르디스탄 지역에 있는 자그로스 산맥에서, 심하게 다친 사람이 마지막 힘을 다해 기다시피 외딴 계곡을 통과한다. 그의 목적지는 동굴 은신처다. 거기에 이르면 추적자들을 따돌릴 수 있다. 마침내 동굴에 도착한 그가 탈진해 바닥에 쓰러진다. 그는 아마도 막바지에는 의식이 희미한 상태로 기어왔을 것이다. 의식이 희미해진 것은 탈진 때문이기도 하고 힘을 짜내기 위해서이기도 했으리라. 확실한 것은 그가 자신의 은신처에서 며칠 또는 심지어 몇 주 동안 생존했다는 것이다. 어쩌면 물과 약간의 식량을 가지고 있었을 것이다. 하지만 몸을 일으켜 새로운 식량을 구할 힘은 없었던 것으로 보인다. 부상이 너무 심각했고, 죽음이 천천히 고통스럽게 찾아왔다.

자그로스 산맥에서 발견한 시신은 과학자들에게 행운이었다. 1960년경 인류학자들이 그 남성의 시신을 동굴에서 발견했다. 그 남성은 현대인이 아니라 네안데르탈인이라는 사실이 곧 밝혀졌다. 과학자들은 그 남성을 그의 무덤이 된 동굴 이름을 따서 "샤니다르^{Shanidar} 3호"로 명명했다. 그의 부상—가슴 부위의 깊은 상처—은 오랫동안 과학자들에게 수수께끼였다. 누가 혹은 무엇이 그런 부상을 입혔을까? 2009년에 이르러서야 미국 노스캐롤라이나 주 듀크 대학의 법의학자 스티븐 처칠^{Steven} ^{Churchill}이 수수께끼 해결의 단서를 잡았다. 그 시신의 몸통을 조사한 처칠은 가슴에 난 상처의 크기를 측정하고 그 상처를 낸 흉기의 진입 각도를 알아냈다. 처칠은 살인 무기가 창이었다고 확신했다. 처칠은 부검 소견서에서 "누군가가 던진 창이 희생자의 상체에 맞았다. 창은 45도 각도의 전형적인 궤적을 그리며 날아왔다"고 밝혔다. 이로써 혐의자들의 범위가 좁혀졌다. 네안데르탈인이 범인일 가능성은 없었다. 네안데르탈인은 창을 가지고 있긴 했지만 오로지 손으로 잡고 찌르는 무기로만 사용했다. 6만 년 전에 던지는 창을 사용한 생물은 단 한 종, 호모사피엔스뿐이었다. 요컨대 샤니다르 3호는 족히 3만 년 전에 네안데르탈인을 멸종시킨 장본인이 우리 자신이라는, 오랫동안 찾아온 증거를 제공한 것일까? 만일 그렇다면, 우리가 어떤 특징을 지녔기에 식량을 놓고 우리와 다투던 성가신 경쟁자들보다 더 오래 살아남았을까, 라는 가장 결정적인 질문에 답이 나온 셈이다. 흥미롭게도 오늘날의 인류학 연구는 호모사피엔스와 네안데르탈인의 생활 환경, 뇌 크기, 지능이 대략 비슷했다는 것을 출발점으로 삼는다. 두 종 모두 사냥꾼이었다. 두 종 모두 간단한 도구와 무기를 만들어 사용했고, 불을 알았고, 털가죽으로 옷을 삼았고, 죽은 친지들의 무덤을 만들었고, 자신들이 사는 동굴에 독특한 미술품을 남겼다. 네안데르탈인과 현대인이 서로를 오직 적으로만 대했던 것은 아님을 시사하는 단서도 있다. 이들은 물물교환을 했고 때로는 거처를 공유했으며 어쩌면 공동의 후손을 낳기까지 했다. 그럼에도 한 종은 진화의 성공 사례가 된 반면, 다른 종은 지구 역사의 어둠 속으로 사라졌다.

    네안데르탈인의 멸종 이유에 대해 고고학자들은 다양한 과학적 설명 모형을 제시했다. 그러나 증명된 것은 지금까지 없다. 이기적인 뇌 연구 역시 그 증거를 내놓을 수는 없지만, 우리 조상들의 뇌생리학적 특성이 결정적인 장점이었을 것이라는 추측을 제기할 수는 있다. 현대인의 성공 역사를 이해하는 열쇠가 뇌와 몸 사이의 에너지 배분에 숨어 있을 수 있다는 것이다. 에너지 획득을 위해 자연은 근본적으로 상이한 두 전략을 개발했다. 첫째 전략은 현 위치를 고수하는 것이다. 이 전략을 따르는 생물은 평생 한 자리에 머물며 빛, 물, 영양분 따위의 자원을 놓고 경쟁한다. 바로 식물이 그렇다. 이 전략의 장점은 절약이다. 움직이지 않는 생물은 에너지를 훨씬 덜 소비한다. 반면 대부분의 동물은 에너지를 쫓아간다. 그런 동물은 먹을거리를 찾아내거나 심지어 사냥을 해야 한다. 그들의 딜레마는 영양 섭취를 통해 에너지 저장소를 채우려면 먼저 에너지를 투자해야 한다는 것이다. 혹독한 시절, 예컨대 한겨울이나 건기에는 에너지 투자의 위험이 높아진다. 동물 한 마리나 한 무리가 먹이를 찾으려면 어느 방향으로 나아가야 할까? 어떻게 하면 힘을 효율적으로 배분할 수 있을까? 상황을 어떻게 분석해야 성공 확률을 최대화하고 실패 확률을 최소화할 수 있을까? 6만 년 전의 사냥꾼 집단은 생존에 결정적으로 중요한 이런 질문에 항상 직면하면서 서로 경쟁했다. 네안데르탈인과 호모사피엔스는 신체적 조건이 상이했다. 맨손으로 싸웠다면 네안데르탈인이 현대인을 이겼을 가능성이 높다. 왜냐하면 네안데르탈인의 체력이 더 강했기 때문이다. "네안데르탈인은 매우 강했다"고 영국 인류학자 레슬리 아이엘로$^{Leslie\ Aiello}$는 말한다. "근육의 힘이 셌고 뼈가 매우 굵었다." 네안데르탈인은 현대인보다 체력이 20~50퍼센트 더 강했을 것으로 추정된다. 골격만 봐도 차이가 드러난다. 호모사피엔스의 골격은 네안데르탈인의 골격에 비해 가냘파 보인다.

그런 "경량 구조"의 발생은 혹독한 시기에 자연이 채택하는 성공 전략이다. 이를 "몸 크기 줄이기"라고 하는데, 이런 현상은 진화적으로 하등한 척추동물, 예컨대 물고기에서도 확인할 수 있다. 궂은 날씨나 먹이 부족, 혹은 질병이 지속되면 몸의 조직이 줄어든다. 우리는 누구나 이런 현상의 첫 단계를 체험한다. 예컨대 독감을 심하게 앓고 나면, 근육은 흐물흐물해지고 지방 조직은 줄어든다. 우리 몸은 병을 위기로 파악하고 에너지 관리 방식을 절약 모드로 전환한다. 근골격계와 장기 대부분의 성능도 낮아진다. 그 결과, 조직 위축이 일어난다. 극단적인 경우에는 앞서 언급한 본격적인 신체 쇠약, 곧 "기아성 쇠약"까지 발생한다. 이런 조직 위축은 두 가지 효과를 가져온다. 첫째 효과는 에너지 절약, 둘째 효과는 신체-뇌 균형의 변화이다. 둘째 효과를 쉽게 설명하면, 뇌가 절대적으로 커지지는 않지만 몸에 비해 상대적으로 커진다는 것이다. 굶주린 세계대전 참전병들에 대한 마리 크리거의 연구에서 이미 분명히 밝혀졌듯 영양 공급의 위기가 닥치면 몸의 모든 장기가 위축된다. 하지만 오직 뇌만은 예외다.

그런데 생물이 신체-뇌 균형을 변화시켜 뇌의 상대적 크기를 키울 수 있다는 것은 무슨 의미일까? 그런 변화가 일어나면 뇌에 공급되는 에너지는 여전히 많은 반면, 줄어든 신체의 에너지 수요는 감소한다. 따라서 총 에너지 수요도 감소한다. 6만 년 전의 수렵 채집자들이 혹독한 겨울에 벌이는 생존 투쟁에서 이런 변화 능력은 결정적인 장점이었다. 에너지 효율이 높은 호모사피엔스는 에너지 위기 상황에서 뇌의 성능을 더 오랫동안 높은 수준으로 유지할 수 있었다. 따라서 굶주린 네안데르탈인이 뇌와 신체 사이의 에너지 분쟁에 깊이 빠져든 동안, 호모사피엔스는 극심한 신체적·심리적 곤경에서도 정신을 바짝 차리고 활동할 수 있었을 게 분명하다. 반대로 에너지를 충분히 공급받지 못한 뇌는 성능이 극적으로 떨어져 결국 판단력이 흐려진다. 얼어붙은 협곡에 어설프게 들어가거나, 갈림길에서 길을 잘못 들거나, 방금 전에 생긴 포식 동물의 흔적을 간과한다면 어떻게 될까? 한계 상황에서 그릇된 판단이 개체에게, 심지어 집단 전체에게 얼마나 심각한 악영향을 끼칠지 충분히 짐작할 수 있다.

인류학 연구에서 밝혀졌듯 몸 크기 줄이기는 일시적인 현상이다. 식량 사정이 좋아지면, 몸은 다시 커진다. 그런데 호모오스트랄로피테쿠스에서 호모에렉투스를 거쳐 우리 현대인에까지 이르는 사람 속(屬)의 역사에는 빙하기와 건기 같은 오랜 위기가 있었다. 에너지원이 점점 더 부족해지는 시기에는 에너지 효율이 가장 높고 에너지 자산이 가장 많은 개체가 장기적으로 살아남을 확률이 한층 높아진다. 인간의 진화 역사에서 길게 지속된 에너지 위기의 예로 5만 년 전을 들 수 있다. 이 위기는 호모사피엔스의 몸이 더 가냘프게 바뀌어 뇌가 더 많은 에너지를 차지하게 된 원인일 가능성이 있다. 약 5만 년 전에 마지막 빙하기의 시작과 더불어 꾸준한 몸 크기 줄이기가 시작되었다는 사실은 이러한 추측에 힘을 실어준다. 더 나중에 출현한 호모사피엔스는 최적의 적응 능력을 발휘한 것으로 보인다. 반면 네안데르탈인의 몸 크기 줄이기가 그리 성공적이지 못했던 이유는 지금까지 밝혀지지 않았다. 분명한 사실은 네안데르탈인이 진화 역사에서 차츰 퇴출되어 마지막 빙하기 막바지에 지구에서 사라졌다는 것이다. 호모사피엔스가 친척인 네안데르탈인의 몰락에 어떤 역할을 했는지는—앞서 언급했듯이—아직 충분히 밝혀지지 않았다. 그러나 이기적인 뇌가 우리 현대인의 조상에게 결정적인 진화적 장점을 제공했을 것이라는 추정은 충분히 가능하다. 몸과 뇌에 할당되는 에너지의 비율이 장기적으로 바뀐 것은 인간의 사고가 발전하는 데 결정적인 구실을 했다. 현대인의 뇌는 포유류를 통틀어 가장 뛰어난 에너지 확보 능력을 보유했다. 인간의 뇌는 자신에게 필요한 에너지를 몸에서 끌어올 수 있는데, 이 독특한 능력 덕분에 인간의 뇌가 특별 지위를 차지하게 된 것으로 보인다. 이런 최적화한 고효율 에너지 조달 메커니즘을 통해 뇌는 성장하고, 점점 더 복잡한 연결망을 형성하고, 더 많은 정보를 저장하고, 더 잘 사고할 수 있었다. 이제 이기적인 뇌는 거침없이 성공가도를 달리게 되었다.

뇌의 에너지 관리

선사 시대의 수렵 채집자는 긴 여정을 거쳐 산업화 시대의 인간이 되었다. 우리의 뇌도 긴 여정을 거쳤다. 우리가 열대 초원에 살면서 사냥을 하고 독성 식물과 식용 식물을 구분하는 법을 배우고 대형 포식 동물을 경계하는 동안, 우리의 뇌는 점점 더 복잡해졌다. 그런 수렵 채집자의 뇌는 문명 안에서 재교육을 받으며 어떤 변화를 겪었을까? 인간의 노동은 점점 더 복잡해지고 직접적인 식량 조달과 무관해졌다. 이런 변화가 뇌에 어떤 영향을 미쳤을까?

놀랍게도 우리의 뇌는 근본적으로 변화하지 않고 심지어 성장조차 하지 않았다. 그럼에도 뇌는 대단한 적응력을 발휘할 수 있다. 인간의 뇌는 노동의 조직화와 전문 지식을 통해 "프로젝트 관련" 연결망을 형성한다. 이를 파라오 시대의 이집트에서 인상적으로 확인할 수 있다. 피라미드는—건축가의 뇌부터 단순 노동자의 뇌까지—수천 개의 뇌가 조직화하면 어떤 성취를 이룰 수 있는지 보여준다. 그런데 이집트 피라미드 건설에 참여한 석공의 뇌는 선사 시대 수렵 채집자의 뇌와 생리학적으로 다르지 않았다.

우리의 뇌는 환상적인 학습 기계다. 새로운 과제와 상황을 신속하게 파악할 수 있으며 창조적으로 사고하고 계획하고 건설할 수 있다. 그러나 또한 우리의 뇌는 더 큰 질서 속에 편입 혹은 종속된 하나의 기관으로서 통합된 노동 과정의 일부를 담당할 수도 있다. 이런 의미에서 산업화는 인간의 뇌에 새로운 적응을 요구했다. 1913년, 미국의 헨리 포드는 노동계에 혁명을 일으켰다. 자동차 생산에 조립 라인을 도입한 것이다. 이로써 자동차 한 대를 완성하는 작업을 최대 100개의 뇌가 맡게 되었다. 그 뇌 각각의 주인인 노동자는 조립 라인의 한 자리에서 똑같은 동작을 계속 반복했다. 조립 라인에 참여하는 어떤 뇌도 자동차가 완성되는 과정 전체를 담당할 수 없고 조망할 수조차 없었다. 노동자들은 공급 사슬supply chain의 한 고리가 되는 법을 배웠다.

그러나 이런 노동 과정에 최적으로 동조하는 능력은 거듭 한계에 부딪혔다. 조립 라인의 노동자들이 달성할 수 있는 최고 생산성은 그 라인에서 가장 느린 노동자의 생산성과 같다. 그 노동자 앞에는 더 생산적인 동료가 조립한 부품이 쌓이게 마련이다. 그러면 그는 스트레스를 받고 조급해질 수 있다. 어쩌면 신참이어서 작업 과정에 대해 아직 잘 모르는 그 노동자는 자신이 맡은 임무가 과중하다고 느낀다. 그러는 와중에 노동의 질마저 떨어진다. 심지어 그 노동자는 병에 걸리거나 결근할 수도 있다. 이렇게 되면 조립 라인의 생산성은 최고치에 미치지 못할 수밖에 없다.

1947년, 일본의 경영자 오노 다이치大野耐一는 이 문제를 숙고했다.

그는 자동차 회사 도요타의 조립 라인 생산성을 최고로 끌어올려야 했다. 오노는 "간반看板"이라는 간단하면서도 독창적인 해법을 발견했다. 일본어 "간반"은 카드 또는 판을 의미한다. 오노의 기본 발상은 조립 라인에 간반 원리를 도입하는 것이었다. 간단하면서도 효과적인 되먹임 시스템인 간반 원리는 이미 재고 관리에서 효과를 입증한 바 있었는데, 재화가 동나기 전에 카드를 통해 추가 공급을 요구하는 것이 그 핵심이었다. 오노는 각각의 노동자가 자신이 조립한 부품을 다음 단계로 넘기면서 카드 한 장을 반대 방향으로 전달하도록 했다. 그 카드의 메시지는 "나는 이제 새 부품을 조립할 준비가 되었다"이고, 그 카드를 전달해야 비로소 추가로 재료가 공급된다. 이렇게 하면 공급 사슬의 정체와 공회전을 막을 수 있다. 실제로 간반 시스템은 짧은 시일 안에 공정의 원활한 흐름과 스트레스 감소, 생산성 향상을 가져왔다.

공급 사슬 원리

장면을 바꿔보자. 때는 여름 방학 첫 주, 장소는 뤼베크이다. 뤼베크의 게슈비스터-프렌츠키 종합학교와 돔 고등학교의 남녀 학생 6명이 물리 실험실에서 머리를 맞대고 무언가를 궁리한다. 그들과 나는 2010년 여름 학교에서 일주일 동안 자발적인 프로젝트를 수행하기 위해 모였다. 우리는 "이기적인 뇌의 공급 사슬"에 관한 추상적인 수학적 자료를 바탕으로 다른 청소년들도 쉽게 이해할 수 있는 직관적인 모형을 만들어야 한다. 학생들은 훌륭한 창의력과 기막힌 아이디어로 논의를 진행한다. 최종 목표는 뇌의 에너지 대사를 가능한 한 여러 장애와 함께 한눈에 보여주는 모형의 개요를 얻는 것이다.

내가 공급 사슬을 인간에게 적용해보겠다는 생각을 처음 한 것은 2005년 독일 슐레스비히-홀슈타인 주 잘렘^{Salem}에서 열린 여름 아카데미 때 경제학을 전공한 한 여학생이 간반 원리에 대해 발표하는 것을 듣고서였다. 우리의 뇌가 에너지 공급 최적화라는 물류 문제를 해결하는 방식을 간반 원리로 설명할 수도 있겠다는 생각이 들었다. 나는 뤼베크 대학의 수학자 디르크 랑에만$^{Dirk\ Langemann}$의 도움을 받기로 했다. 경제수학 등을 가르치는 그는 공급 사슬에 대해 아주 잘 알고 있었다.

연구를 해보니, 공급 사슬에 관한 법칙 3개를 에너지 대사에도 적용할 수 있음이 드러났다.

1. 에너지 보존 법칙: 들어가는 양과 나오는 양은 같다. 바꿔 말해서, 없어지는 것은 없다.
2. 공급 사슬은 밀기 원리와 당기기 원리에 따라 작동한다. 공급과 수요는 공급 사슬에서 압력(미는 힘)이나 인력(당기는 힘)을 발생시킨다. 당기기 원리에서 한 생산 단계에 필요한 재료는 수용자가 그것을 필요로 할 때만, 즉 그가 간반 신호를 보낼 때만 제공된다. 미는 힘과 당기는 힘은 끊임없이 변화하는 움직임을 만들어내는데, 시스템이 안정성과 효율성을 유지하려면 그 움직임을 제어할 필요가 있다.
3. 공급 사슬에서 흐름은 항상 앞으로 향한다. 하시만 장애는 그 흐름의 방향과 반대로 확산된다.

뇌가 에너지를 주문할 수 있다는 사실을 우리는 이미 알고 있다. 뇌는 필요한 만큼의 에너지를 몸에서 포도당의 형태로 끌어당긴다. 생화학적으로 보면, 뇌의 에너지 조달은 다음과 같은 과정을 거친다. 즉 장에서 음식에 포함된 탄수화물이 분해되어 포도당으로 바뀐다. 곧이어 포도당이 장 세포에 흡수되고 간문맥을 거쳐 간으로 운반된다. 간에 도착한 포도당 일부는 경우에 따라 그곳의 저장소에 쌓이고 나머지는 간을 통과한다. 인체에서 포도당 운반 담당자는 혈류이다.

과거에는 혈류를 타고 순환하는 포도당이 모든 장기에 충분한 에너지를 공급한다는 게 통설이었지만, 오늘날 우리는 인체 내 에너지 물류가 훨씬 더 복잡하고 정교하다는 것을 알고 있다. 공급 사슬에서 포도당은 주로 뇌로 운반되지만 일부는 저장 조직(근육 및 지방 조직)으로 운반된다. 따라서 포도당은 항상 두 방향 중 하나로, 즉 뇌 방향이나 저장소 방향으로 흐른다. 그리고 이제 "뇌-당김$^{Brain-Pull}$"에 대해 이야기할 차례다. 뇌-당김이란 뇌가 가용한 에너지(포도당)를 몸으로부터 끌어당기는 힘을 의미한다. 오노의 공급 사슬에서와 마찬가지로 인체에서도 간반이 에너지 흐름을 조절한다. 다만, 인체에서 간반은 작은 카드가 아니라 생화학적 신호 물질이다. 뇌는 그 물질의 도움으로 매순간의 수요에 따라 포도당을 요구한다. 뇌의 에너지 충만 수준이 조금이라도 떨어지면 곧바로 되먹임이 일어난다. 말하자면 간반 카드를 발급하는 것이다. 그러면 뇌로 운반되는 포도당의 양이 늘어난다. 그와 동시에 저장 조직으로 가는 포도당의 양은 줄어든다.

뇌에 필요한 에너지가 채워지면, 곧바로 간반 신호 발령이 멈춘다. 그러면 포도당은 방향을 바꿔 몸의 저장소로 흘러간다. 요컨대 뇌는 "적기에" 포도당을 공급받는다. 즉, 당장 필요한 만큼의 혈당만 공급받는다. 간단한 조절 메커니즘을 갖춘 이 물류 시스템은 세 가지 매우 큰 장점을 지녔다. 효율적인 통제, 신속한 조절 가능성, 공급 사슬에서 뇌보다 앞선 곳에서의 설비 과잉 방지가 그것이다.

요컨대 인체 내 에너지 흐름을 결정하는 최종 장본인은 누구일까? 이 대목은 이기적인 뇌 이론에서 결정적인 의미를 갖는다. 이제부터의 논의는 분명 일반인에게는 조금 어렵겠지만, 이기적인 뇌 이론을 이해하는 데 본질적으로 중요하다. 그래서 나는 핵심 요소에만 집중하려고 애썼다.

뇌는 자신의 에너지 수요를 파악하는 장본인일뿐더러 뇌 자신에 공급되는 에너지를 통제하는 장본인이기도 하다. 이를 위한 주요 통제 중추는 이미 언급한 대로 복내측 시상하부^{VMH}다. 이 부위는 뇌간 상부의 작은 구역으로 좌뇌와 우뇌에 걸쳐 대칭적인 형태로 자리 잡고 있다. 한마디로 뇌의 중심 중에서도 중심을 차지하고 있는 셈이다. 이곳에서 ATP, 즉 아데노신3인산 센서의 도움을 받아 에너지 수요를 파악한다. ATP는 많은 에너지를 보유한 분자이며 우리 몸에서 보편적인 에너지원이다. 더 정확히 말해서, ATP는 세포 내 에너지 통화通貨라고 할 수 있다. 모든 세포 각각은 ATP를 감지하고 활용해 자신의 임무를 수행한다. 예컨대 신경세포는 정보 전달을 위해 ATP를 필요로 한다. 이에 대한 언급으로 우리는 벌써 뇌의 에너지 공급 사슬 한가운데로 들어섰다고 할 수 있다. 신경세포의 ATP 센서가 뇌에 에너지가 필요하다는 것을 포착하면, VMH는 생화학적 신호 물질의 형태로 간반 카드, 요컨대 "에너지 공급!"이라는 메시지를 담은 카드를 발급한다. 이 소식을 암호화해서 전달하기 위해 뇌는 자신이 보유한 최강의 카드를 사용한다. 즉, 스트레스 시스템을 사용하는 것이다. 뇌의 간반 카드는 스트레스 호르몬과 교감신경계의 신호 물질이다. ATP가 부족해지면, 그런 기미가 보이기 무섭게 VMH는 몸으로 내려가는 스트레스 신경 경로를 통해 췌장에 "인슐린 분비 억제!"라는 명령을 내린다. 그리하여 혈중 인슐린 농도가 낮아지면, 근육과 지방은 포도당을 흡수하지 못한다. 왜냐하면 인슐린은 포도당 저장소를 여는 열쇠이기 때문이다. (인슐린이 억제되면 저장소가 닫힌다.) 하지만 뇌는 인슐린이 없어도 에너지를 흡수할 수 있다. 뇌는 궁극적으로 인슐린에 의존하지 않는다. 이렇게 인슐린 억제 명령을 내림으로써 뇌는 저장 기관으로 가는 에너지 흐름을 일시적으로 끊고 가용한 포도당의 대부분을 독차지한다.

이 과정, 즉 "뇌-당김"은 뇌의 에너지 조달에서 결정적으로 중요하다. 그런데 혈류를 타고 순환하는 포도당이 부족하면, 그에 맞게 대응 조치를 내려야 한다. 근육·지방·간 등의 저장소가 이미 비었다면, 공급 사슬은 두 번째 단계로 외부로부터의 공급을 유도한다. 이 경우에도 뇌간 상부에서, 정확히 말하면 외측 시상하부$^{lateral\ hypothalamus,\ LH}$에서 당김 신호를 발령한다. 누구나 잘 알고 있듯 그 신호로 인해 우리는 에너지 부족 정도에 따라 식욕부터 극심한 허기까지 굶주림의 모든 단계를 느낀다. 이 신호가 발휘하는 힘을 일컬어 "몸-당김$^{Body-Pull}$"이라고 한다. 몸은 자신의 에너지 충만 상태에 맞게 에너지를 끌어당긴다. 즉, 음식을 섭취한다.

그런데 부엌과 냉장고가 텅 비었다고 가정해보자. 당장 배가 고프다면 우리는 음식을 사오지 않을 수 없다. 이 대목에서 세 번째 힘, 즉 음식 마련을 유도하는 "탐색-당김$^{Search-Pull}$"이 작용한다. 우리는 식료품

그림 1 뇌로 이어진 에너지 공급 사슬

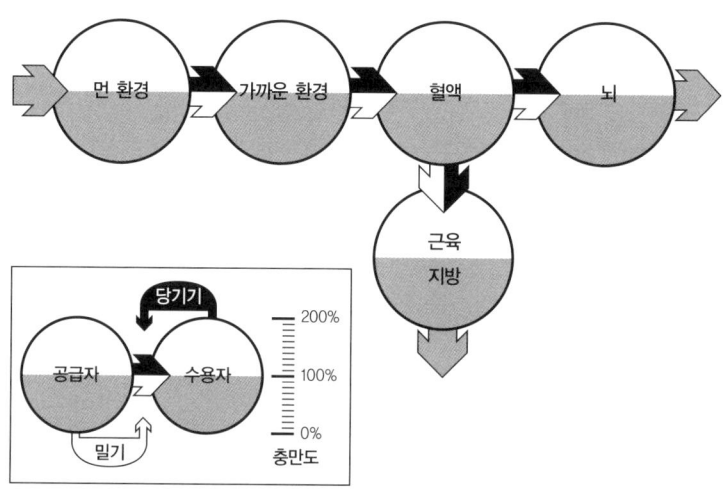

에너지는 환경에서 몸으로, 다시 몸에서 뇌로 이동한다. 저장소, 즉 근육 및 지방 조직으로 이어진 곁길도 있다. 뇌에 에너지가 필요하면, 뇌는 몸에 있는 에너지를 요구한다. 이렇게 요구하는 힘을 일컬어 "뇌-당김"이라고 한다. 몸(혈액과 저장소)의 에너지 보유량이 동나면, 환경에 있는 영양분이 필요하다. 즉, 음식을 먹는다. 이 힘을 일컬어 "몸-당김"이라고 한다. 식탁과 냉장고가 텅 비었을 경우, 우리는 더 먼 환경에서 음식을 구해온다. 예컨대 시장에 가서 음식을 사온다. 이렇게 우리로 하여금 음식을 마련하게 하는 힘을 일컬어 "탐색-당김"이라고 한다. 에너지 흐름 중에서 공급자가 결정하는 부분을 "밀기 몫(화살표의 흰색 부분)", 수용자가 결정하는 부분을 "당기기 몫(화살표의 검은색 부분)"이라고 한다.

을 사러 가거나, 길모퉁이 식당에 가거나, 군것질거리를 찾아 동료의 사무실로 간다. 탐색-당김은 막강한 힘이다. 위기 상황에서는 그 힘이 자연의 힘만큼이나 강해져 사람을 도둑이나 거지로 만들고, 평화를 위협하고, 사회를 파괴할 수 있다. 재난 연구자들은 다음과 같이 전제한다─극적인 물자 공급 부족으로 한 도시가 비상 상황에 직면한다. 식량이 부족해진다. 공공질서가 붕괴하고 무정부 상태가 발생할 때까지 얼마나 오래 걸릴까? 그 대답은 우려를 자아낸다. 문명화한 사람들도 여섯 끼만 굶으면 식량을 구하기 위해 죽기 살기로 싸움에 나선다.

뇌-당김: 동류 중 으뜸

다시 한 번 세 가지 당김의 공통점과 차이를 요약해보자. 모든 당김의 통제 중추가 뇌에 있음에도 불구하고, 당김 각각은 다른 이름을 갖고 있다. 이들의 이름을 붙일 때 가장 중요하게 고려한 것은 공급 사슬의 어느 지점에서 에너지를 요구하느냐이다. 뇌-당김은 뇌의 에너지 충만 상태에 따라 결정되는 힘이기 때문에 붙은 이름이다. 뇌가 에너지 필요 신호를 발령하면, 뇌-당김을 통해 에너지가 몸에서 뇌로 끌어당겨진다. 몸-당김은 몸의 에너지 충만 상태에 따라 결정되기 때문에 붙은 이름이다. 몸-당김은 가까운 환경(이를테면 냉장고)에서 에너지를 끌어당긴다. 마지막으로 탐색-당김은 가까운 환경의 에너지 충만 상태(아직 먹을 것이 있는지, 아니면 나가서 사와야 하는지)와 관련이 있다. 탐색-당김은 먼 환경(시장, 가게)에서 에너지를 끌어온다.

그런데 이 세 가지 당김은 지위가 동등할까? 모든 것이 계획대로 돌아가고 심각한 위기 상황이 없는 경우 세 힘은 대략 동등하다. 물론 이럴 때에도 뇌-당김은 세 가지 당김 중에서 으뜸이다. 그러나 에너지 위기가 닥치면 뇌-당김은 이를테면 "우두머리 당김"이 된다. 위기 상황—예컨대 굶어 죽어가는 사람—에서 뇌-당김은 최고의 통제권을 거머쥔다. 나머지 두 당김의 중요도는 확정적이지 않고 유동적이며, 정보와 상위의 뇌-당김 차원에서 비롯된 충동에 따라 달라진다. 뇌-당김 차원에서 공급 사슬 전체를 감시할뿐더러 장애가 생기면 복구하고 결핍이나 과부하에 대비한 조치도 이루어진다. 위기 상황에서 뇌-당김은 자신의 힘을 거두고 에너지 마련 임무를 공급 사슬에서 다음 위치에 있는 몸-당김에 위임하는 전략마저도 불가피하다면 취할 수 있다. 또한 뇌-당김은 자신의 성능이 약할 경우 몸-당김에 도움과 지원을 요청할 수 있다.

세 가지 당김의 작용에 결정적 영향을 미치는 것은 양쪽 뇌 반구에 저장된 정보이다. 그 정보를 우리는 "기억"이라고 한다. 경험, 느낌, 개인적 체험, 학습한 내용 등 대뇌피질의 여러 구역에 암호화되어 있는 모든 것이 기억이다. 구체적으로 말하면 기억은 맛, 냄새, 이름, 과거에 성공적으로 음식을 찾아낸 장소에 대한 것일 수도 있다. 우리의 까마득한 조상들에게는 아마도 버섯이 특히 많은 숲이나 좋은 사냥터에 대한 기억이 중요했을 것이다. 지금 우리가 사는 세계에서는 신선한 과일과 채소를 다양하게 갖춘 시장이나 네온사인을 밝힌 패스트푸드점에 대한 기억이 중요할 수 있다. 패스트푸드점의 네온사인은 야간 운전자로 하여금 신속하게 먹을거리를 구했던 기억을 떠올리게 한다. 그러나 괴로운 기억, 공포를 동반한 기억도 각 당김의 상호 작용에 영향을 미칠 수 있다. 실제로 이것은 우리 스트레스 시스템의 주요 특징이다. 우리는 괴로운 기억이 떠오르면 갑자기 혈중 아드레날린이 급증해 심장이 쿵쾅거리고 식은땀이 날 때가 있다. 그런가 하면, 기억의 심층에서 아름답고 정서적으로 좋은 과거의 일화가 떠오를 때도 있다. 그런 일화는 당연히 스트레스 반응을 일으키지 않지만 역시 음식 섭취로 이어질 수 있다. 이것이 예컨대 마들렌 과자의 맛과 냄새가 행복했던 어린 시절의 기억을 불러낼 수 있는 이유다. 프랑스 작가 마르셀 프루스트는《잃어버린 시간을 찾아서》의 한 장에서 마들렌을 기념비적인 대상으로 만들고, 그 과자 이름("Petite Madeleine")의 첫 철자들을 그 명작 소설의 서명으로 삼았다. (PM은 "마르셀 프루스트"의 첫 철자들을 거꾸로 배치한 것이기도 하다.) 거의 100년 전에 프루스트가 아주 정확하게 묘사한 이 감정적 기억을 현대 신경과학에서는 "프루스트 현상"이라고 한다.

요컨대 과일 가게, 광고 문구, 어린 시절의 체험 따위에 관한 기억은 우리 뇌에 있는 각 당김의 작용 방식에 직접적인 영향을 미친다. 왜냐하면 이른바 편도체에 위치한 동일한 신경세포 집단이 한편으로는 우리의 감정적 기억을 처리하고 보유할 뿐 아니라, 다른 한편으로는 최상위의 뇌-당김을 활성화하고 막대한 정보를 뇌간과 당김 중추 세 곳으로 보내기 때문이다. 원칙적으로 각 당김 중추는 끊임없이 새로운 지식을 공급받는다. 이들 정보 하나하나는 각 당김의 작용 패턴을 변화시킬 수 있다. 바꿔 말해서, 우리 몸속의 공급 사슬을 제어하는 각 단위는 학습 능력을 지녔으며 원칙적으로 자기 자신을 스스로 최적화한다. 그러나 우리의 생활 습관으로 인해 각 단위가 매일 겪는 학습 과정은 우리의 삶 전체를 좋게 또는 나쁘게 바꿔놓을 수도 있다.

이기적인 뇌의 탄생

이기적인 뇌는 호모사피엔스의 성공에 기여함으로써 인류 역사에 중요한 자취를 남겼다고 할 수 있다. 하지만 우리 각자의 지극히 개인적인 역사에서는 이기적인 뇌가 언제 주도권을 거머쥘까? 언제부터 뇌는 물질대사의 위계에서 특별한 지위에 오를까?

이기적인 뇌는 우리가 성인이 되기 전에도 영향력을 발휘한다. 젖먹이도, 심지어 태아도 그런 독재적인 뇌를 지녔다. 인간이라는 생물은 진화 역사에서 갈수록 운동 능력을 잃음과 동시에 뇌의 에너지 확보 측면에서는 갈수록 더 유능해졌다. 극단적인 영양 부족에 시달리는 아기들은 뇌의 에너지 확보 능력을 특히 분명하게 보여준다. 세계의 전쟁 및 기아 지역에서 촬영한 아기들의 모습을 우리는 뉴스에서 자주 볼 수 있다. 어머니 품에 안긴 갓난아기들이 배가 고파 보챈다. 아기의 머리는 깡마른 몸에 어울리지 않게 크고 무겁다. 아무리 보채도 소용이 없다. 어머니는 젖이 말랐고 분유를 살 돈도 없다. 이런 아기들의 극적인 영양 위기는 출생 이후에 시작된 것이 아니다. 전쟁, 가난, 가뭄, 자연 재해 등이 가져온 식량 부족 때문에 어머니는 임신 기간부터 심한 영양 부족을 겪는다. 당연히 태아도 비상사태에 직면한다. 이런 경우, 태아의 뇌는 일찍이 마리 크리거가 굶어죽은 제1차 세계대전 참전병들에게서 확인한 위기 전략을 채택한다. 요컨대 "뇌 절약$^{brain\ sparing}$"을 실시한다. 조산사들이 "뇌 보호"라고 일컫는 이 비상 프로그램은 에너지 부족 상황에서도 뇌가 최적의 에너지를 공급받게끔 해준다. 그 대신 태아의 몸은 에너지 사용을 줄인다. 이 전략은 불가피하다. 다른 장기의 결함은 출생 뒤에 운이 좋아 영양 섭취를 개선하면 복구될 수도 있지만, 뇌의 발달 장애는 복구되지 않는다. 의학자들은 이미 굶주린 채로 태어나는 아기를 "스몰 베이비$^{small\ baby}$"라고 일컫는다. 우리가 보기에 스몰 베이비는 연약한 몸에 비해 머리가 너무 큰 것 같지만, 실상은 정반대다. 스몰 베이비는 머리만 정상 크기이고 나머지 모든 부분은 너무 작다.

태아의 뇌는 아직 형성 중인 자기 몸의 에너지 경제뿐 아니라 어머니의 에너지 경제도 통제한다. 태아는 고유한 혈액 순환계를 갖추고 있지만, 그 순환계는 태반을 통해 어머니의 혈관계와 이어져 있다. 태아가 공급받는 에너지는 주로 포도당인데, 어머니의 혈액 속에 있던 포도당이 태반을 거쳐 태아에게 전달된다. 임신한 어머니는 물질대사를 통해 자기 자신뿐 아니라 태아에게도 포도당을 공급한다. 이러한 공급이 얼마나 원활하냐가 태아의 발달을 결정적으로 좌우한다. 태아의 뇌는 영양 부족에 반응할뿐더러 어머니가 너무 많은 포도당을 공급하는 것에도 반응한다. 의학자들은 출생 시 몸무게가 4킬로그램이 넘는 아기를 "빅 베이비$^{big\ baby}$"라고 일컫는다. 날 때부터 과체중인 빅 베이비의 경우에도 머리 크기는 정상이다. 하지만 빅 베이비는 몸이 평균 이상으로 크기 때문에 상대적으로 머리가 작아 보인다. 스몰 베이비의 경우든 빅 베이비의 경우든 태아의 뇌는 자신이 가능한 한 최적으로 성장하도록 배려한다. 에너지 부족이나 과잉의 악영향은 몸이 떠맡는다.

임신부가 당뇨병을 앓으면 빅 베이비를 출산할 위험이 특히 높다. 임신부의 혈당 수치가 높으면 태아에게 포도당을 과잉 공급해 태아가 너무 크게 성장하는 것이다. 어머니가 태아의 몸에 너무 많은 에너지를 밀어 넣는 상황이라고 할 수 있다.

어머니가 극도의 영양 부족에 시달릴 경우 태아가 뇌를 위해 몸의 발달을 억제한다는 것은 태아도 이미 뇌-당김을 할 수 있다는 걸 의미하는 것일까? 대답은 명확히 "그렇다"이다. 태아가 받아들인 에너지의 절반 이상이 뇌로 간다. 임상 관찰에서 드러나듯 태아의 뇌는 이기적으로 행동한다. 즉, 자신에게 유리하도록 에너지 공급을 통제한다. 태아의 뇌는 일개 장기임에도 나머지 몸 전체에 배당되는 것보다 더 많은 에너지를 요구한다. 에너지 위기가 닥치면 태아는 일종의 비상 신호를 어머니의 뇌로 보낼 수 있다. 구체적으로 태아는 뇌-당김을 활성화하고 침묵의 외침을 내지른다. 에너지를 구하는 그 생화학적 외침을 어머니의 물질대사 시스템은 무시할 수 없다. 그 외침은 스트레스 호르몬인 코르티솔이다. 태아는 에너지가 부족하다는 것을 어머니에게 알리기 위해 자신의 부신에서 코르티솔을 분비한다. 그리고 코르티솔은 어머니의 스트레스 시스템에 영향을 미침으로써 자신의 존재를 알린다. 하지만 생리학에서 흔히 그렇듯 이 과정은 직접적이지 않고 조금 더 복잡하다.

어머니와 태아를 이어주는 영양 공급 기지인 태반은 코르티솔 장벽이라고 할 수 있다. 태반은 마치 통제소처럼 코르티솔의 통과를 막는다. 요컨대 아기가 보낸 코르티솔 신호는 어머니의 뇌에 직접 도달할 수 없다. 따라서 일종의 번역자가 필요하다. 즉, 아기의 코르티솔 분비와 어머니의 코르티솔 분비를 연결하는 매개 신호 물질이 필요하다. 이 매개 물질은 태반에서 형성된다. 실제로 태반은 에너지 거래소일 뿐 아니라 어머니와 아기의 생화학적 정보를 연계하는 통신 센터이기도 하다. 뇌에 에너지가 필요하면 태아는 부신에서 코르티솔을 분비한다. 그러면 태반은 신호 물질인 코르티코트로핀 방출 호르몬corticotropin releasing hormone, CRH을 더 많이 생산한다. CRH는 어머니의 혈류에 도달해 어머니의 부신에서도 코르티솔을 분비하게끔 만든다. 어머니의 이 코르티솔은 태아의 뇌에서 어머니의 뇌까지 이어진 정보 전달 사슬의 맨 마지막이자 결정적인 고리일 뿐 아니라, 어머니 자신의 뇌-당김을 억제하는 효과를 발휘한다. 이런 빠듯한 상황에서 자신의 뇌를 위해 충분한 에너지를 확보하려면, 어머니는 몸-당김을 강화해야 한다. 그 결과는 임신을 해본 여성이라면 누구나 잘 알고 있는 강렬한 배고픔이다. 어머니가 에너지를 풍부하게 섭취하면, 애초에 코르티솔을 분비해 어머니의 뇌-당김을 억제한 태아도 결국 에너지를 공급받게 된다.

자궁에서 일어나는 권력 투쟁

코르티솔 수치에 관여하는 무언가가 새롭게 끼어들면 상황은 어김없이 달라진다. 그 무언가는 자궁 안의 태아일 수도 있고 성인에게 주입된 인공 코르티솔일 수도 있다. 인공 코르티솔은 "코르티손Cortison"이라는 명칭으로 더 잘 알려져 있다. 코르티솔의 작용 원리를 알기 쉽게 이해하기 위해 비유를 하나 들어보자. 아버지(뇌)가 아들(스트레스 시스템)에게 화분에 물을 주라는 지시를 내린다. 그러면서 아버지는 아들이 그 일을 잘했는지 확인하기 위해 손가락을 화분의 흙에 대고 얼마나 축축한지 느껴본다(축축한 흙=코르티솔). 실제로 뇌도 얼마나 많은 코르티솔이 시상하부에 도달했는지 측정함으로써 자신이 활성화한 스트레스 시스템이 임무를 잘 수행했는지 검사한다.

다시 위의 비유로 돌아가자. 이번에는 아버지 몰래 누나(코르티손을 주입하는 의사)가 끼어들어 남동생이 할 일을 가로챈다. 아버지는 축축한 흙을 만져보고는 아들에게 물은 이미 충분하니 그만 주라고 지시한다. 그리하여 아들은 임무 수행을 해보지도 못하고 물러난다. 이는 코르티손을 약 삼아 주입했을 때 뇌에서 일어나는 일과 매우 유사하다. 뇌는 밖에서 들어온 그 코르티손을 몸에서 유래한 코르티솔과 구분하지 못하고 스트레스 시스템에게 활동을 완전히 그치라고 지시한다. 그러면 스트레스 시스템의 활동은 휴지 상태일 때보다 한층 적어진다.

체내 코르티솔 경제와 아들딸의 물 주기는 몇 가지 유사성이 더 있다. 화분의 꽃한테는 누가 물을 주느냐가 궁극적으로 중요하지 않다. 단지 규칙적인 물 공급만이 중요하다. 몸의 상황도 이와 유사하다. 반면 아버지와 아들의 사정은 다르다. 누나가 끼어들면, 아버지와 아들 사이에 결정적인 소통 장애가 생기고 아들은 작업을 중단한다. 실제 뇌에서도 외래 코르티손은 스트레스 시스템의 억제를 가져온다. 요컨대 코르티솔 수치의 상승이 내적인 명령을 통해 일어나느냐, 아니면 외적인 주입을 통해 일어나느냐는 전혀 다르다. 내생 코르티솔은 스트레스 시스템이 활발히 활동하는 것을 보여주는 반면, 외래 코르티손은 스트레스 시스템의 활동을 억제한다.

이와 아주 유사한 일이 임신부와 태아 사이에서 일어난다. 태아의 코르티솔은 인공 코르티손과 마찬가지로 어머니 스트레스 시스템의 활동을 억제한다. 따라서 생리학적으로 볼 때, 임신부의 스트레스 시스템은 비임신부보다 한층 굼뜨게 반응한다. 예컨대 출산을 몇 주 앞둔 임신부를 관찰해보면, 추위에 스트레스 시스템이 거의 반응하지 않는다. 임신하지 않았을 때 추위 스트레스에 노출된다면, 그들의 체내 코르티솔 수치는 급상승할 것이다. (이런 급상승을 통해 임박한 저체온증에 맞서 스트레스 시스템이 대응 조치를 취한다는 것을 알 수 있다.) 이런 변화가 일어나지 않으므로(이 때문에 임신부는 추위에 대한 자기 몸의 반응을 전적으로 신뢰해서는 안 된다) 태아의 코르티솔은 목표, 요컨대 어머니의 뇌-당김을 약화시키는 목표를 달성한 셈이다. 뇌-당김의 약화는 몸-당김의 강화를 가져온다. 이미 언급했듯 이제 어머니는 자신의 뇌에 충분한 에너지를 계속 공급하기 위해 더 많이 먹으려 할 것이다(발작적인 극심한 허기!). 그리하여 어머니의 영양 섭취가 증가하면—"물질대사 신호등"이 임신 모드에 맞춰져 있으므로—태아는 이익을 얻는다. 즉, 태아는 자신이 요구한 대로 더 많은 에너지를 공급받는다. 또한 어머니의 뇌 역시 태아의 에너지 소비에도 불구하고 에너지 부족의 위험에서 벗어난다. 아울러 잉여 에너지가 어머니의 저장 조직에 쌓인다. 이것 역시 이롭다. 왜냐하면 임신 기간에 저장해둔 에너지를 출산 후 수유기에 아기한테 공급할 수 있기 때문이다.

이 같은 작용 원리에서 알 수 있듯 각 뇌-당김에는 위계가 존재한다. 다시 말해, 태아 뇌-당김의 간반 카드가 어머니 뇌-당김의 그것보다 더 강하다. 그리고 태반은 간반 카드 구실을 하는 호르몬이 한 방향으로만, 즉 태아에서 어머니에게로만 전달되고 거꾸로는 전달되지 않게끔 만든다. 요컨대 태아의 이기적인 뇌는 어머니의 이기적인 뇌보다 훨씬 강하다! 태아 뇌-당김의 힘은 심지어 어머니를 일시적인 임신성 당뇨병에 걸리게 만들 정도로 강할 수 있다. 임신성 당뇨병에 걸린 어머니는 아주 많은 영양을 섭취해 혈당 수치가 극적으로 상승한다. 그러면 태아의 뇌는 충분한 에너지를 공급받는다. 아기가 태어나면, 어머니의 혈당 수치는 다시 정상으로 내려온다. 하지만 태아가 어머니의 물질대사에 미치는 영향은 이 정도에 그치지 않는다. 태아의 뇌는 자신에게 공급되는 에너지의 양을 결정할 뿐만 아니라 태아가 태어나는 시점도 결정한다. 출산 과정의 개시와 관련해 결정적인 구실을 하는 신호 물질 역시 코르티솔이다.

출산은 태아 뇌의 성장 과정에서 최종 단계에 해당한다. 태아 뇌의 에너지 수요는 임신 기간 동안 엄청나게 증가한다. 그 수요가 증가할수록 태아는 더 많은 코르티솔을 분비하고, 태반은 더 많은 CRH를 생산한다. 그러다가 출산 직전 임계점에 도달한다. 이제 태아의 에너지 수요는 도저히 채울 수 없는 수준이 되고, 전혀 새로운 일이 일어난다. 즉, 태아 코르티솔이 태반 CRH의 생산을 유도하고, 거꾸로 태반 CRH가 태아 코르티솔의 분비를 유도한다. 이런 호르몬 역동을 통해 태아의 혈중 코르티솔 수치가 급증한다. 그리고 코르티솔 홍수 속에서 태아가 보내는 메시지가 바뀐다. 이제 태아는 에너지 공급을 독촉하는 대신 코르티솔-스타카토^{Cortisol-Staccato}를 통해 "임신 종결"이라는 신호를 보낸다.

이 과정에 또 다른 호르몬인 프로게스테론^{Progesteron}이 관여한다. 이 호르몬의 명칭은 "pro"와 "gesteron"을 합친 것이다. 라틴어 "gestatio"는 "임신"을 의미한다. 따라서 이 명칭에서 "pro"는 "임신을 지원하는"이라는 뜻이다. 프로게스테론은 임신 중 태반에서 생산·분비된다. 건강한 임신을 유지하는 데 필수적인 이 호르몬은 끊임없이 태반에서 어머니의 뇌로 운반된다. 프로게스테론에 담긴 메시지는 "모든 것이 정상이다. 임신이 예정대로 진행되는 중이다"이다. 그러면 어머니의 뇌는 임신을 관리하고 유지한다. 그런데 이제 이 같은 정보 흐름에 코르티솔-스타카토가 끼어들어 태반에서 프로게스테론이 생산되는 것을 막는다. 그리하여 프로게스테론 신호가 "단절"되면, 어머니는 산통을 느끼고 출산 과정이 시작된다.

출산 과정을 아기가 유도한다는 사실은 최근에야 알려졌으며, 이와 관련한 몇 가지 질문은 지금까지 정확히 밝혀지지 않았다. 아직 미숙한 태아가 출산을 유도하는 경우도 가끔 있다. 태아가 그런 시기에 이른 출산을 결정하는 이유는 아마도 태아로 향하는 에너지 공급에 문제가 생겼기 때문일 것이다. 요컨대 다급하게 에너지를 요청했으나 소용이 없자 태아가 출산을 결정하는 것으로 추정된다.

이런 에너지 위기가 발생하는 원인은 대개 태반의 성능 부족이다. 출산 결정 과정이 정확히 어떻게 진행되는지는 아직 밝혀지지 않았다. 그러나 개선될 가망 없는 에너지 위기가 닥칠 때 태아의 뇌가 조기 출산을 "감행"하는 것으로 보인다. 어머니의 몸 바깥으로 나가면 에너지 공급 사정이 좋아지리라는 희망을 품고서 말이다.

요컨대 태아의 뇌-당김은 어머니와 태아 사이의 신체적 연결을 끊고 출산을 하게끔 하는 장본인인 셈이다. 출산은 태아의 뇌-당김이 가장 먼저 완수하는 중요한 임무 중 하나다. 하지만 뇌-당김은 아기의 평생에 걸쳐 에너지 할당과 주의 집중 그리고 신체의 성능을 좌우한다. 우리가 독립된 인간으로 첫걸음을 내디딜 때, 건강한 뇌-당김은 학습할 준비가 되어 있다. 세월이 흐르면서 우리의 생활 방식, 식습관, 스트레스에 노출되는 정도 등의 온갖 요인이 뇌-당김에 흔적을 남기고 변화를 일으킨다. 강력한 뇌-당김은 인간이 예컨대 스포츠에서 크게 성공하기 위한 하나의 토대이다.

운동선수의 성공이
머리에서 비롯되는 이유

우리는 누구나 근육을 통해 몸을 움직인다. 그리고 자신의 손과 발의 운동을 아주 당연하게 여기고 일반적으로 깊이 생각하지 않는다. 모든 게 자동으로 이루어지는 것 같다. 하지만 모든 신체 운동은 복잡한 신경 명령의 연쇄를 거쳐 일어난다. 뇌가 신체 운동을 촉발하고, 그 운동의 매 단계를 통제하고 경우에 따라 수정할 수 있으려면 다양한 정보의 종합이 필요하다. 특히 통제와 수정이라는 측면에서 운동을 담당하는 뇌의 진정한 우수성이 드러난다.

로스앤젤레스에 있는 서던캘리포니아 대학의 신경해부학자 래리 W. 스완슨Larry W. Swanson은 몸의 경이로운 목표 지향적 운동을 가능케 하는 시스템—이른바 "운동 시스템"—을 세 부분, 즉 체성신경계somatic nervous system, 자율신경계, 신경내분비계로 구분했다. 신경 경로와 뇌 구역 그리고 일종의 신경내분비 이동 통신망이 얽히고설킨 이 미로 전체를 더 잘 이해하기 위해 운동 시스템을 건물에 비유해보기로 하자. 이를테면 위대한 건축가 안드레아 팔라디오$^{Andrea\ Palladio}$의 설계로 16세기 베네치아에 지은 화려한 르네상스 저택 말이다. 이 비유에서 체성신경계, 자율신경계, 신경내분비계는 건물을 지탱하는 세 기둥에 해당한다. 건물의 무게는 이 기둥들에 고르게 분배된다. 더 나아가 이 기둥들은 신경 경로나 생화학적 신호 물질을 통해 정보를 교환하는 능동적 임무도 수행한다.

첫째 기둥인 "체성신경계"는 운동의 진행과 몸의 자세를 담당한다. 우리가 하는 모든 운동은 목표가 있고 계획이 필요하며 가능한 한 목표를 달성할 수 있도록 실행된다. 이런 운동을 하는 것은 얼핏 생각하면 그리 어렵지 않은 듯싶지만 인간의 신경 시스템에게는 엄청나게 복잡한 과제이며 반드시 훈련이 필요하다. 다행히 체성신경계는 학습 능력이 대단히 뛰어나다. 누가 축구 선수가 되고 누가 조기 축구 동호 회원이 될지는 체성신경계에서 결정된다. 테니스나 축구처럼 기술적으로 까다로운 스포츠를 즐기는 사람이라면 누구나 알고 있듯 운동 능력을 향상시키려면 아주 많은 연습과 인내심과 시간을 투자해야 한다. 동작 하나하나를 잘하기 위해 여러 과제를 해결해야 하는데, 그 대부분의 과제를 대뇌가 떠맡는다. 뇌의 여러 부위 가운데 대뇌는 특히 "계산 능력"이 뛰어나고 대단히 유능하지만 그에 걸맞게 많은 에너지를 소비한다. 운동을 수행하느라 에너지 수급의 균형이 깨지는 것을 막으려면 다른 두 기둥의 역할이 필요하다.

둘째 기둥인 "자율신경계"는 인간의 의지로 조절하는 것이 거의 불가능하기 때문에 붙은 이름이다. 예컨대 심장 박동과 호흡은 자율신경계 소관이다. 신체에 큰 부하가 걸리면, 신체는 교감신경계의 경로를 통해 내부 장기에 명령을 보내 호흡 및 심장 박동의 속도를 높이고 체내

그림 2 목표 지향적 운동을 담당하는 인간의 운동 시스템

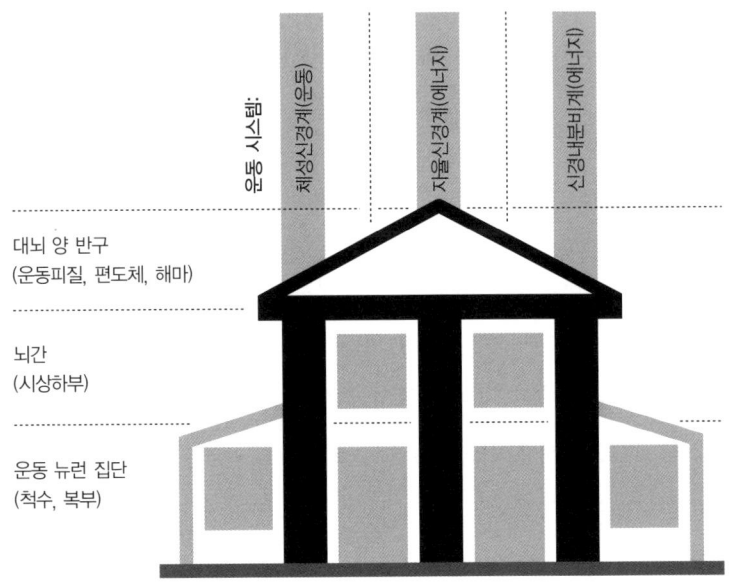

팔라디오가 설계한 저택의 정면처럼 세 기둥, 즉 체성신경계, 자율신경계, 신경내분비계가 전체 건물을 떠받친다. 또한 팔라디오의 저택이 세 층으로 나뉘는 것처럼 운동 시스템도 위계가 정해진 세 층으로 나뉜다. 위층에는 대뇌 반구, 중간층에는 뇌간, 아래층에는 척수의 알파 운동 뉴런(alpha-motoneuron)과 복부의 신경내분비 운동 뉴런(부신과 췌장의 베타세포)이 위치한다.

저장소에서 더 많은 에너지를 동원한다. 스트레스 시스템의 한 부분인 이것을 통신 시스템에 비유하면 "고정 통신망"이라고 할 수 있다.

셋째 기둥인 "신경내분비계"의 스트레스 호르몬 계열은 통신 시스템에서 "이동 통신망"에 해당한다. 이 계열은 부신에서 분비되는 코르티솔의 양을 조절한다. 위성으로 보내는 휴대전화의 전파가 허공으로 퍼져나가는 것과 마찬가지로, 코르티솔은 혈류를 타고 뇌를 포함한 인

체의 모든 조직에 스며든다. 코르티솔에 실린 정보는 자율 신경 경로가 닿지 않는 곳까지 도달한다.

다시 운동선수의 몸으로 돌아가자. 운동선수가 근육을 긴장하고 주의를 집중하고 흥분한 상태라면, 그의 스트레스 시스템은 활발하게 활동하는 중이다. 둘째 기둥과 셋째 기둥은 스트레스로 인해 상승한 출력을 조절하기 위해 아드레날린과 코르티솔을 비롯한 호르몬 그리고 교감신경계를 통해 체내 에너지 분배를 통제한다. 우리 몸의 스트레스 시스템이란 궁극적으로 이 두 기둥, 곧 자율신경계와 신경내분비계다. 이 시스템들이 바로 인체에서 뇌-당김 기능을 수행하는 장본인이다!

운동 시스템 안에서의 협동

아무리 잘 훈련된 운동피질이라도 에너지가 부족하면 기능하지 못한다. 최적의 에너지 공급은 스포츠에서 제대로 된 기술과 마찬가지로 필수적이다. 기술은 훈련할 수 있다. 하지만 운동선수의 에너지 관리 능력은 어떨까? 혹시 너무 일찍 에너지를 소진하는 것도 훈련으로 막을 수 있을까?

아벨 키루이Abel Kirui는 경이로운 운동선수에 속한다. 케냐 사람인 아벨은 마라톤 세계 챔피언이다. 그의 근육은 42.195킬로미터 구간에서 가용한 신체 에너지를 최대한 높은 달리기 성과로 바꾸는 일에 최적화되어 있다. 아벨이 달리기를 시작하면 근육이 혈액에서 당 형태의 에너지를 끌어당긴다. 이 포도당은 근육 세포 안에서 우선 젖산으로 변환된다. 젖산은 우리 몸이 간절히 원하는 연료다. 하지만 특히 간절하게 젖산을 원하는 곳은 뇌다. 애초에 포도당이 보유한 에너지가 100이라면, 새로 생성된 젖산이 보유한 에너지는 94이다.

모든 운동선수가 직면하는 문제는 근육 세포가 젖산(정확히 말하면 변환 과정에서 젖산 전 단계의 물질)을 생성할 뿐 아니라 태울 수도 있다는 사실이다. 원리적으로만 보면, 에너지 함량이 높은 젖산은 굶주린 근육 조직에 좋은 연료일 수도 있다. 그러나 장거리 달리기 선수가 좋은 성적을 내려면, 근육이 젖산을 연료로 쓰는 것을 반드시 막아야 한다. 왜냐하면 근육에서 연소된 젖산을 선수가 달리는 동안 새 젖산으로 교체할 수 없기 때문이다. 만약 근육이 젖산을 태운다면, 아벨의 달리기는 제대로 시작하기도 전에 끝날 것이다. 요컨대 급속도로 출력이 떨어져 일찌감치 기권할 것이다. 이런 일이 생기지 않게끔 자율 운동 시스템은 근육 세포에 메시지를 보낸다. 일종의 간반 신호라고 할 수 있는 그 메시지는 "젖산을 태우지 말고 곧장 뇌로 보내라!"는 것이다. 이 대목에서 관건은 운동 시스템의 여러 부분이 옳은 결정을 내리고 완벽하게 협동하는 것이다. 젖산을 근육에서 태우지 말고 뇌가 쓸 수 있게끔 하라는 명령은 뇌간 상부에서 교감신경계의 경로를 거쳐 곧장 근육 섬유로 전달된다. 그러면 젖산이 근육 세포에서 혈액으로 나오고 이어 뇌로 운반된다. 이기적인 뇌의 원리가 관철되는 것이다.

그러나 아벨 키루이의 뇌는 받기만 하는 게 아니라 주기도 한다. 이를테면 앞에서 설명한 명령과 동시에 지방 조직이 보유한 지방산을 방출하라는 명령도 내린다. 고에너지 화합물인 지방산은 뇌의 물질대사에는 쓸모가 없지만 근육에게는 오랫동안 일정한 출력을 내는 데 가장 적합한 연료다.

근육과 뇌 사이의 이런 에너지 교환이 경기 내내 얼마나 성공적으로 이루어지느냐는 결정적으로 선수의 뇌-당김이 얼마나 잘 작동하느냐에 달려 있다. 아벨 수준의 성적을 내려면 아주 유능한 뇌-당김이 필수적이다. 뇌는 뇌-당김의 도움을 받아 포도당이 젖산으로 변환되어 근육에서 연소되기 전에 그 포도당이 함유한 에너지를 자신에게로 끌어당긴다. 또한 동시에 지방 조직이 충분한 지방산을 근육 세포에 제공하도록 만든다. 이 상태를 42.195킬로미터 구간 내내, 2시간 6분 51초(아벨의 기록) 내내 유지하려면 많은 훈련이 필요하다. 이미 언급했듯 뇌-당김은 가변적이다. 즉, 학습 능력을 지녔다. 아벨 키루이 같은 마라톤 선수의 뇌는 가용한 에너지를 그 자신과 몸에 최적으로 분배해 선수가 경기 내내 꾸준히 달릴 수 있게끔 하는 법을 반복 훈련을 통해 학습한다.

달리는 도중 뇌-당김이 약해지면 어떻게 될까? 일반인이 마라톤 완주를 시도할 경우 이런 상황을 실감할 수 있다. 뇌-당김이 약하면, 근육에서의 젖산 연소가 완전히 차단되지 않는다. 근육이 젖산을 사용하면 뇌는 에너지가 부족해지고, 달리기 능력은 고통스러운 한계에 부딪힌다. 달리기 선수들은 이런 현상을 두려워해서 "벽壁"이라 하고, 물질대사 연구자들은 "중추 피로central fatigue"라고 일컫는다. 에너지 부족 위험에 처한 뇌는 에너지 소비를 차츰 줄인다. 뇌는 운동피질이 운동 명령을 내리는 것을 방해함과 동시에 의욕을 감소시킨다. 뇌가 몸에게 "그만 달려!"라는 신호를 보내는 것이다. 의지력이 아무리 강한 운동선수라도 이 신호를 오래 거스르지 못한다. 이를테면 내면의 벽에 부딪힌다. 의욕을 되살려 고비를 넘기기 위한 모든 전략은 무용지물이 된다. 물론 뇌 속의 명령 사슬을 끊는 전략은 예외다. 예컨대 운동 능력을 향상시키는 다양한 약물이 정확히 그런 작용을 한다. 그런 약물은 뇌 물질대사의 경보 시스템에 개입해 뇌의 에너지 위기가 임박하더라도 근육에서 젖산이 계속 연소되게끔 만든다. 이런 상황에서는 뇌가 말 그대로 공회전할 위험이 있고, 그 결과는 끔찍할 수도 있다. 1967년 프랑스 일주 자전거 경주인 "투르 드 프랑스Tour de France"의 산악 구간에서 비극적인 사망 사고가 발생했다. 영국 선수 톰 심슨Tom Simpson은 탈진하기 직전에 넘어졌다. 그는 서둘러 달려온 진행 요원들에게 "나를 일으켜주세요" 하고 말했다. 그리고 몇 미터 이동하더니 사망한 채로 자전거에서 떨어졌다. 나중에 그의 혈액을 검사하자 알코올과 운동 능력 향상 약물이 검출되었다. 심슨의 정확한 사인은 지금도 밝혀지지 않았지만, 도핑의 가장 위험한 부작용은 뇌졸중으로 인한 뇌사라는 것을 우리는 알고 있다. 자신의 능력을 최대한 끌어올리기 위해 인체 고유의 경보 시스템을 인위적으로 무력화하는 사람은 목숨을 거는 것과 다름이 없다. 따라서 운동선수는 그런 약물에 손대지 말고 자신의 뇌-당김을 "합법적으로" 훈련해야 한다. 합법적인 훈련으로도 얼마든지 운동 능력을 유지하거나 향상시킬 수 있으니 말이다.

지나치게 강한 훈련으로도 몸의 보호 메커니즘이 마비될 수 있을까? 뇌-당김이 너무 강해질 수도 있을까? 장거리 달리기 선수들은 훈련이 과도할 때 가끔 이런 현상을 경험한다. 심장 박동이 지나치게 빠르고 신경내분비계가 코르티솔을 과도하게 분비하는 것은 뇌-당김이 너무 강하다는 뜻이다. 앞에서도 살펴봤지만, 부신 호르몬의 하나인 코르티솔은 스트레스 시스템을 통한 에너지 조달에서 중요한 구실을 한다. 하지만 혈액 속에 코르티솔이 너무 많으면 부작용이 나타난다. 장거리

달리기 선수의 몸에서 스트레스 시스템의 활동으로 혈중 코르티솔 수치가 너무 높아지면, 뇌의 에너지 식욕을 충족시키기 위해 근육 조직이 줄어들 수 있다. 굶주린 사람이 코르티솔의 영향으로 비쩍 마르는 것과 마찬가지로, 너무 강한(인슐린도 억제하는) 뇌-당김을 지닌 운동선수는 지나치게 힘든 훈련을 할 경우 심지어 근육량까지 줄어들 수 있다. 그래서 코치들은 장거리 달리기 선수가 스스로 정기적으로 맥박수를 측정하고, 그 결과가 한계치(연령별 맥박 한계치를 나열한 도표가 있다)를 넘지 않도록 주의할 것을 권고한다. 왜냐하면 너무 높은 맥박수는 뇌-당김에 과부하까지는 아니더라도 큰 부하가 걸렸음을 알려주는 믿을 만한 신호이기 때문이다.

모든 것은 에너지 공급의 문제

경기의 승패가 머리에 달려 있다는 것은 스포츠 신문에서 오래전부터 봐온 진부한 말이다. 그러나 이 말 속에는 생각보다 많은 진리가 숨어 있다. 스포츠에서 좋은 성적을 내기 위한 주요 조건 중 하나가 뇌-당김 훈련이기 때문이다. 이 훈련에서 중요한 점은 근육뿐 아니라 뇌에 에너지를 최적으로 공급하는 것이다.

미국 프로 농구 댈러스 매버릭스Dallas Mavericks 팀의 디르크 노비츠키Dirk Nowitzki는 경기 종료를 1.1초 앞두고 마지막 공격을 맡았던 때를 이렇게 묘사했다. "나는 시계를 보지 않으려고 애썼다. 그러면서 속임 동작으로 약간의 공간을 만들어 슛을 던질 기회를 잡았다." 그의 골로 팀은 인디애나폴리스에 94 대 92로 이겼다. 독일 출신인 노비츠키는 세계적인 농구 선수 중 한 명이다. 그는 중요한 경기의 종료를 코앞에 두고도 통찰력과 안정된 동작과 대단한 집중력으로 마무리 슛을 성공시킬 수 있는 선수이다. 그것도 체력 소모가 아주 많은 경기를 거의 다 소화한 다음에 말이다.

노비츠키의 놀라운 마무리 슛에서도 관건은 몸조차 많은 에너지를 요구하는 상황에서 뇌에 얼마나 안정적으로 에너지를 공급하느냐다. 따라서 우리는 디르크 노비츠키의 뇌-당김이 최적의 상태로 맞춰져 있다고 판단할 수 있다. 축구 선수 리오넬 메시Lionel Messi도 마찬가지일 것이다. 물론 노비츠키의 경우에는 운동 기관의 협응뿐 아니라 주의 집중도 아주 중요한 구실을 하는 농구 경기에 최적으로 맞춰져 있을 것이다. 엎치락뒤치락하는 농구 경기에서 두 팀의 승부는 마지막 몇 초에 갈린다. 바꿔 말해, 선수들의 뇌에 에너지를 얼마나 잘 공급하느냐가 승패를 결정할 수 있다는 뜻이다.

다시 노비츠키의 마무리 슛으로 돌아가자. 한쪽에서 디르크 노비츠키가 마무리 슛을 던질 기회를 노린다. 그 순간, 이미 체력적으로 한계에 도달한 상대편 선수의 뇌에서 일어나는 일을 살펴보자. 그 선수의 체성신경계(운동 담당), 자율신경계(에너지 담당), 신경내분비계(에너지 담당)는 지금까지 잘 협동했다. 이 시스템들은 긴밀하게 협조해 근육뿐 아니라 뇌에도 에너지가 순조롭게 공급되게끔 했다. 뇌의 에너지 충만 수준은 ATP 센서들에 의해 끊임없이 조절되었다. 그 센서들은 체성신경계뿐 아니라 자율신경계와 신경내분비계에도 있으며 뇌가 얼마나 많은 에너지 꾸러미ATP를 보유하고 있는지 측정한다. 그런데 노비츠키를 막는 수비수는 몇 분 전부터 뇌의 ATP 보유량이 임계값 아래로 떨어질 위험에 처했다. 이제 에너지 절약밖에 달리 도리가 없다. 일부 신체 시스템, 예컨대 생식 시스템은 이미 경기 시작부터 활동을 멈추었다. 이에 따라 남성 호르몬 테스토스테론의 분비도 일시적으로 중단되었다. 이 모든 것은 에너지 절약을 위한 조치다. 최후의 에너지 절약 조치는 체성 신경계 봉쇄다. 이 조치를 발동하면, 운동 명령이 전달되지 않는다. 이런 조치는 중추신경계의 에너지 고갈이 임박한 절체절명의 순간에 내려진다. 그 순간 이전에는 일부 뇌 기능에 대해 절약 조치를 내릴 수 있다. 우리는 이러한 절약 조치에 따른 결과를 앞서 '트리어 사회 스트레스 검사'를 다룰 때 이미 살펴보았다. 스트레스를 겪은 피실험자들에게서 나타난 신경 당결핍 증상, 곧 집중력 저하, 운동 협응 와해, 창조적인 사고 및 계획 능력 저하가 이 같은 에너지 절약의 결과다. 이런 상황에 처한 선수는 어처구니없는 실수를 할 가능성이 높다. 반면 디르크 노비츠키처럼 정신이 생생한 상대방은 그 실수를 기회로 삼아 결정적인 슛을 던질 것이다.

뇌-당김이 성능의 한계에 도달하면, 우리는 어김없이 우리의 뇌-당김에 문제가 있음을 알아챈다. 반면 최적으로 작동하는 당김 시스템은 거의 감지할 수 없다. 그런 시스템은 부드럽게 달리는 자동차의 엔진처럼 소음이 거의 없다. 건강한 뇌-당김의 유연성과 민감성, 요컨대 새로운 상황과 요구에 적응하는 능력은 어마어마하게 크다. 하지만 그런 식으로 혹사당하는 시스템에는 휴식 기간이 필요하다. 뇌-당김은 예컨대 우리가 잠든 밤에 휴식할 필요가 있다. 그러나 뇌-당김에 장애가 있거나 심지어 손상되었을 경우, 자는 동안에도 위기가 닥칠 수 있다.

한밤의 발작적 배고픔

그런 위기 상황을 우리는 누구나 경험한다. 밖은 아직 캄캄하고 알람시계가 울리려면 족히 두 시간은 남았는데, 딱히 짚이는 이유 없이 잠에서 깨어난다. 침실 창문은 닫혀 있으므로 바깥의 소음 때문에 깨어난 것일 리는 없다. 이런 상황에서 일부 사람들은 몇 분 안에 다시 잠들지만, 다른 사람들은 식탁에 앉아 낮에 먹다 남겨둔 푸딩을 숟가락으로 뜬다. 한밤의 발작적인 배고픔이 잠을 쫓아버린 것이다.

식욕은 조절하기 어렵고 일부 사람들의 경우에는 결코 충족되지 않는다. 그들은 항상 먹어야 한다고 느낀다. 배부름을 느낄 때는 전혀 없다. 이례적인 때에, 심지어 자는 동안 식욕에 사로잡히는 사람도 있다. 자다가 식욕을 느끼는 것은 이례적인 일이다. 왜냐하면 밤중에는 배가 고프지 않아야 마땅하기 때문이다. 우리의 뇌는 밤의 대부분, 즉 숙면 시간 동안 절약 모드로 작동한다. 절약 모드에서 뇌의 에너지 소비는 낮 시간보다 최대 40퍼센트 적다. 그런데도 어떤 사람들은 한밤에 깨어나

심한 배고픔을 느낀다. 이런 현상을 이해하기 위한 열쇠는 "오렉신orexin"이다. 신경 전달 물질인 오렉신은 외측 시상하부LH의 수많은 뉴런에서 생성된다. 이 신호 물질은 "수면-깨어 있음" 리듬에서 중요한 구실을 한다. 오렉신은 우리를 말똥말똥 깨어 있게끔 하고, 주의를 집중하게끔 하고, 활동적이게끔 한다. 또한 오렉신은 식욕의 물질적 기반이다. 더 나아가 오렉신은 감정에도 영향을 미쳐 우리가 무언가를 찾아다닐 때 행복감을 느끼게끔 한다. 요컨대 이 매혹적인 신호 물질은 3중의 기능을 한다. 깨어 있음 상태의 활성화, 몸-당김 과정에서 영양 섭취를 위한 프로그램 발동, 탐색 행동에 대한 보상 추진이 그것이다. 그러므로 우리가 밤중에 오렉신 분비 증가로 음식을 먹는다면, 그 신호 물질의 명령을 충실히 이행하는 것이다. 우리는 잠에서 깨어나 식욕을 충족시키고 그 보상으로 평온과 이완을 느낀다. 그리고 아마도 다시 행복하게 잠들 수 있을 것이다.

뇌과학의 표준 교과서격인 래리 R. 스콰이어Larry R. Squire의 《기초 신경과학Fundamental Neuroscience》에는 인간의 뇌와 척수의 종단면 그림이 실려 있다. 그 그림을 보면, 물줄기로 얽히고설킨 어느 강 유역의 지도를 보는 듯하다. 우리가 그 지도를 길잡이 삼아 뇌 속을 여행할 수 있다고 가정해보자. 우리는 척수의 신경 경로에서 위쪽으로 출발해 뇌하수체와 시신경 교차부 근처를 지나는 길고 꼬불꼬불한 길을 거쳐 뇌간 상부에 도달한다. 이어서 시상하부에 진입한다. 시상하부는 뇌의 정중앙에 위치한다. 뇌를 앞에서 보든 옆에서 보든, 시상하부는 뇌 한가운데에 있다. 시상하부가 양쪽 뇌 반구 사이의 소통에서, 또한 뇌와 몸 사이의 소통에서 얼마나 중요한지는 그 위치를 통해 짐작할 수 있다. 중요한 조절 시스템이 시상하부에서 작동한다. 스트레스 반응, 성적인 행동, 체온, 수면-깨어 있음 리듬을 조절하는 시스템 그리고 영양 섭취를 조절하는 시스템이 그곳에 있다. 특히 영양 섭취는 시상하부의 옆쪽 가장자리 부분, 즉 LH에서 조절된다. LH는 우리 뇌의 에너지 측정소인 셈이다. 우리에게 지금 영양이 필요한지 점검하고, 필요하다면 경우에 따라 경보를 울리는 것이 LH의 몫이다. 이 경보는 드물게 밤에도 울린다.

우리가 한밤에 깨어나 냉장고로 걸어가는 것은 그보다 먼저 시상하부에서 이루어진 측정을 통해 뇌에 공급되는 에너지가 너무 적다는 게 드러났기 때문일 수 있다. 실제로 LH는 몸속에서 순환하는 포도당의 양을 측정하는 에너지 센서 구실을 한다. 포도당은 뇌 모세혈관을 따라 LH 근처로 운반된다. LH 뉴런이 포도당을 탐지하고 측정할 수 있으려면, 먼저 포도당이 혈액-뇌 장벽, 곧 모세혈관 내벽을 통과해야 한다. 이 장벽의 임무는 특정 화학 물질, 바이러스, 박테리아 또는 길을 잘못 든 신호 물질이 뉴런에 접근하지 못하도록 하는 것이다. 그럼으로써 이 장벽은 그릇된 생화학적 정보, 감염, 중독으로부터 뇌를 보호한다. 그러나 모세혈관 벽에는 포도당 구멍이 있다. 이 구멍들은 혈액 속의 포도당 분자를 알아보고 통과시켜 세포 외부의 조직액 속으로 내보낸다. 조직액은 뇌 조직의 뉴런들 사이 공간에 채워져 있다. 비유를 하자면, 조직액의 바다에 시상하부 뉴런이 수많은 섬처럼 흩어져 있는 셈이다. 우리 몸에서 이 바다의 당 함량(세포 외 포도당 농도)은 혈중 당 농도와 거의 정확히 일치한다. 따라서 혈액이 보유한 포도당의 양을 LH에서 아주 정확하게 측정할 수 있다. 이를 측정하기 위해 LH의 오렉신 생산 뉴런은 세포 외 포도당 분자가 달라붙을 수 있는 결합 부위(수용기)를 활용한다.

이들 결합 부위가 포도당으로 채워지면, 오렉신 생산 뉴런은 휴식을 취한다. 그러나 그 포도당 수용기가 채워지지 않으면 LH 뉴런은 점화하기 시작하고, 그 결과 뇌에서 오렉신이 더 많이 분비된다. 이것은 몸-당김을 활성화하라는 신호다. 이제 에너지를 외부에서 끌어들여야 한다. 다시 말해, 잠에서 깨어나 음식을 먹어야 한다.

대부분의 사람은 몸-당김을 활성화하는 오렉신 신호가 어떤 느낌을 유발하는지 몸소 체험한다. 하지만 밤에 체험하는 사람은 드물다. 오렉신은 낮에 우리를 깨어 있게끔 하고, 활동하게끔 하고, 먹을거리를 탐색하게끔 하는 기능도 한다. 이 탐색 프로그램은 감탄스러우리만치 훌륭하다. 이 프로그램이 작동하면 일반적으로 우리는 과거 경험에서 먹을거리 탐색에 성공했던 장소로 어김없이 움직인다. 예컨대 집 안의 냉장고, 사무실의 스낵 자동판매기 또는 길모퉁이의 빵집으로 말이다. 우리가 이런 행동 패턴을 더 자주, 더 뚜렷하게 드러낼수록 혹시 이런 충동의 배후에 병적인 요소가 있는 것은 아닐까라는 의문은 더욱 커진다. 끊임없는 식욕은 각 당김들 사이의 세력 균형이 깨졌음을 알려주는 증상일 수도 있다. 그렇다면 다음과 같은 질문이 가능하다. 너무 약한 뇌-당김을 과도한 몸-당김으로 벌충해야 할까? 과부하가 걸린 뇌-당김을 돕기 위해 몸-당김이 항상 서둘러 나서야 할까?

실제로 뚜렷한 몸-당김 행동은 뇌-당김이 부실하다는 것을 암시한다. 한밤에 깨어나 냉장고로 걸어가는 행동은 뇌로의 포도당 공급에 문제가 있음을 확실히 보여준다. 그러나 뇌-당김이 약하다는 것을 보여주는 다른 증상도 있다. 예컨대 물건 입에 넣기, 연필 씹기, 담배 빨기 등이 그런 증상이다. 왜냐하면 신체의 필요에서 비롯된 배고프다는 느낌은 특정 음식을 향하지 않고 단지 우리로 하여금 무언가를 입에 넣게끔 만들기 때문이다. 이런 구강 대체 행동 역시 뇌의 에너지 위기를 알려주는 가시적인 신호다. 그리고 예컨대 담배를 피울 때 니코틴은 스트레스 호르몬인 코르티솔 수치를 신속하게 상승시키므로 이런 대체 행동이 뇌-당김의 부실을 벌충할 수 있다는 것은 놀라운 일이 아니다. 따라서 담배를 끊으려고 애쓰는 사람에게 이런 조언을 할 수 있다. 뇌-당김의 부실을 벌충하기 위해 더 많이 먹어라. 하지만 이 조언을 따르면 안타깝게도 체중이 꽤 불어날 것이다.

흥미롭게도 내적으로(스트레스를 받는 뇌 자신에 의해) 활성화한 뇌-당김과 외적으로(이를테면 담배의 니코틴을 통해) 활성화한 뇌-당김 사이에는 결정적인 차이가 있다. 내적인 뇌-당김은 긴장감을 유발하는 반면, 외적인 뇌-당김은 해방감과 이완감을 유발한다. 이런 이유 때문에 흡연자(또는 금연을 시도하는 사람)는 특히 스트레스 상황에서 담배의 필요성을 느낀다.

이른바 "단맛 선호"는 뇌-당김 부실의 또 다른 증상이다. 뇌-당김이 약하거나 과부하를 받는 사람들은 간식거리로 단 음식을 선호한다. 최신 연구에 따르면, 만성적으로 스트레스를 받는 아이들은 차츰 단 음식을 확실히 선호하게끔 된다. 이것은 우연이 아니라 뇌의 전략이다. 당을 많이 함유한 음식이 몸의 에너지 수요를 가장 빨리 충족시킨다는 사실을 잘 아는 뇌가 그런 전략을 채택하는 것이다. 뇌로 공급되는 포도당이 극단적으로 부족하면 당에 대한 갈망까지도 발생할 수 있다. 당장 당을 섭취하려는 욕구가 발작적으로 강렬하게 일어날 수 있다는 얘기다. 당뇨병 환자들은 인슐린을 너무 많이 주입해 혈당 수치가 극적으로 낮아졌을 때 이런 갈망을 체험한다.

몸-당김에 대해 지금까지 알아본 것을 요약하면 다음과 같다. 즉 몸-당김은 혈당 수치가 낮아질 때 활성화한다. 그러면 우리는 잠에서 깨어나 배고픔을 느끼며 무언가를 입에 넣으려 하고, 그 무언가는 단맛을 내는 것이 가장 좋다.

몸-당김과 탐색-당김의 전략에 대한 우리의 논의는 어느 정도의 지능을 전제로 한다. 실제로 그런 전략은 학습된 행동이다. 이미 언급했듯 오렉신은 일반적으로 우리가 이미 알고 있는 에너지원으로 우리를 이끈다. 하지만 새로운 에너지원을 물색하게끔 할 수도 있다. 이 대목에서 (오렉신도 함께 관여하는) 보상 시스템이 결정적으로 중요해진다. 그런데 우리의 보상 시스템은 무엇보다도 예상 밖의 성공에 크게 반응하도록 프로그램화되어 있다. 이미 예상한 성공은 우리의 보상 시스템을 활성화하지 못한다. 이는 결과가 불확실한 스포츠 경기에서 이겼을 때 강렬한 쾌감을 느끼는 것에 빗댈 만하다. 가장 큰 쾌감은 불리한 경기에서 역전승했을 때 일어난다. 흥미롭게 음식 탐색에서도 예상 외로 좋은 에너지원을 새로 발견했을 때 특히 큰 쾌감이 일어난다. 그것은 새로운 식당일 수도 있고, 길모퉁이에 새로 생긴 채소 가게 또는 슈퍼마켓 진열대에 놓인 새 상품일 수도 있다. 그 에너지원을 이용하는 일을 반복하면 행복감은 뚜렷하게 감소한다. 왜냐하면 몸-당김과 탐색-당김은 영양 섭취가 아니라 성공적인 탐색을 보상하기 때문이다. 요컨대 우리를 기쁘게 하고 그 장소로 다시 가게끔 하는 것은 음식 섭취 자체가 아니라 음식의 발견이다.

그렇다면 우리로 하여금 낮에, 또한 때로는 밤에도 음식을 찾아다니게끔 하는 식욕은 오로지 혈액(또는 뇌의 세포 외 조직액) 속의 에너지 부족에서 비롯되는 것일까? 몸의 지방 저장소가 비면 다시 채우기 위해 음식을 먹는다는 통념은 틀린 것일까? 실제로 렙틴이라는 또 다른 물질이 영양 섭취에 관여한다. 렙틴은 혈류를 타고 순환하는 신호 물질, 즉 호르몬이다. 렙틴은 지방 조직에서 생산되며, 지방 세포의 에너지 충만 상태를 알려준다. 렙틴 수치가 높다는 것은 지방 저장소가 충분히 채워졌다는 뜻이다. 이를테면 성탄절 휴가를 보낸 직후에 많은 사람의 몸 상태가 이렇다. 렙틴 수치가 낮다는 것은 정반대의 뜻이다. 예컨대 금식 중인 사람은 렙틴 수치가 낮다. 이런 렙틴 신호는 여러 중계소를 거쳐 외측 시상하부에 진입한다. 그런데 지방 조직은 에너지가 꽉 찼다는 신호를 보내고, 뇌는 에너지가 필요하다는 신호를 보내면 어떻게 될까? 바꿔 말해 과체중인 사람의 뇌가 갑자기 많은 에너지를 요구하면, 그 사람은 과체중임에도 불구하고 강렬한 식욕을 느낄까?

이런 상황에서 뇌가 주도권을 행사한다는 것은 그리 놀라운 일이 아니다. 뇌가 에너지를 요구하면, 지방 조직의 충만 신호는 차단된다. 그 신호는 외측 시상하부의 오렉신 생산 뉴런(오렉신-뉴런)에 아예 도달하지 못한다. 뇌에 에너지가 필요하면 오렉신-뉴런으로 이어진, 시상하부 아랫부분의 길에 위치한 중계소에서 일종의 차단기가 내려진다. 이기적인 뇌가 마뜩치 않은 렙틴 신호를 아예 막아버리는 것이다. 이런 분쟁이 지속되면 과체중은 불가피하다. 왜냐하면 에너지를 저장하는 지방 조직이 몸에 충만 신호를 넘치도록 보내도 뇌는 "더 먹어라!"는 명령을 내릴 수 있기 때문이다. 요컨대 끊임없이 에너지를 요구해 과체중을 유발하는 것은 지방 세포 자신이 아니다. 과체중인 사람이 계속 먹는 것은 뇌로의 에너지 공급이 부실하기 때문이다.

뇌-당김처럼 복잡성과 적응성이 높고 장애가 생길 위험도 높은 시스템에서는 내적인 균형이 결정적으로 중요하다. 그렇다면 뇌-당김 시스템은 어떻게 균형을 잡을까? 어떤 힘이 그 균형에 관여할까? 흥미롭게도 뇌-당김의 균형은 우리 내면의 균형과 밀접한 관련이 있다. 뇌-당김을 활성화하고 억제하는 조절 메커니즘은 까마득한 세월에 걸쳐 천천히 진화했다. 진화의 시작은 5억 년 전, 따뜻한 바닷물 속에서 이루어졌다.

우리 안의 짚신벌레

물결이 느릿느릿 번지며 점점 약해지다가 이내 사라진다. 바람은 잠잠하고 기온은 섭씨 29도다. 물의 온도도 거의 비슷한 26도. 이런 날엔 태평양에 왜 "태평한 바다"라는 이름이 붙었는지 이해가 된다. 잔물결도 얼마 없는, 반짝이는 거울 같은 수면에는 생명이 없는 듯하다. 그러나 그 수면은 우리 행성에서 가장 신비로운 생명의 공간인 심해의 경계면이다. 태평양의 깊이는 최대 1만 2000미터에 가깝다. 해양학자들의 추정에 따르면, 지금까지 연구된 심해는 기껏해야 1퍼센트에 불과하다. 심해 잠수를 하면 거의 매번 새로운 종을 발견한다.

    대양은 고층 건물과 유사하다. 생명은 대양의 여러 층에 깃든다. 층마다 고유한 생태 환경이 있다. 일부 생물은 넘을 수 없는 보이지 않는 경계가 있고, 맨 아래층부터 맨 위층까지 "대양 빌딩"의 모든 곳에서 잘 생존하는 생물도 있다. 하지만 거의 모든 대양 거주자의 공통점은 플랑크톤을 생존의 기반으로 삼는다는 것이다. 플랑크톤은 떠다니는 작은 유기체 조각이나 미세한 동물로, 크기는 몇 나노미터에서 몇 센티미터까지 다양하며 많은 바다 생물에게 가장 중요한 기본적인 먹을거리다. 물은 소금을 비롯한 물질을 용해하는 속성을 지녔으므로 부유하는 그런 유기체 조각도 대양에 대체로 고르게 분포한다고 생각해볼 만하다. 요컨대 바닷물은 플랑크톤 용액이라고 할 수 있다. 하지만 실상은 그렇지 않다. 플랑크톤이라는 개념('플랑크톤'이라는 명칭은 '방황하는 놈'이라는 뜻의 그리스어에서 유래했다)의 바탕이 된 전제는 적어도 부분적으로 틀렸다는 것이 밝혀졌다. 플랑크톤이 해류를 타고 이동한다는 것은 옳다. 그러나 많은 플랑크톤은 고유한 이동 능력을 갖고 있다. 녀석들은 목적에 맞게 위치를 점유하고 바꿀 수 있는 생활 공동체를 형성한다.

이를 좀더 자세히 살펴보기 위해 태평양의 수면 아래로 내려가보자. 처음에 바닷물은 투명해 보인다. 맨눈으로는 어떤 유기체도 볼 수 없다. 수심 20미터에서 풍경이 바뀐다. 현미경으로나 볼 수 있는 단세포 생물부터 밀리미터 규모의 유기체까지, 물속에 생명이 우글거린다. 플랑크톤 층의 한가운데 도달한 것이다. 층의 두께는 1미터도 채 되지 않는다. 그 층 위와 아래에는 상대적으로 생물이 드물다. 이제 물 시료를 채취해 현미경으로 관찰하면, 플랑크톤 행성의 거주자를 더 자세히 볼 수 있다. 특히 흥미로운 것은 섬모류^{ciliate} 동물이다. 단세포생물이며 진화의 역사 초기에 등장한 섬모류는 털 모양의 작은 돌기(섬모)를 이용해 물속에서 이동할 수 있다. 현재 섬모류의 특징적인 행동을 보면, 녀석들이 이미 태곳적 바다에서도 플랑크톤과 함께 살며 그 특유의 행동을 했으리라고 짐작할 수 있다. 녀석들은 자신이 속한 플랑크톤 층을 위아래로 이동시킨다. 움직이는 거리는 몇 미터에 지나지 않지만 이 상하 이동은 끊임없이 계속된다. 왜 이런 행동을 하는 것일까? 수수께끼의 해답은 온도에 있다. 짚신벌레를 비롯한 섬모류는 특정 온도에서만 쾌적하게 활동할 수 있다. 그런데 바닷물의 온도는 시간, 날씨, 해류에 따라 변화하므로 플랑크톤 가족은 자주 거처를 옮겨야 한다.

섬모류의 온도 감지 능력에 대한 연구는 우리 주변의 어느 웅덩이에서나 발견할 수 있는 민물 섬모류를 대상으로 더 자세하게 이루어졌다. 짚신벌레는 복잡한 결정을 내릴 수 없다. 뇌도 없고 신경계도 없기 때문이다. 그럼에도 녀석은 온도를 측정하고 그 결과에 따라 반응할 수 있다. 그래서 생물학자들은 짚신벌레를 헤엄치는 신경세포라고 일컫기도 한다. 녀석은 자극을 수용하고 처리할 수 있으며 따라서 우리 신경계의 개별 뉴런과 비슷한 능력을 갖췄다. 그런데 생물학에서나 공학에서나 온도 조절 시스템과 관련한 핵심 질문은 누가 혹은 무엇이 적정 온도를 설정하느냐다. 앞서 예로 든 미술관 난방 장치의 경우에는 대답이 자명하다. 담당 직원이 실내 온도 20도를 자동온도조절기의 적정 온도로 설정한다. 그러고 나면 온도 센서가 난방 장치를 제어해 실내 온도가 20도에 최대한 근접하게끔 만든다. 하지만 까마득한 과거에 자연은 적정 온도 설정 문제를 어떻게 해결했을까? 누가 혹은 무엇이 섬모류의 자동온도조절기를 적정 온도로 설정했을까? 정답은 간단하면서도 기발하다. 짚신벌레는 온도 센서를 하나가 아니라 두 개 지녔다. 하나는 낮은 온도 범위(추위)를 담당하고, 나머지 하나는 높은 온도 범위(더위)를 담당한다. 센서 각각은 다름이 아니라 서로 다른 온도에서 열리는 칼슘의 통로다. 물속의 더 깊고 차가운 층에서는 저온 센서가 더 강하게 반응하고, 더 얕고 따뜻한 층에서는 고온 센서가 더 강하게 반응한다. 두 센서 중 하나가 다른 센서보다 더 강하게 반응하면, 이 차이 혹은 불균형으로 인해 짚신벌레 안의 "방향전환기"가 작동한다. 그러면 짚신벌레는 섬모를 움직여 현재의 운동 방향을 바꾼다. 이제 녀석은 너무 덥거나 추워서 불쾌한 구역을 벗어날 수 있기를 바라며 아무렇게나 정한 방향으로 운동하기 시작한다.

방향전환기가 짚신벌레를 쾌적한 구역으로 이끄는 방식을 더 잘 이해하기 위해 간단한 예를 들어보자. 깊은 곳에서 추위 센서가 더위 센서보다 더 활발하게 반응하면, 이 불균형은 짚신벌레에게 방향 전환 신호로 작동한다. 이제 녀석은 위로 이동해 더 따뜻한 구역에 도달할 때까지 계속해서 방향을 바꾼다. 그러다 수면 근처에서 더위 센서가 추위 센서보다 더 활발하게 반응하면, 이는 다시 방향을 바꾸라는 신호다. 짚신벌레가 선택해야 할 새 방향은 아래쪽이다. 이 과정은 짚신벌레가 이상적인 온도 구역에 도달할 때까지 양극을 오가며 계속된다. 온도가 적절해 쾌적한 구역에서는 추위 센서와 더위 센서가 대략 같은 정도로 반응한다. 요컨대 두 센서의 반응이 더 잘 일치할수록 방향전환기의 가동 횟수는 줄어든다. 이런 상태라면 짚신벌레는 목적지에 도달한 것이다. 한동안 녀석은 수평으로 놓인 쾌적한 층에서 먹이를 찾아다닐 것이다.

짚신벌레의 예는 간단하지만 효율적인 자연의 조절 메커니즘 중 하나의 기본 원리를 알기 쉽게 보여준다. 이 메커니즘에서는 각 힘의 상호작용 결과, 시간이 지나면 중간 값과 중간 상태 또는 균형에 도달한다. 짚신벌레라는 단순한 시스템의 두 센서는 놀랍게도 적정 온도를 이미 내장하고 있는 셈이다. 따라서 (미술관 난방 장치에서처럼) 외부의 누군가가 혹은 무언가가 그것을 설정할 필요가 없다. 짚신벌레를 위로 움직이는 힘과 아래로 움직이는 힘이 균형을 이루면, 녀석은 자동으로 최적의 온도 환경에 도달한다. 5억 년 전 이래로 효능을 입증한 이 단순한 자기조절 시스템은 진화의 가장 천재적인 발명품 중 하나임에 틀림없다. 이토록 성공적인 시스템 앞에서 자연스럽게 이런 질문이 떠오른다. 혹시 자연은 이 아이디어를 (자기 닮음의 원리에 따라) 더 복잡한 시스템에서도 적용하지 않았을까? 예컨대 우리 뇌에 적용하지 않았을까?

뇌와 몸의 안락한 중간 상태

뤽 펠르랭은 뇌의 뉴런이 신호 물질인 글루타메이트를 통해 포도당을 주문할 수 있다는 것을 증명했다. 이른바 "수요 맞춤형 에너지" 개념의 타당성을 보여준 것이다. 주문한 에너지가 실제로 뇌세포에 공급되는지는 뇌 안의 측정 시스템이 점검한다. 이 시스템은 아마도 우리가 아는 가장 복잡한 측정소 연결망일 것이다. 왜냐하면 모든 뉴런 각각이 하나의 측정소이기 때문이다. 뇌는 자신이 주문한 에너지가 들어왔는지를 1000억 개의 신경세포 각각으로부터 보고받는다. 그런데 특별하고도 정교한 조치가 하나 더 있다. 시상하부의 뉴런은 뇌의 자율신경계에 속하고, 자율신경계는 생명과 직결되는 신체 기능(심장 박동, 호흡 등)을 담당한다. 그런데 생명에 필수적인 이 뉴런은 뇌의 나머지 부분보다 에너지를 덜 공급받는다. 얼핏 생각하면 설계 오류처럼 보일 수도 있지만 이는 제어 시스템의 기본적인 특징이다. 왜냐하면 에너지 배급에서 불이익을 받는 뉴런은 에너지 공급 사정의 악화에 가장 먼저 반응할 수 있고 따라서 아주 민감한 조기경보기 구실을 할 수 있다. 그렇다면 혹시 이 대목에서도 자연은 센서 두 개를 설치하는 오래된 아이디어를 채택한 것 아닐까?

우리 연구팀은 지금까지 뤼베크 대학에서 이 질문을 파고들었고, 우리의 짐작이 옳다는 것을 입증했다. 하지만 진화의 역사에서 흔히 그렇듯 자연은 그 아이디어를 적절히 변형해 적용했다. 뇌의 신경세포에도 두 개의 센서, 즉 플러스 센서와 마이너스 센서가 있다. 작동 원리도 짚신벌레에서와 유사하다. 뇌에서는 신경세포에 공급되는 에너지 운반체 ATP의 양을 칼륨 통로가 측정한다. 그런데 민감한 센서(센서 1)와 둔감한 센서(센서 2)가 있다. 센서 1이 센서 2보다 ATP와 더 잘 결합하는 상황에서는 이 불균형 때문에 "에너지 부족" 신호를 발령한다. 그러면 포도당을 주문한다. 반면 둔감한 센서 2도 ATP와 결합할 수 있는 상황에서는 센서 2의 신호가 센서 1의 신호보다 강해진다. 그러면 이번에도 불균형 때문에 "에너지 과잉"을 보고하고, 포도당 공급을 중단한다.

그러나 우리의 뇌와 짚신벌레 사이에는 본질적인 차이가 하나 있다. 짚신벌레에서는 각 센서가 한 세포에 위치하는 반면, 뇌에서 에너지 센서는 두 가지 뉴런에 위치한다. 센서 1은 글루타메이트 뉴런에, 센서 2는 GABA 뉴런에 있다. 이 책에서 이미 몇 번 등장한 글루타메이트는 알다시피 신경세포가 포도당을 주문할 때 활용하는 물질이다. 반면 GABA는 우리의 신경계에서 가장 중요한 억제 신호 물질이다. 이 물질은 세포를 안정시키고 에너지 주문을 취소한다. 자동차에 비유하면 센서 1은 가속 페달, 센서 2는 제동 페달인 셈이다.

뇌에서 일어나는 이 두 신호 물질의 상호 작용은 신경세포에서의 에너지 균형을 목표로 한다. 이상적인 에너지 상태는 글루타메이트의 작용과 GABA의 작용이 균형을 이뤄 상쇄되는 상태다. 이런 균형(또는 균형을 추구하는 경향)을 생물학과 의학에서는 "항상성^{homeostasis}"이라고 한다. 센서 1과 센서 2는 "항상성 원리"에 따라 생물학적 균형을 맞추는 것이다. 뤼베크 대학 연구팀은 "항상성 원리"가 ATP 조절에도 적용된다는 것을 보여줌으로써 이기적인 뇌 이론의 첫 번째 원리—뇌는 우선 자기 자신의 에너지 충만 상태를 조절한다—를 실험적으로 뒷받침하는 데 성공했다.

에너지를 최적으로 공급받은 뉴런은 그 보답으로 우리에게 상을 준다. 그 상은 "안락한 중간 상태"이며, 우리는 이 상태를 이완이나 안정으로 체험한다. 안락한 중간 상태는 개별 뉴런에게뿐 아니라 온전한 유기체로서 인간에게도 추구할 가치가 있다. 이러한 추구를 마치 지휘자처럼 주도하는 것은 뉴런이다. 오로지 모든 뉴런 각각이 "에너지 균형"에 도달할 때에만 인간이라는 유기체 전체가 안락함을 느낀다.

뇌세포의 형편과 한 개인의 심리 상태가 이렇게 직접 연결된다는 것이 놀랍게 느껴질 수도 있을 것이다. 그러나 실험실을 한 번 들여다보면, 뉴런의 에너지 살림살이에 얼마나 큰 힘이 숨어 있는지 분명하게 알수 있다. 이를테면 실험실의 배양 접시에 뇌 조직에서 떼어낸 신경세포가 담겨 있다. 세포들은 그것의 에너지 수요에 맞게 제조한 포도당 영양액을 공급받는다. 이제 영양액을 물로 희석해 공급하면, 심각한 에너지 부족이 신속하게 발생한다. 세포들은 미친 듯이 활동하기 시작한다. 점화하고, 에너지를 주문하기 위해 글루타메이트 신호를 격하게 방출한다. 이것은 역설적인 상황이다. 에너지가 점점 더 부족해지는 중인데도 굶주린 뉴런은 활동을 강화해 물질대사율을 높이니 말이다. 뉴런은 에너지 공급을 요구하느라 평소보다 한층 많은 에너지를 소비한다.

배양 접시 속의 신경세포가 할 수 있는 행동은 매우 제한적이다. 그러나 살아 있는 인체 내의 신경세포가 그런 에너지 부족에 직면하면, 우선 뇌-당김이 가동된다. 우리는 이것을 뇌-당김의 전형적인 징후인 격한 심장 박동, 몸 떨림, 땀 분비, 차가워지는 손, 흥분을 통해 감지할 수 있다. 뇌의 연료 부족이 더 심해지면, 추가로 몸-당김과 탐색-당김이 가동된다. 그러면 우리는 배고픔을 느끼고, 예민해지고, 전체적으로 출력을 높여 먹을거리를 탐색한다. 동물계에서 이런 현상은 "굶주림으로 인한 과다 활동"이라는 표현으로 잘 알려져 있다. 굶주린 동물은 미친 듯이 활발하게 먹을거리를 찾아다닌다. 녀석들은 에너지 확보라는 중대한 일을 위해 모든 것을 건다. 활동 증가와 이동으로 인해 몸이 보유한 에너지가 더 빨리 소모되는 것을 무릅쓰고 먹을거리를 찾을 때까지 돌아다닌다. 우리 인간도 "굶주림으로 인한 과다 활동"을 어떻게 체감하는지 알고 있다. 한 끼만 굶어도 우리는 벌써 예민하고 불안정해진다. 뇌는 뇌-당김을 가동하고, 필요할 경우 몸-당김과 탐색-당김이 뇌-당김을 뒷받침한다. 그리고 어느 누구도 몸-당김과 탐색-당김의 명령을 오랫동안 무시할 수 없다.

뉴런의 에너지 균형이 위태로울 때 우리 뇌가 꺼내드는 가장 강력한 카드와도 같은 이 불가사의하고 성가신 힘의 배후에는 무엇이 있을까? 다름 아니라 다시금 휴지 상태로 복귀하려고 애쓰는 스트레스 시스템이 있다. 뇌가 애써 에너지를 요구해야 할 때, 스트레스 시스템은 우리에게 불쾌감을 준다. 그럴 때 사람은 기분이 언짢아지고 조급해지고 긴장하고 사나워진다. 이 상태를 어떻게든 긍정적으로 바꿀 필요가 있다. 가장 합당하고 자명한 전략은 당연히 음식 섭취다. 이 전략은 우리의 가장 중요한 욕구 중 하나인 안락해지고자 하는 욕구에 순응한다.

따라서 생리학적으로 볼 때, 음식 섭취에서 중요한 것은 뇌와 몸의 에너지 부족을 해소하는 것만이 아니다. 스트레스 시스템이 다시 휴지 상태로 돌아갈 수 있게끔 해주는 것도 중요하다. 이 휴지 상태를 찾아내는 과정에서 코르티솔이 결정적인 구실을 한다. 이 매혹적이고 다재다능한 신호 물질은 이미 어머니의 자궁 안에서 태아의 뇌가 발달하는 것과 출산 과정을 개시하는 것을 설명할 때 당당하게 등장한 바 있다. 엄밀히 말해서 코르티솔은 스트레스 호르몬이다. 이 물질은 스트레스 요인에 대한 반응으로 아드레날린처럼 부신에서 혈류로 분비된다. 그런데 아드레날린이나 노르아드레날린과 달리 코르티솔은 불안이나 격한 심장 박동 따위의 스트레스 증상을 일으키지 않는다. 오히려 정반대로 아드레날린 등이 일으킨 스트레스 반응을 가라앉힌다. 이 때문에 코르티솔은 스트레스 시스템을 진정시키기 위한 가장 중요한 열쇠다.

스트레스 시스템은 전산 센터의 중앙 서버와 같다. 다양한 컴퓨터 단말기가 그 중앙 서버에 접속하는데, 컴퓨터 각각이 고유한 접속 코드를 갖고 있다. 스트레스 시스템의 거의 모든 호르몬은 이 컴퓨터들과 유사하다. 그런데 코르티솔은 단순한 서버 사용자가 아니다. 코르티솔은 운영 소프트웨어에 접근할 권리와 그것을 변화시키는 능력을 지닌 관리자다. 스트레스 시스템의 "서버"는 대뇌의 인접한 두 구역, 곧 편도체와 해마에 위치한다. 이 두 구역은 우리의 기억과 회상 능력을 위해 특별히 중요하다. 우리가 보고 듣고 체험하고 학습한 모든 것을 이곳에서 처리하고 기억으로 암호화한 다음 다양한 뇌 구역에 저장한다.

편도체는 주로 감정적인 기억과 관련이 있다. 예컨대 사고를 당한 후의 충격, 첫 입맞춤, 낙방한 시험이나 짜릿한 성공에 대한 기억이 편도체의 소관이다. 해마는 비교적 냉정한 정보, 이를테면 장소, 도로 안내, 이름, 중립적인 일화를 저장한다. 코르티솔은 이 두 구역의 모든 뉴런에 침투할 수 있을뿐더러 심지어 세포 내부에 가장 깊숙이 위치한 세포핵에도 진입할 수 있다. 코르티솔은 두 가지 코르티솔 수용체와 결합하는데, MR는 민감한 수용체, GR는 비교적 둔감한 수용체다. MR와 GR도 각각 플러스 센서와 마이너스 센서의 구실을 한다. 코르티솔은 이 두 가지 수용체를 통해 신경세포의 기능과 프로그래밍에 영향을 끼친다. 이미 언급했듯 기본적으로 코르티솔은 흥분한 스트레스 시스템을 안정시키는 속성을 지녔다. 짚신벌레에서 추위 센서와 더위 센서가 상하 이동을 일으키는 것처럼 MR는 스트레스 시스템의 출력을 높이고 GR는 스트레스 시스템이 휴지 상태로 복귀할 때까지 그 출력을 낮춘다. 스트레스 시스템이 휴지 상태에 도달하면, 우리는 긴장이 풀리고 편안한 느낌이 퍼지는 것을 감지한다. 말하자면 "감정적인 균형"에 도달한 것이다. 뤼베크 대학 연구팀은 "항상성 원리"가 우리의 스트레스 시스템에도 적용된다는 것을 실험적으로 보여줌으로써 이기적인 뇌 이론의 두 번째 원리—스트레스 시스템은 다시금 휴지 상태로 복귀한다—를 입증하는 데 성공했다.

그러나 코르티솔이 뉴런 및 뇌와 우리의 삶에 미치는 영향은 훨씬 더 광범위하다. 이를 이해하기 위해, 즉 스트레스가 우리의 삶과 학습에 어떤 영향을 미치는지 이해하기 위해 MR 수용체와 GR 수용체의 작동 방식을 좀더 자세히 살펴볼 필요가 있다. 네덜란드의 스트레스 연구자 론

데 클룻$^{Ron\ de\ Kloet}$은 최초로 MR와 GR의 상호 작용을 파악하고 이를 "MR-GR 균형"이라고 명명했다. 이 두 코르티솔 수용체의 상호 관계는 음과 양 혹은 플러스와 마이너스의 그것과 같다. 스트레스를 일으키는 사건이 발생하면 어김없이 코르티솔이 분비된다. 얼마나 많은 코르티솔이 뉴런을 적시고 뉴런에서 처리되느냐에 따라 우리가 스트레스 사건을 긍정적으로 저장하느냐 아니면 부정적으로 저장하느냐가 결정된다.

말론 H.는 흥분한 상태다. 지금 그는 3500미터 상공의 작은 비행기에 타고 있다. 잠시 후에는 난생처음으로 낙하산을 타고 강하할 것이다. 강하는 '2인 1조 점프'로 이루어진다. 즉, 말론은 낙하산 강하 전문가와 함께 뛰어내린다. 말론은 심장이 쿵쾅거리고 근육이 떨린다. 아드레날린이 혈관을 타고 질주한다. 45초 동안의 자유 낙하에 이어 낙하산이 펴진다. 그 후 지상에 도달할 때까지 5분이 걸린다. 착륙은 완벽하다. 말론은 거의 무아지경이다. 강하 직전의 스트레스는 최고의 쾌감으로 바뀌었다. 강하 도중 수치가 급상승한 코르티솔이 스트레스 시스템을 다시금 신속하게 휴지 상태로 복귀시켰다. 착륙 후의 휴식 시간이 끝날 무렵, 코르티솔은 다시 휴지 상태의 수치로 떨어진다. 이제 뉴런에 있는 코르티솔 수용체 중에서 주로 민감한 MR 수용체가 활성화된다. 학습 과정이 세포 내부에서 시작되고 따라서 뇌에서도 시작된다. MR 수용체가 이른바 "장기 증강$^{long\text{-}term\ potentiation}$"을 촉발하는 것이다. 장기 증강이란 우리의 기억 형성과 학습의 바탕에 깔린 분자적 메커니즘이다. 장기 증강이 일어나면, 정보 전송 뉴런과 정보 수용 뉴런이 맞닿은 자리, 곧 "시냅스"에서 신호가 강해져 전달된다. 스트레스를 동반한 낙하산 강하 체험은 수많은 세부 사항과 함께 장기 기억 저장소로 옮겨진다. 그날 저녁 코르티솔 수치는 낮아지고, 말론은 깊이 잠든다. 숙면하는 동안, 낮에 있었던 모든 사건, 말론의 모든 동작과 결정이 해마와 편도체에서 다시금 체험된다. 밤에 이루어지는 이 같은 뇌 훈련은 기억이 굳어지는 데 기여한다. 낙하산 강하가 긍정적 체험이라는 것을 학습하고 새로운 지식으로 저장한다. 이런 학습 과정의 감정적 효과는 의욕을 북돋는 것이다. 뇌는 말하자면 이런 메시지를 보낸다. "맞아, 이건 재미있어. 넌 여기에서 더 많은 것을 이룰 수 있어……." 이튿날, 말론은 첫 경험을 활용하고 심화하기 위해 또 한 번 낙하산 강하를 해보기로 마음먹는다.

하지만 강하 과정에서 문제가 발생했다면 어떤 일이 일어날까? 다른 초보자가 불의의 사고로 사망하는 것을 말론이 목격했다면 어떻게 될까? 혹은 말론 자신이 착륙하다가 다쳤다면? 그러면 전혀 다른 학습 프로그램이 시작되었을 것이다. 요컨대 "적용된 전략은 성과가 없고 위험하므로 저장하지 말라"는 메시지를 학습했을 것이다. 사고 같은 지속적인 스트레스 체험에서는 훨씬 더 많은 코르티솔이 분비된다. 그러면 뉴런의 세포핵 내부에 있는 GR가 코르티솔에 흠뻑 젖어 활성화한다. 이렇게 코르티솔 홍수가 나면, GR는 뉴런들 사이의 특정 시냅스를 약화시킨다. 이 과정을 일컬어 "장기 저하$^{\text{long-term depression}}$"라고 한다. 디지털 텔레비전에서도 이와 유사한 일이 일어날 수 있다. 케이블의 연결 상태가 점점 더 나빠지면, 화면에 잡티가 많아지고 선명도가 떨어지다 결국 화면이 구겨지고 먹통이 된다. 낙하산 강하 사고 같은 극적인 체험을 하고 나면 밤에도 코르티솔 수치가 비교적 높게 유지된다. 그러면 수면에 영향을 미쳐 사실상 깊은 잠에 들 수 없게끔 한다. 따라서 세부 사항은 좀더 적게 저장된다. 자신이 범한 실수는 가능하면 저장하지 않는 것이 바람직하지 않겠는가. 대신 체험 전체를 부정적으로 평가한다. GR가 활성화하면 수동적이고 망설이는 행동이 강화된다. 스트레스 연구자들은 이 과정을 "공포 조건화$^{fear\ conditioning}$"라고 일컫는다. 첫 낙하산 강하를 부정적으로 체험한 사람은 다시는 낙하산 강하를 하지 않을 가능성이 높다. GR가 그의 뇌를 낙하산 강하를 회피하도록 프로그램화하기 때문이다. 이런 방어적 태도를 극복하려면 대단한 의지력(그리고 가능하면 선생이나 장소를 바꾸는 등의 변화)이 필요하다.

MR 수용체와 GR 수용체는 우리 뇌 안에 있는 강력하고 변덕스러운 힘이다. 이들의 균형은 우리의 삶에 결정적으로 중요하다. 스트레스 시스템이 휴지 상태에 있으면 우리는 쾌적함, 만족, 안정을 느낀다. 이 상태에서 MR는 심지어 해마와 편도체에 속한 뉴런의 안녕과 생존까지 챙긴다. 그러나 이 균형은 쉽게 깨질 수 있다. 그러면 심각한 일이 벌어진다. 코르티솔 수치 상승의 효과는 시냅스 약화에 국한되지 않는다. 심지어 기억의 내용이 지워지거나 그 내용에 접근하는 길을 봉쇄할 수도 있다. 최악의 경우에는 신경세포가 완전히 퇴출된다. 이런 경우 GR는 프로그램화된 세포사$^{cell\ death}$를 촉발한다. 이런 식으로 치명적인 행동 전략이 하드디스크에서 지워져버리는 것이다. 높은 코르티솔 수치가 오래 지속되면 피부, 근육, 뼈 등의 조직에도 악영향이 미치고 심장병과 뇌졸중의 위험이 높아진다. 스트레스 시스템이 내적인 균형을 잃으면, 우리는 가장 먼저 불행해지고 나중에는 병이 든다.

2

뇌는 어떻게 몸을 희생해 에너지 위기를 해결하는가

전반적 침묵:
뇌 속의 고요

자연의 막강한 힘은 지금도 대체로 불가피하다. 하물며 인간이 기술을 발견하기 이전에 자연의 힘은 절대적이기까지 했다. 사람들은 강에 배를 띄우고 물고기를 잡을 수 있었지만, 강물을 멈춘다는 것은 상상하기 어려웠다. 그 일을 처음 시도한 것은 고대 문명의 사람들이었다. 그들은 복잡한 수로 시스템을 통해 강물을 농업용수로 활용하기 시작했다. 오늘날에는 인위적으로 전 세계 수많은 강의 물길을 농지 쪽으로 변경한다. 거대한 댐 덕분에 엄청난 물을 저장해두었다가 식수나 발전용수로 사용할 수 있다. 우리는 오래전부터 자연에 적잖이 개입해왔지만 자연을 완전히 지배하지는 못한다. 강을 곧게 펴는 직강화 사업을 하면 유량이 많은 시기에 대규모 범람을 일으키고, 댐이 터질 수도 있다. 무엇보다도 모든 개입은 미리 예측하기 거의 불가능한 결과를 불러온다. 댐을 건설하면 한 지역 전체, 심지어 여러 나라의 물 공급 사정이 달라진다. 호수가 말라버리고, 비옥했던 토지가 척박해지고, 수백 년 동안 땅을 일귀 안정된 소득을 거둬온 농민이 하루아침에 생존을 위협받는다. 댐은 물 공급의 자연적 균형을 깨뜨림으로써 한 지역의 삶의 기반을 완전히 바꿔놓는다.

그러나 땅과 바람과 물이 발휘하는 외적인 자연의 힘뿐 아니라 우리 인간 내부에서 작용하는 힘도 있다. 그중 하나가 뇌-당김, 즉 뇌로의 에너지 공급을 확보하고 조절하는 힘이다. 우리는 몸속에 댐을 짓거나 직강화 사업을 하지 않지만, 그럼에도 댐이 강에 미치는 것과 유사한 악영향을 우리의 뇌-당김에 미치는 여러 개입 혹은 교란이 존재한다. 우리의 에너지 살림살이를 심각하게 변화시키는 그 교란의 일부는 질병에서 비롯된다. 하지만 우리가 나중에 좀더 자세히 살펴볼 나머지 일부는 살면서 겪는 일과 그에 대한 우리의 반응에서 비롯된다.

이번 장에서는 뇌가 그런 뇌-당김 교란을 어떻게 우회하는지, 어떤 비상 해법을 준비해놓고 있는지, 그것들이 몸에 어떤 영향을 마치는지에 대해 다룰 것이다.

위기 극복 전략

이미 살펴보았듯 이기적인 뇌는 항상 자신의 에너지 충만 상태를 아주 좁은 범위 안에서 일정하게 유지하려 애쓴다. 그러면서 뇌는 계산을 아주 꼼꼼하게 하는 가장처럼 군다. 그런 가장은 예컨대 자동차 수리에 예상 외로 많은 비용이 들어 가계에 부담이 생기면, 재정 적자를 피하기 위해 잔업과 부업으로 수입을 늘림과 동시에 절약(휴가 여행 포기, 신규 구매 중지, 새 옷 덜 사기 등)으로 지출을 줄인다. 뇌도 이와 똑같이 행동한다.

즉, 수입을 늘리고(스트레스 시스템을 통해 더 많은 에너지를 주문하고) 지출을 줄인다(우선 몸에서, 그다음엔 뇌 자신에서 에너지를 절약한다). 계산에 철저한 가장이 가계 수지를 마이너스로 떨어뜨리지 않는 것처럼 뇌는 에너지(ATP) 보유량이 눈에 띄게 떨어지는 것을 허용하지 않는다! 따라서 가정의 재정 위기와 몸의 에너지 위기가 가계 적자와 뇌세포의 에너지 부족을 초래하지는 않는다. 재정 위기는 오로지 수입을 늘리고 지출을 줄이려는 노력으로만 표출된다. 인체의 에너지 대사에서는 스트레스 호르몬인 아드레날린과 코르티솔의 수치 상승과 다양한 결핍 증상으로 위기가 표출된다.

의학이 다루는 가장 심한 에너지 위기 중 하나는 제1형 당뇨병 환자에게 찾아온다. 이 병은 인체의 면역 체계가 본래 보호해야 할 인체 자신을 공격하기 때문에 발생한다. 구체적인 공격 대상은 인슐린을 생산하는 췌장의 베타세포이며, 공격당한 세포는 돌이킬 수 없게끔 파괴된다. 그런데 인슐린이 없으면 걷잡을 수 없는 연쇄 반응이 일어난다. 우선 포도당이 혈액 속에 쌓이고 세포(근육 및 지방 조직)에 거의 공급되지 않는다. 그러면 체지방이 녹아내려, 자유로운 지방산이 혈액 속에 넘쳐난다. 이렇게 혈류에 에너지 홍수가 일어나면, 소중한 포도당은 오줌을 통해 배출되고 세포는 굶주리게 된다. 그 결과는 심한 체중 감소와 신체 능력의 급감이다.

의학은 이 극적인 증상에 인공 인슐린 투여로 대처한다. 환자는 망가진 췌장의 기능을 약의 도움으로 "외부에서" 떠맡는 법을 배운다. 치료 효과는 감탄을 자아낸다. 약물 치료를 잘 받는 제1형 당뇨병 환자는 기대 수명이 정상인과 거의 같다. 그런 환자는 일을 하고 가정을 꾸리고 스포츠와 여행을 할 수 있다. 인슐린만 지참한다면 활동에 거의 제한이 없다. 여기까지는 잘 알려진 사실이다. 그런데 뇌는 인슐린 주사에 어떻게 반응할까? 다시 말해 인슐린이 신경계의 통제 없이 혈류에 도달하면 뇌는 어떻게 반응할까?

루카스 Z.는 일곱 살 때 제1형 당뇨병 진단을 받았다. 그 후 10년이 흘렀다. 루카스는 인슐린을 거르지 않고 주사해왔지만, 병은 아주 조금씩 달라졌다. 현재는 위험한 저혈당 상태―당뇨병 환자가 전형적으로 겪는 급성 에너지 위기―가 과거보다 더 신속하고 감지할 수 없게끔 찾아온다. 루카스는 실신할 지경이 되어야 비로소 저혈당 상태를 알아챈다. 그는 이런 예측 불가능성이 두렵다. 어느 날 문득 도로 한복판에 쓰러져 교통사고를 당할까봐 걱정스럽다. 이런 두려움 때문에 루카스는 자신의 생활 습관을 갈수록 더 제한한다. 그는 이제 더 이상 자전거를 타지 않으며 외출도 거의 하지 않는다. 특히 몇 주 전 학교에서 실신한 후로는 더욱 조심한다. 그때 그는 몇 분 동안이나 의식을 잃은 채 아스팔트 위에 쓰러져 있었다.

당시 그의 몸 안에서는 무슨 일이 일어났을까? 생존에 필요한 것을 제외한 모든 뇌 기능이 갑자기 정지되었다. 그로 인해 루카스는 그 자리에서 순식간에 쓰러졌다. 신경과학자들은 이런 현상을 뇌 대부분이 고요해진다는 뜻으로 "전반적 침묵$^{global\ silencing}$"이라고 한다.

루카스의 혼수상태^{coma}는 혈당 수치가 극적으로 낮아졌기 때문에 발생했다. 연락을 받고 달려온 응급 의사는 그의 혈류에 포도당을 주사했다. 이 갑작스러운 에너지 공급의 결과, "꺼졌던" 루카스의 뇌는 60초 안에 모든 시스템을 정상으로 복구했다. 루카스는 잠시 얼떨떨한 상태로 있다가 아무 일도 없었다는 듯 일어섰다.

의학자들은 이런 혼수상태가 제1형 당뇨병 환자에게 드물지 않게 발생한다는 것을 알고 있다. 전체 사례의 절반 정도는 이렇다 할 조짐 없이 갑자기 발생한다. 그런데 환자는 자신의 몸이 서서히 에너지 위기에 빠져드는 것을 왜 제때에 알아채지 못할까? 그 위기가 흔히 여러 시간 동안 악화되고 결국엔 뇌를 꺼뜨릴 정도로 심각한데도 말이다. 또한 가장 중요한 질문은 이것이다. 즉 이런 극적인 에너지 위기는 왜 당뇨병에 걸린 초기에는 발생하지 않고 대개 여러 해 동안 병을 앓은 후에야 발생할까?

혈당 강하를 위한 인슐린 투여는 1970년대부터 체계적으로 연구되었다. 볼티모어 소재 미국 국립노화연구소 임상생리학과의 루빈 안드레스$^{Reubin\ Andres}$와 랠프 데프론조$^{Ralph\ DeFronzo}$는 혈당 수치를 특정한 값에 "고정하는" 이른바 "포도당 클램프 기술$^{glucose\ clamp\ technique}$"을 개발했다. 이 기술의 핵심은 환자의 양팔에 인슐린과 덱스트로오스^{dextrose}, 즉 당용액을 주입하는 것이다. 목표는 일단 혈당 수치를 이상적인 값인 90mg/dl로 고정하는 것이다. 그러면 세포는 에너지를 최적으로 공급받고, 스트레스 시스템은 휴지 상태에 머문다. 하지만 이 기술을 응용한 클램프 검사는 체내 에너지 조달 및 분배 시스템에 대해 훨씬 더 많은 것을 알려준다. 건강한 피검사자의 혈당 수치를 인위적으로 낮춰 고정하면, 그의 뇌는 곧바로 스트레스 반응을 개시한다. 뇌-당김이 활성화하는 것이다. 그러면 스트레스 호르몬인 아드레날린과 코르티솔의 수치가 상승하는데, 그 상승 정도는 혈당이 얼마나 낮아졌느냐에 비례한다. 이제 피검사자에게 (사고와 주의 집중을 요구하는) 심리 검사와 인지 검사를 실시하면, 에너지 위기가 얼마나 심각한지 명확하게 알 수 있다. 불안, 격한 심장 박동, 혹은 갑작스러운 땀 흘림 같은 전형적인 스트레스 증상과 더불어 신경 당결핍 증상(졸림, 집중력 저하, 사고 둔감)이 나타난다. 인지 검사에서는 뇌의 성능이 감소했다는 것이 분명하게 드러난다. 마지막으로 뇌 전도를 보면, 뇌의 신호 처리가 느려지고 반응 시간이 길어진 것을 알 수 있다.

클램프 검사에서 특히 매혹적인 것은 혈당과 스트레스 반응 사이의 직접적인 인과 관계이다. 스트레스 시스템의 활동은 혈당 수치에 따라서 마치 출력 조절용 다이얼을 돌릴 때처럼 강해지거나 약해진다. 이는 스트레스 반응과 뇌로의 에너지 공급이 얼마나 밀접하게 연계되어 있는지 보여주는 또 하나의 아주 인상적인 증거다.

2차 계획은 더 많은 음식 섭취

"실제" 삶에서 건강한 사람의 혈당 수치가 정상 아래로 떨어지면, 뇌로의 에너지 공급 상황을 개선하기 위해 세 가지 에너지 당김이 모두 가동된다. 그런데 뇌-당김에 지속적인 장애가 있어 스트레스 시스템의 신호와 징후가 약하다면 어떻게 될까? 그러면 뇌는 몸의 저장소에서 충분한 에너지를 끌어당길 수 없고, 에너지 공급 시스템은 새로운 위기 단계에 봉착해 2차 계획을 실행한다. 즉, 더 많이 먹는다. 그리하여 에너지 조달은 새로운 균형에 도달하지만, 이 균형은 유효하더라도 차선의 해결책일 뿐이다. (최선의 해결책은 충분한 포도당을 몸에서 주문하는 것이다.) 제1형 당뇨병 환자에게서는 이런 계획 변경이 자주 일어난다. 왜냐하면 제1형 당뇨병은 대개 점진적인 뇌-당김 약화를 동반하기 때문이다. 이런 경우 뇌는 음식에서 직접 흡수한 포도당에 점점 더 많이 의존하고 몸의 저장소에서 나온 포도당에는 점점 더 적게 의존한다. 그 결과는 진정한 의미의 극심한 허기("음식 갈망")에 시달리는 것이다. 루카스 Z.는 자신의 뇌가 무조건적이고도 절박하게 당을 요구하는 이런 현상에 대해 잘 알고 있다. 제때에 달콤한 오렌지 주스를 마셔 위기를 모면한 적도 많다.

2차 계획이 유효하기만 하다면, 뇌는 에너지를 공급받고 만족할 것이다. 그러나 문제가 있다. 2차 계획이 실행되면 몸은 평소보다 훨씬 더 많은 에너지를 섭취해 뇌로의 기본 공급량을 채워야 한다. 따라서 부작용으로 지방 저장소에서 에너지 과잉이 발생한다. 그 결과는 체중 증가다. 실제로 어린 시절 아주 날씬했던 루카스는 지난 몇 해 동안 몸무게가 확 늘어 지금은 또래 친구들보다 약 15킬로그램이 더 나간다.

요컨대 2차 계획 덕분에 뇌로의 에너지 공급은 보장되지만, 전체 상황은 명백히 악화한다. 그리고 더욱 나빠질 수도 있다. 2차 계획으로도 에너지를 충분히 확보할 수 없으면, 뇌는 최종 3차 계획으로 전환한다. 세 번째이자 마지막인 단계로 접어드는 것이다. 이제 문제 해결을 위해 타협을 꾀하는 단계는 지나고, 일종의 재난 본부를 가동하는 것이라고 할 수 있다. 쉽게 말해서, 3차 계획이란 에너지 절약이다. 뇌는 여러 시스템의 활동을 줄인다. 우선 생존에 필수적이지 않으면서 에너지 소비는 많은 시스템부터 출력을 낮춘다. 그러면 급성 증상으로 체온이 낮아지고 근육이 피로해진다. 만성 증상으로는 섹스와 연애에 대한 무관심, 상처 치유 속도의 감소, 아동의 경우는 성장 장애, 산모의 경우는 젖이 마를 수도 있다. 급박한 상황에서 뇌로의 에너지 공급이 계속 줄어들면 최종 위기가 닥친다. 뇌가 마지막으로 희생시키는 것은 깨어 있는 의식이다. 뇌의 보유 에너지가 뉴런의 생존이 위태로울 정도로 적으면, 대뇌의 활동을 멈추는 중앙 차단기가 내려간다. 이 차단기는 뇌간의 한 구역인 "흑질Substantia nigra"에 위치한다. 뇌의 ATP 보유량을 재는 결정적인 중앙 측정 센터가 이곳에 있다. ATP의 양이 임계값 아래로 떨어지면 순식간에 혼수상태가 발생한다. 이는 뇌의 보호 기능이 작동하는 것인데, 이를 일컬어 "신경세포 보호"라고 한다. ATP가 부족한 상황에서 뇌가 계속 작동한다면, 신경세포의 대량 사멸이 불가피할 것이다. 요컨대 활동 정지는 뇌를 살리기 위한 최후의 수단인 셈이다. 외부에서 도움이 올 때까지, 예컨대 응급 의사가 포도당을 주입할 때까지 뇌는 대부분의 활동을 멈춘다. 하지만 포도당을 주입하면, 준비 상태에 머물던 혼수 환자의 뉴런은 즉시 재활성화한다.

이 장의 첫머리에서 제기한 두 가지 질문으로 다시 돌아가보자. 제1형 당뇨병 환자의 뇌는 인공 인슐린 투여에 어떻게 반응할까? 왜 루카스는 자신의 뇌로부터 저혈당 상태에 대한 보고와 임박한 혼수상태에 대한 경고를 받지 못할까?

다음과 같은 간단한 문장 하나로 두 질문 모두에 답할 수 있다. 즉 뇌는 적응한다. 제1형 당뇨병의 진행은 흔히 뇌-당김이 쇠퇴하는 과정이기도 하다. 루카스가 처음 저혈당 상태에 빠졌을 때, 그의 뇌는 격렬한 스트레스 반응으로 대처했다. 당뇨병 환자가 처음 포도당 위기에 봉착했을 때 분비되는 코르티솔의 양은 엄청나게 많다. 첫 위기에서는 예컨대 첫 낙하산 강하처럼 극도의 흥분을 일으키는 체험을 할 때 분비되는 양보다 훨씬 더 많은 스트레스 호르몬이 분비된다. 하지만 두 번째 위기에서 스트레스 반응은 훨씬 덜 격렬하다. 요컨대 위기가 반복되면 뇌-당김은 약해진다. 이런 약화의 주원인은 코르티솔 과잉이다. 저혈당 상태가 반복될 때마다 뇌-당김은 과부하를 받는다. 반복되는 코르티솔 과잉은 뇌-당김의 유연성에 악영향을 끼쳐서 뇌-당김이 점점 더 완고해진다. 이는 용수철저울에 너무 무거운 물건을 매달면 용수철이 너무 늘어나서 점차 탄력을 잃는 것과 유사하다. 이런 일이 반복되면 저울은 점점 더 부정확해지고 결국 쓸모없어진다.

요컨대 뇌-당김의 과부하가 반복되면 뇌-당김의 약화가 뒤따른다. 루카스의 뇌는 인슐린 분비를 억제해 자신에게 공급할 에너지를 확보하는 능력을 이미 잃은 상태이므로, 이제 몸의 저장소에서 에너지를 끌어내는 데 필요한 교감신경계의 조절 메커니즘을 추가로 잃게 된다. 이제 루카스는 뇌를 위한 연료를 충분히 주문할 수 없다. 예컨대 간에서 포도당을, 근육에서 젖산을 충분히 주문할 수 없다. 뇌-당김의 약화가 계속 진행되면 결국 거기에 딸린 경보 시스템도 망가진다. 그러면 뇌에 에너지가 부족해도 격한 심장 박동 등의 감지 가능한 스트레스 신호가 전혀 발생하지 않는다. 이제 루카스는 위험한 저혈당 상태가 닥쳐도 실신하기 전까지는 거의 아무것도 감지하지 못한다. 물론 배고픔을 느끼긴 하지만, 이런 느낌은 임박한 위기의 징조라기에는 너무 일반적이다. "내가 그냥 배고픈 것일까, 아니면 실신하기 직전일까?" 이것은 루카스에게 난해한 질문이다.

성공적인 행동 치료

그렇다면 루카스 같은 환자는 저혈당으로 인한 혼수상태를 피할 수 없는 것일까? 가능한 대책이 하나 있다. 몸의 스트레스 반응이 없더라도, 저혈당 상태가 다가올 때 뇌에서 일어나는 증상이 존재한다. 바로 에너지 절약에 따른 증상이다. 그러나 이런 신호는 간단히 알아챌 수 없기 때문에 환자는 그 경고 신호를 올바로 감지하고 해석하는 법을 연습을 통해 배워야 한다. 이미 1980년대에 미국 샬로츠빌의 당뇨병 연구가 대니얼 콕스Daniel Cox는 당뇨병 환자를 위한 특별 인지 훈련을 개발했다. 우리가 이 행동 치료 프로그램을 독일에 도입한 후, 뤼베크의 심리학자 가브리엘레 펨-볼프스도르프Gabriele Fehm-Wolfsdorf와 나는 12년에 걸쳐 내과 전문의, 심리학자, 당뇨병 전문가 약 500명을 훈련 교관으로 교육했다. 그들은 지금 독일에서 콕스의 인지 훈련을 널리 적용하고 있다. 이 훈련(정식 명칭은 혈당 자각 훈련blood glucose awareness training, BGAT)의 목표는 뇌가 신경당결핍에 반응해 최초의 절약 조치를 취할 때 이를 조기에 알아채는 것이다. 그럴 때 나타나는 증상은 피로, 흐릿한 시각, 불안정한 걸음걸이 등이다. 문제는 시간이 아주 촉박하다는 점이다. 이런 신호들이 나타날 때부터 혼수상태가 발생할 때까지의 시간은 흔히 5분 이내다. 환자는 그 시간 안에 당을 섭취해야 한다. 그런데 환자의 뇌는 이미 인지, 반응, 판단 능력이 감소한 상태이므로 당을 함유한 음식을 신속하게 찾아내는 것이 어려운 과제일 수 있다.

하지만 콕스의 행동 치료 훈련은 대체로 유효하다. 특히 그 효과는 저혈당으로 인한 혼수상태의 방지에 국한되지 않는다. 매우 흥미롭고 고무적인 부수 효과가 있다. 이 훈련을 받은 환자들은 신경 당결핍 증상을 조기에 알아채는 법을 배웠을 뿐 아니라 뇌-당김도 강해졌다. 무력해진 스트레스 시스템(즉, 뇌-당김)이 다시 활발해지는 효과까지 덤으로 나타난 것이다.

이 부수 효과를 더 정확하게 확인하기 위해 대니얼 콕스와 동료들은 저혈당의 징후를 잘 감지하지 못하는 사람 중에서 자원자를 모집해 실험을 실시했다. 연구진은 피실험자를 인위적으로 두 차례 저혈당 상태로 만들었다. (그리고 혈당 자각 훈련을 실시하기 전과 후로 나누어 두 경우를 비교했다.) 결과는 명확했다. 당뇨병 환자의 전형적인 특징은 저혈당 상태에서도 스트레스 반응이 약하고 아드레날린과 코르티솔의 수치가 상승하지 않는 것인데, 훈련을 거치고 나자 스트레스 반응이 강해지고 심지어 거의 정상화되었다. 피실험자들은 훈련을 받음으로써 자신의 저혈당 상태를 더 잘 알아채고 예방한 것이 분명했다. 이를 통해 그들은 뇌-당김의 단기적 과부하가 반복되는 것을 중단시킬 수 있었다. 그리고 그 결과 뇌-당김이 기능을 회복했다.

행동 치료 프로그램이 인체의 생리 호르몬 반응에 이렇게 큰 효과를 발휘한다는 것은 그 자체로 괄목할 만한 사실이다. 이 사실에 함축된 좋은 소식은 뇌-당김을 훈련할 수 있다는 것이다! 이것은 제1형 당뇨병 환자에게만 국한된 소식이 아니다. 제1형 당뇨병 환자는 전체 인구에 비하면 소수이며, 독일에는 20만 명가량이 있다. 그러나 뇌-당김 약화는 훨씬 더 많은 사람이 겪는 문제다. 제1형 당뇨병 환자뿐 아니라 과체중인 모든 사람이 이 문제를 안고 있다.

뇌-당김의 경쟁력 부족: 비상 대책으로서 음식 섭취

많은 사람이 40세 이후에, 일부는 더 일찍 뚱뚱해진다. 물론 평생 뚱뚱해지지 않는 사람도 있다. 뚱뚱한 당신도 젊을 때는 날씬한 축에 들었고 청소년기에는 심지어 저체중이었을지 모른다. 하지만 그건 옛날 얘기다. 이제 배가 나오고 다른 신체 부위에도 군살이 붙었다. 왜 많은 사람이 특정한 나이부터 체중이 느는 것일까? 질문을 바꿔보자. 왜 일부 사람은 오늘날의 영양 과잉에도 불구하고 날씬할까? 대답은 뇌-당김에 있다! 그럼 과체중자는? 그들은 뇌-당김이 부실하다. 이것이 결정적인 차이다. 음식을 무제한으로 섭취할 수 있다는 것 따위는 중요한 문제가 아니다.

과체중자는 뇌-당김의 부실을 키워온 사람들이다. 그들의 뇌는 몸에서 에너지를 끌어오는 능력이 약해졌고 더 약해지는 중이다. 원인은 다양할 수 있는데, 여기에 대해서는 3부에서 더 자세히 논할 것이다. 하지만 기본 원리는 다음과 같다. 즉 뇌-당김의 과부하는 장기적으로 나뿐 결과를 가져온다. 이는 고속도로에 무거운 화물차를 비롯한 차량이 너무 많이 통행하면 조만간 도로 보수 공사가 불가피해지고 최적의 교통을 유지할 수 없는 것과 마찬가지다.

경찰 헬기가 A1 고속도로 상공에 떠 있다. 승무원들의 눈에 거대한 교통 정체 현장이 들어온다. 보수 공사 지점부터 발트 해 방향으로 25킬로미터 구간에 차량이 늘어서 있다. 화창한 일요일을 맞아 많은 함부르크 시민이 바다를 향해 나선 것이다. 게다가 다른 연방 주 두 곳에서도 오늘 여름휴가가 시작된다. 설상가상으로 공사 구간에서 차량 한 대가 타이어 손상으로 멈춰 섰다. 도로 설계자들은 고장 차량이 잠시 피해 있을 자리를 마련하지 않았다. 그러지 않아도 공사 때문에 좁아진 차로 두 개 중 하나를 그 차량이 막고 있다. 대혼란이 일어난다. 원인은 사고, 어설픈 공사장 관리, 교통 계획의 결함 등이다. 그러나 교통량이 많을 때는 급정거 같은 사소한 교란도 정체를 초래할 수 있다. 그 결과는 삼척동자도 안다. 운전자들은 흥분하고 조급해진다. 어쩔 수 없이 휴게소 주차장에서 쉬고, 약속 시간에 늦는다. 난감한 운전자들은 차에서 내려 정체가 얼마나 심한지 살펴본다. 헬기에서는 상황을 잘 관찰할 수 있다. 차량 행렬이 뒤쪽 함부르크 방향으로 점점 더 길어진다. 교통 정체를 두 개의 화살표로 표현할 수 있을 것이다. 우선 교통의 흐름을 나타내는 화살표를 앞 방향으로 그릴 수 있다. 그 화살표는 앞으로 이동한다. 그러나 그 이동이 느려지면 느려질수록 반대 방향으로 향한 두 번째 화살표는 더 길어진다. 이 화살표는 정체 구간을 나타낸다. 정체 구간은 뒤쪽 방향으로 점점 더 길어지면서 운전자들로 하여금 어쩔 수 없이 속도를 줄이고 결국 멈추게 한다. 그런데 이런 교통 혼란의 원인은 무엇일까?

뤼베크 대학의 수학자 디르크 랑에만은 정체 현상과 관련한 가장 중요한 법칙을 이렇게 표현한다. "정체의 원인은 뒤가 아니라 앞에 있다." 처음엔 그저 당연한 말로 들린다. 정체에 걸려 차에서 내린 운전자는 누구나 할 것 없이 왜 차량이 진행을 못하는지 알아내려고 앞을 바라본다. 뒤를 바라볼 생각을 하거나 정체 원인이 자기 차의 트렁크에 있으리라고 짐작하는 사람은 없을 것이다. 그런데 왜 랑에만은 정체가 항상 앞에서 발생해 뒤로 확산된다는 자명한 사실을 강조하는 것일까?

몸속의 에너지 정체

도로 교통에서는 자명한 법칙인 것이 의학에서는 반드시 동일하지는 않지만 추론의 단초가 되었다. 흥미롭게도 몸속에서 벌어지는 몇몇 상황은 휴가철에 고속도로에서 일어나는 일에 빗댈 만하다. 뇌-당김에 장애가 생기면, 곧바로 뇌로 공급하는 포도당의 흐름이 정체된다. 의학은 이런 현상의 원인을 규명하려 애쓰면서 오랫동안 별로 가망 없는 곳들을 탐색했다. 지방 세포, 근육 세포, 췌장, 간 등을 살펴본 것이다. 그러나 정체의 원인은 항상 앞에 있다는 원리를 받아들인다면, 가능한 대답은 단 하나, 그 원인은 뇌에 있다는 것이다. 에너지는 휴가철에 바다로 향하는 차량 행렬처럼 뇌로 향한다. 정체가 생긴다면, 그것은 뇌에서 일어나 몸으로 확산된다.

고속도로의 교통 장애에서와 마찬가지로 체내 에너지 정체에서도 중요한 것은 "경쟁력 부족"이다. 이 개념은 글자 그대로 경쟁자를 누르고 자신의 뜻을 관철하는 능력이 부족하다는 것인데, 바로 이것이 경미한 뇌-당김 약화에—흔히 아무것도 모르는 채—시달리는 많은 사람에게서 나타나는 현상이다. 방금 넌지시 언급했듯 교통망에서 정체는 대체로 보수 공사가 필요한 구간 때문에 발생한다. 몸속의 에너지 공급 장애에서도 마모가 중요한 구실을 한다. 대개의 경우—예컨대 가정, 연인 사이 또는 직장에서—자주 반복되는 스트레스 체험과 그에 따른 코르티솔 급증이 뇌-당김 조절에 악영향을 끼친다. 미국의 스트레스 연구자 브루스 매큐언Bruce McEwen은 이 현상을 "wear and tear(마모)"라는, 적절한 독일어로 번역하기 힘든 숙어로 표현한다. 그는 나에게 이 숙어의 정확한 의미를 이렇게 설명해주었다. "마모는 무언가를 자주 심하게 사용할 때 일어난다. 예컨대 얽히고 찌그러진 차체, 닳아빠진 서류 가방, 오래 신어서 뒤꿈치와 바닥이 다 닳아버린 신발과 같다." 인체와 관련해 그가 염두에 두는 것은 스트레스 시스템이 지속적으로 과도하게 활성화할 때, 혹은 스트레스 시스템이 과부하를 받아 보호적 속성을 상실할 때 발생하는 몸과 뇌의 마모다. 이미 언급했듯 코르티솔은 우리의 스트레스 시스템과 거기에 연계된 뇌-당김에 막강한 영향을 미친다. 매큐언은 우리의 뇌가 코르티솔 기억을 가진다는 것을 발견했다. 코르티솔이 과도하게 분비될 때마다 뇌는 그 사건을 기억한다. 그 결과 뉴런에 변화가 일어나 뇌-당김이 장기적으로 무력화될 수 있다. 이 주제에 대해서는 나중에 더 자세히 다루도록 하겠다.

뇌의 에너지 경쟁력 부족이 가져오는 일차적 결과는 에너지를 차지하기 위한 경쟁에서 뇌가 몸에게 밀리는 것이다. 뇌는 이제 몸의 저장소에서 에너지를 효율적으로 끌어당길 수 없으므로 에너지를 확보하기가 점점 더 어려워진다. 인슐린 분비에 대한 뇌의 통제력도 약해진다. 이런 상황에 처한 인체의 특징은 혈중 인슐린 수치가 너무 높다는 것이다. 인슐린의 도움으로 점점 더 많은 포도당이 뇌에 공급되는 대신 곧장 근육 및 지방 조직으로 들어간다. 그렇다 하더라도 뇌는 몸의 에너지 식욕에 굴복할 수 없고 굴복해서도 안 된다. 거의 모든 대가를 치르더라도 "뇌 먼저 원리"를 관철할 필요가 있다. 따라서 진화를 통해 정교하게 발전한 뇌-당김 시스템은 2차 비상 계획—더 많이 먹기—을 가동한다. 이제 몸-당김이 점점 더 자주 신속하게 활성화한다. 그리고 몸-당김은 과거처럼 우선 에너지 저장소를 채우는 역할을 하지 않고 곧장 혈당 수치를 높이는 역할을 한다. 뇌-당김의 대리자로 나선 몸-당김은 우선 혈액 속의 에너지를 증가시킨다. 몸이 이미 보유한 에너지를 끌어다 쓰는 일차 전략이 외부 에너지에 의존하는 전략으로 바뀌는 것이다.

이 같은 뇌의 위기 계획은 역경에서 뇌가 실행하는 "자체 조절 및 치유 활동"으로 보는 것이 가장 적합하다. 뇌는 몸으로 하여금 영양 섭취를 늘리게 함으로써 당분간 자신의 에너지 위기를 예방한다. 하지만 그 대가는 무엇일까? 갓 시작된 뇌-당김 장애가 어떤 결과를 불러오는지 간단한 예를 통해 살펴보자. 우리가 아침밥으로 빵 2개를 먹는다고 가정해보자. 뇌-당김이 건강하고 경쟁력 있다면, 우리가 섭취한 에너지가 분배되어 빵 하나의 에너지는 뇌로 가고 나머지 빵 하나의 에너지는 몸으로 갈 것이다. 반면 뇌-당김의 경쟁력이 부족하면 뇌는 빵 반 개의 에너지만 차지하고, 나머지 에너지는 모두 몸의 저장소로 들어갈 것이다. 그러면 뇌는 어떻게 할까? 더 많은 영양 섭취를 요구한다. 더 많은 영양을 지금 당장, 혹은 나중에 군것질이나 간식의 형태로 섭취할 것을 요구한다. 그 결과 뇌는 빵 하나의 에너지를 확보하지만, 그러는 사이

그림 3 뇌로 연결된 공급 사슬의 정체: 뇌-당김 약화가 과체중과 제2형 당뇨병을 불러온다

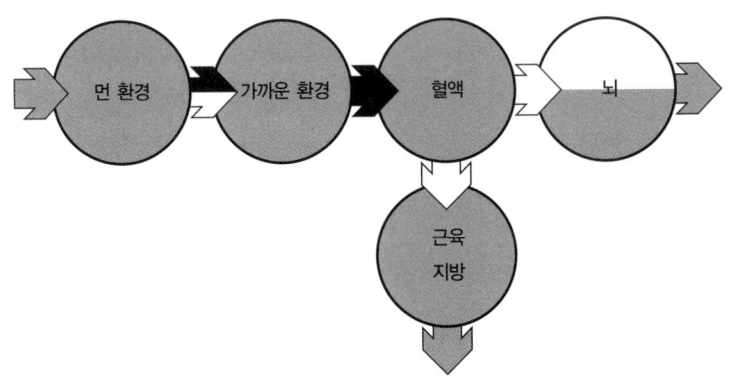

뇌-당김이란 뇌가 지방 및 근육 조직에 위치한 저장소에서 에너지를 끌어당기는 힘을 의미한다. 뇌-당김이 경쟁력을 잃으면, 뇌는 주로 "밀기 원리"에 따라 에너지를 공급받는다. 즉, 뇌로의 에너지 흐름에서 혈중 포도당이 차지하는 비중이 점점 커진다. 이런 상황에서 혈당 수치가 떨어지면 어떻게 될까? 뇌에 급성 에너지 위기가 닥칠 위험이 높다. 그런 상황을 예방하기 위해 뇌는 몸-당김을 강화한다. 즉, (뇌-당김이 작동할 때처럼) 기존의 에너지 저장소에 의지하는 대신 음식 섭취(몸-당김)를 늘린다.

이런 뇌-당김 경쟁력 부족은 뇌로 연결된 에너지 사슬에 심각한 악영향을 끼친다. 공급 사슬의 장애는 원리적으로 에너지 흐름의 반대 방향으로 확산된다. 즉, 뇌에서 시작해 몸 쪽으로 확산된다. 따라서 뇌-당김이 경쟁력을 잃으면, 공급 사슬의 첫째 고리인 "뇌"의 에너지 관리 능력이 약해진다. 이제 뇌는 수요를 충당하기 위해 실제로 필요한 것보다 더 많은 에너지를 외부에 주문해야 한다. 그리하여 혈당이 너무 많아지고 몸의 조직에 쌓인다. 에너지가 지방 조직에 쌓여 장기적으로 과체중을 초래하는 것이다. 혈중 포도당 정체는 혈당 수치 상승을 가져오고 장기적으로 제2형 당뇨병을 초래한다.

과도한 에너지가 지방 조직으로 들어간다. 이런 상황이 지속되면 몸무게가 늘 수밖에 없다.

유전적 성향, 그릇된 식습관, 과도한 영양 섭취, 심리적 문제 등을 과체중의 원인으로 지목하는 다양한 이론이 과학적 인정을 받기 위해 경쟁하고 있다. 그러나 당신이 의사를 찾아가 정작 당신 개인의 몸무게가 왜 늘어나느냐고 물어보면 속 시원한 대답을 듣기 어려울 것이다.

하지만 적어도 과체중이 될 확률만큼은 젊은이들에 대해서도 놀랄 만큼 정확하게 예측할 수 있다. 모튼 로스트럽Morten Rostrup은 1980년대에 의미심장한 장기 연구를 시작했다. 노르웨이 군대의 신병들을 대상으로 스트레스 검사를 실시한 것이다. 피검사자는 정상 체중에 건강하고 젊은 남성들이었는데 추위, 소음, 심리사회적 스트레스(과도한 업무 부담) 등의 신체적 스트레스에 노출되었다. 로스트럽은 그 젊은 군인들의 혈액을 채취해 스트레스 호르몬인 아드레날린 수치를 검사했다. 그러자 반응 패턴이 서로 다른 두 유형을 포착할 수 있었다. 한 유형의 피검사자들은 강한 스트레스 반응을 보였다(혈중 아드레날린 수치가 높았다). 다른 유형은 아드레날린 반응이 약했다. 로스트럽은 그 피검사자들을 18년 동안 관찰하면서 그들의 체중 변화를 추적했다. 결과는 명료했다. 주로 둘째 유형의 남성들이 과체중이 되었다. 로스트럽의 연구는 비만의 발생과 관련해 이기적인 뇌 이론이 타당하다는 중요한 증거다. 뇌-당김이 강하고 스트레스 시스템이 온전하게 작동해야만 뇌로의 에너지 공급이 최적화하고 지방 저장소가 가득 차지 않는다.

그러나 로스트럽의 연구는 그 남성들의 식습관 조절에 관한 질문에 답할 수 없었다. 뚱뚱해진 남성들과 날씬한 몸매를 유지한 남성들은 식습관이 얼마나 달랐을까? 신경학자 배리 레빈Barry Levin은 동물 실험에 근거해 흥미로운 대답을 내놓았다. 레빈은 두 혈통(스트레스 반응이 강한 혈통과 약한 혈통)의 쥐들에게 열량이 높은 먹이를 주었다. 이 실험에서도 오직 스트레스 반응이 약한 쥐들만 과체중이 되었고, 다른 혈통의 쥐들은 정상 체중을 유지했다. 과다한 먹이 공급에도 불구하고 둘째 혈통의 쥐들은 강한 스트레스 반응을 보이면서 첫째 혈통의 쥐들보다 먹이를 덜 섭취했다. 레빈의 실험은 온전한 스트레스 시스템과 경쟁력 있는 뇌-당김 기능을 지닌 쥐들은 과식하지 않는다는 것을 보여주었다. 녀석들의 몸속에서는 에너지 흐름이 안정 상태를 유지했다. 일찍이 1960년대에 이선 심스Ethan Sims가 수행한 "버몬트 감옥 실험"에서도 비슷한 결과가 나왔다. 에너지가 풍부한 음식이 수감자의 체중에 미치는 영향을 연구하는 실험이었는데, 실험에 참가한 수감자들은 체중을 25퍼센트 불리라는 지시를 받았다. 연구진은 그 대가로 조기 석방을 약속했다. 그런데 많은 수감자들이 갖은 애를 쓰고도 목표를 달성하지 못했다. 심스가 내린 결론은 이랬다. 즉 어떤 사람들은 과체중 되기가 아예 불가능하다.

이 대목에서 다시 교통 정체 문제를 돌아보자. 조립 라인을 따라 이어진 공급 사슬에서와 마찬가지로 교통량이 적당한 도로에서 정체가 발생하려면 어딘가에 병목이 있어야 한다. 디르크 랑에만은 이 같은 공급 사슬 모형을 인체 내의 뇌-당김에 적용함으로써 뇌-당김이 강할수록 지방 저장량이 줄어든다는 것을 수학적으로 증명했다. 거꾸로도 마찬가지다. 뇌-당김이 약하면 약할수록 지방 저장량은 늘어난다. 에너지 공급 사슬에서의 정체는 전방에서 발생해 후방으로 확산된다. 즉, 뇌가 병목의 구실을 하는 탓에 발생한 정체가 혈류를 거쳐 몸의 지방 저장소로 확산된다.

이로써 뇌-당김의 장애를 일으키는 원인이 밝혀진 것은 물론 아니다. 하지만 과체중이 발생하는 원리는 명확해졌다. 그리고 이 원리는 제한 없이 적용된다. 다시 한 번 분명하게 말하거니와 과체중인 사람은 누구나 예외 없이 뇌-당김의 경쟁력이 부족하다. 이 지식을 일관되게 적용하면, 과체중 발생에 관한 많은 생각이 미신으로 전락한다. 예컨대 과다한 영양 섭취가 과체중에 미치는 직접적인 영향은 사실상 없다시피 하다. 단, 당사자의 뇌-당김이 건강하다는 전제 아래 그렇다. 남들보다 많이 먹는다면, 그것은 우리가 쾌락에 탐닉하거나 게으르거나 의지력이 약해서가 아니라 오로지 우리 뇌의 에너지 수요를 평범한 식습관으로는 충당할 수 없기 때문이다. 모든 발작적 식욕 및 음식 섭취가 일으키는 통제할 수 없는 쾌감, 음식에 대한 강박은 지속되는 뇌의 에너지 위기의 결과이자 표현일 따름이다. 지속적인 에너지 위기에 대처해 뇌가 하는 일은 에너지 요구를 강화하고 민감하게 절약 조치를 취함으로써 뉴런이 심각한 에너지 부족을 겪지 않게끔 하려고 애쓰는 것뿐이다. 발작적인 식욕과 음식 섭취의 쾌감은 우리를 뇌 물질대사에 필요한 에너지를 섭취하도록 꾀기 위해 뇌가 항상, 날이면 날마다, 심하면 밤에도 던지는 감정적인 미끼이다.

노르웨이 군대의 신병들에 대한 장기적인 연구는 심리사회적 스트레스 검사에서 약한 아드레날린 반응을 보인 사람은 장기적으로 과체중이 될 위험이 높다는 것을 보여주었다. 그런데 한 사람의 미래 체중 변화를 예측하기 위해 스트레스 검사를 실시하는 것은 참으로 번거로운 방법이다. 그보다 훨씬 더 간단하고 명확한 표지가 있기 때문이다. 바로 공복기 인슐린 수치다. 에너지 저장에 관여하는 호르몬인 인슐린의 수치를 보면 체내에서 에너지가 어떻게 분배되는지 알 수 있다. 인슐린 수치가 높다는 것은 에너지 저장을 위해 저장소를 열라는 메시지가 체내에 넘쳐난다는 뜻이다. 실제로 혈중 인슐린 수치가 정상보다 높은 사람이 많다. 독일 성인 2명 중 한 명이 그럴 것으로 추정한다. 그들 대다수는 그 사실을 모르지만 말이다. 혈중 인슐린 수치는 건강 검진의 기본 항목에 속하지 않기 때문에 그 수치가 정상보다 높은 사례는 대부분 오랫동안 발견되지 않는다. 하지만 정상보다 높은 혈중 인슐린 수치는 뇌-당김의 경쟁력 부족(뇌가 과도한 인슐린 분비를 억제할 수 없음)을 보여주는 명확한 진단 표지일뿐더러 당사자가 향후 몇 년 안에 체중 증가 위험이 매우 높고 제2형 당뇨병에 걸릴 가능성도 높다는 것을 보여준다.

해마다 독일에서만 30만 명이 제2형 당뇨병에 걸리는 것으로 추정한다. "추정한다"고 말하는 이유는 이 병이 흔히 뒤늦게 발견되고 따라서 드러나지 않은 환자들까지 고려해야 하기 때문이다. 제2형 당뇨병 진단을 내리면 치료 조치를 시작한다. 대개는 순서대로 운동량 늘리기, 또는 더 나은 방법으로는 스포츠 활동, 체중 줄이기, 혈당 강하제 투여 조치를 실시한다. 제2형 당뇨병은 만성이며 일반적으로 느리게 진행한다. 그러나 대부분의 환자는 결국 언젠가는 인슐린 주사 처방을 받는다. 하지만 알약이나 인슐린을 써서 환자의 혈당을 정상 수치로 떨어뜨리는 것이 과연 옳은 전략일까? 50여 년 전부터 전 세계에서 무수히 적용한 치료법이라면 당연히 효과와 안전성이 입증된 방법이려니 하고 생각할 만하다. 요컨대 그 치료법이 경쟁하는 다른 치료법보다 더 많이 쓰이는 이유는 올바른 치료법이기 때문이라고 생각할 만하다. 하지만 유감스럽게도 현실은 꼭 그렇지만은 않다. 한 과학 이론이 인정받고 다른 과학 이론이 배척받는 이유는 다면적이다. 엄격한 과학적 측면 외에 시대의 분위기, 정치적 세력 관계 또는 경제적 이해관계도 결정적인 구실을 한다. 모든 인간사가 그렇듯 과학도 때로는 오류를 범하고 헤맨다. 예컨대 이 경우가 그렇다. 제2형 당뇨병을 둘러싸고 100년 넘게 이어져온 논쟁은 지금도 그 병에 걸린 모든 환자에게 중대한 영향을 미치고 있다.

시험대에 오른 당뇨병의학

독일에서 당뇨병의학의 역사는 두 지식인의 싸움으로 시작되었다. 한 명은 젊은 과학자 오스카 민코프스키Oscar Minkowski였다. 그는 1890년부터 쾰른 대학에서 동물을 상대로 실험적인 수술을 했다. 32세인 민코프스키는 연구 의욕이 유난히 강했다. 대학 병원에서 매일 환자를 진료했다. 당뇨병 환자도 자주 봤는데, 당대 의사로서 그가 가진 능력으로는 당뇨병 환자에게 해줄 수 있는 게 거의 없었다. 내과 의사인 그는 당뇨병의 원인이 소화에 관여하는 내부 장기에 있다고 추측했다. 개의 췌장을 떼어내는 실험적인 연쇄 수술에서 그는 췌장을 적출당한 개가 당뇨병에 걸리는 것을 확인했다. 민코프스키와 동료들은 이어서 일종의 대조 실험을 실시했다. 췌장을 적출당한 후 당뇨병에 걸린 개에게 건강한 개의 췌장을 이식하는 수술이었다. 수술 결과, 이식된 췌장은 제 기능을 시작했고, 개의 혈당 수치는 정상으로 내려갔다.

민코프스키의 발견은 처음엔 의학계에서 큰 반향을 얻지 못했다.

하지만 완전히 무시당하지는 않았다. 1903년 독일 생리학자 에두아르트 플뤼거Eduard Pflüger가 당뇨병의 발생에 관한 민코프스키의 이론을 옹호하는 글을 발표한 것이다. 당시 74세인 플뤼거는 독일 생리학계의 독보적 권위자였다. 그는 인체를 다루는 과학으로서 실용성에 치우친 의학으로부터 막 독립 중인 생리학의 창시자 중 한 명으로 통했다. 생리학은 엄밀한 자연과학을 자처하면서 인체를 미지의 대륙처럼 탐험할 터였다. 또한 장기가 어떻게 기능하는지, 신경계가 어떻게 소통하는지, 뇌의 역할은 무엇인지 정확히 알아낼 터였다. 플뤼거가 생각하는 생리학 연구의 목적은 신속하게 치료 성과를 거두는 게 아니라 생명의 법칙을 발견하는 것이었다.

위대한 프랑스 생리학자 클로드 베르나르Claude Bernard와 마찬가지로 플뤼거는 당뇨병이 근본적으로 신경계의 병이라는 입장을 취했다. 베르나르가 실험을 통해 이룬 중요한 발견 중 하나는 뇌의 일부에 바늘로 상처를 내면 당뇨병이 발생할 수 있다는 것이었다. 그는 토끼 뇌간의 특정 구역에 바늘로 구멍을 냈다. 그러자 토끼의 혈당 수치가 올라가고 당뇨병이 발생했다. 이어서 뇌와 간을 잇는 신경 경로를 절단하자 당뇨병이 씻은 듯 사라졌다. 플뤼거는 뇌의 기능 이상이 신경 경로를 통해 간의 기능 이상을 유발하고, 그 결과 간에서 혈액으로 분비되는 포도당이 증가한다는 이론을 지지했다. 처음에 그는 민코프스키의 발견이 그 이론을 반박하지 않고 보충한다고 여겼다. 민코프스키가 발견한 메커니즘과 베르나르가 발견한 메커니즘이 모두 당뇨병의 발생에 결정적인 구실을 한다고 확신했다. 뇌간에 위치한 "당 중추"의 과잉 활동도 췌장의 기능 상실과 마찬가지로 당뇨병을 유발한다고 말이다. 요컨대 플뤼거는 당뇨병의 발생에 관한 두 이론 앞에서 "둘 중 하나"가 아니라 "둘 다"라는 견해를 취했다.

그러나 겨우 1년이 지나자 생리학계의 초점이 바뀌었다. 오스카 민코프스키의 동물 실험은 일부 당뇨병이 아니라 모든 당뇨병의 원인이자 치료의 열쇠로 주목받기 시작했다. 지난 14년 동안 민코프스키의 연구에 관심을 기울인 사람은 없다시피 했다. 하지만 이제 그의 연구는 의학계의 시대정신에 완벽하게 맞아떨어지는 듯했다. 바야흐로 장기臟器 요법의 시대가 도래한 것이다. 일찍이 프랑스 생리학자 샤를-에두아르 브라운-세카르Charles-Edouard Brown-Sequard는 돼지 수컷의 고환에서 뽑아낸 추출물의 효과를 발견함으로써 장기 요법을 개척했다. 그는 이 새로운 약물을 중년 남성들에게 회춘 약으로 주사해 성과를 거뒀다. 그 남성들은 정력이 향상되고 근육 조직이 강해졌다. 이로써 브라운-세카르는 돼지의 고환에 농축되어 있는 남성 호르몬인 테스토스테론의 놀라운 효과를 발견한 것이다. 비록 이 물질의 정체를 몰라 당시의 일반적인 어법대로 그냥 "추출물"이라고 언급했지만 말이다. 브라운-세카르의 회춘 약은 많은 기대를 불러 모았다. 인체에 큰 영향을 끼칠 수 있는 물질이 동물의 장기에 들어 있다는 생각은 획기적인 새 치료법에 대한 기대로 이어졌다. 또한 사업가들의 감각을 일깨웠다. 드디어 돈과, 그것도 엄청난 돈과 직결된 의학적 발견이 이루어진 셈이다. 19세기 말에 이를 가장 먼저 알아챈 것은 화학 공업 기업들이었다. 이 기업들은 제약 분과를 설치함으로써 제약 산업 탄생의 기반을 닦았다. 당시 약사들은 여전히 주로 의사의 처방에 따라 스스로 약을 만들었다. 그러나 1900년 이후 산업적으로 표준화한 약이 큰 성공을 거두기 시작했고, 바로 그때 시기적절하게도 장기 요법이라는 개념이 등장했다.

　에두아르트 플뤼거는 이런 변화를 일찌감치 알아챈 것이 분명하다. 인체와 병을 보는 관점이 이처럼 새롭게 실용화하고 단순화하는 변화들이 자신의 필생 업적인 생리학에 의미하는 바가 무엇인지를 그는 짐작했을 것이다. 일찍이 플뤼거는 생리학을 인체 연구를 주도하는 과학으로 보았다. 그런데 겨우 1년 만에 생리학이 구석으로 밀려나는 것을 염려해야 했다. 플뤼거는 민코프스키에게 자신이 편집하는 학술지 〈일반 생리학 자료집Archiv für die gesamte Physiologie〉에 논문을 발표하라고 제안했다. 그러나 그의 진짜 의도는 후속 논문을 통해 민코프스키를 강력하게 비판하는 것이었다. 플뤼거는 췌장이 당뇨병 발생의 원인이라는 민코프스키의 개 실험을 의심했다. 민코프스키와 그 옹호자들에 맞서 플뤼거는 그들이 증상과 원인을 혼동하고 있으며 따라서 당뇨병의 발생에 관한 참된 사실 관계를 보지 못한다고 비판했다. 그러나 의학계는 이미 오스카 민코프스키 편이었다. 반면 플뤼거는 새로운 논증을 내놓을 수 없었다. 뇌의 기능 이상이 당뇨병의 원인이라는 그의 이론을 당대의 연구 방법으로는 뒷받침할 수 없었다. 게다가 그는 치명적인 실수까지 범했다. 과학적 논쟁의 울타리를 벗어나 민코프스키의 동물 실험을 신뢰할 수 있는지 여부를 아무 근거 없이 공개적으로 의심한 것이다. 민코프스키는 반발하면서 도리어 플뤼거의 과학적 방법에 의문을 제기했다. 과학적 논쟁이 신념의 전쟁으로 변질된 것이다. 그리고 그 전쟁은 플뤼거가 과학자로서 민코프스키의 신용을 깎아내리려 애쓰며 자기 자신의 명성을 무너뜨릴 때부터 이미 그의 패배로 판가름 난 싸움이었다.

　민코프스키의 장기 이식 실험은 곧 도래할 현대 의학의 특징을 이미 구현하고 있었다. 마치 고장 난 기계의 부품을 교체하듯 장기를 교체하는 것은 이후 100년 동안 외과의학의 근간이 될 터였다. 그런 식으로 인체를 수리한다는 생각을 포함한 민코프스키의 연구 방법론은 20세기 초에 삶의 모든 분야를 지배한 산업적·기계적 시대정신과도 딱 맞았다. 반면 플뤼거가 제안한 개념, 즉 뇌와 장기 사이의 데이터 교환을 통해 유기체의 복잡한 시스템이 조절된다는 인체 정보망 개념은 정보 시대인 오늘날의 세계관에 훨씬 더 잘 맞는다. 시대를 앞서 간 사상가들이 거의 그렇듯 플뤼거는 가혹한 운명을 맞았다. 주목을 받으려 애쓰면 애쓸수록 그를 이해하는 사람은 점점 더 줄어들었다.

1908년, 에두아르트 플뤼거는 다시 한 번 세상을 향해 외쳤다. 자신의 이론을 과학적으로 입증하거나 반증할 기회를 얻기 위한 일종의 호소였다. 그러나 부질없는 짓이었다. 에두아르트 플뤼거는 1910년 81세로 사망했다. 당뇨병 연구는 오래전부터 그의 이론에 등을 돌린 상태였다. 1893년 〈영국 의학 저널British Medical Journal〉에 발표한 논문에서 브라운-세카르는 이미 장기 요법의 원리를 췌장에도 적용해 그 장기에서 뽑아낸 추출물을 당뇨병 치료에 사용할 것을 권고했다. 알다시피 30년 뒤 토론토에서 밴팅과 베스트가 이런 권고를 실행에 옮겼다. 이들은 그 추출물에 '인슐린'이라는 이름도 붙였다. 췌장의 섬라틴어로 '인술라(insula)'—옮긴이 세포(베타세포라고도 함)에서 나온 분비물이라는 뜻이다. 그 후 인슐린은 화학 공업의 도움으로 돼지와 소의 췌장에서 대량 추출하고 상품화되어 전 세계인의 당뇨병 치료에 쓰이기 시작했다. 췌장이 당뇨병 발생의 근본 원인이라는 전제는 이 시절에 콘크리트처럼 확고했다. 반면 플뤼거의 이론은 당뇨병 연구의 세계에서 결국 완전히 잊혔다.

이제 세월을 뛰어넘어 21세기로 가보자. 오늘날 당뇨병 진단은 혈당 측정을 근거로 이루어진다. 각각 다른 날에 실시한 두 번의 측정에서 공복 시 혈중 포도당 농도가 126mg/dl 이상으로 나오면 당뇨병 진단의 충분조건이 갖춰진다. 요즘은 대안으로 장기 혈당 수치를 기준으로 삼기도 하는데, 혈액 속의 붉은 색소인 헤모글로빈 중 당화(당과 결합)한 헤모글로빈의 비율을 보면 이 수치를 알 수 있다. 당뇨병 진단이 내려지면 내과 의사는 그것이 제1형 당뇨병인지 아니면 제2형 당뇨병인지 판정한다. 산업화한 국가에 만연한 당뇨병을 가리키는 명칭인 제2형 당뇨병은 오늘날 국제적으로 통용된다. 하지만 이 명칭을 놓고 오랫동안 벌어진 줄다리기는 지난 수십 년에 걸쳐 의학자들이 당뇨병을 명확하게 정의하는 데 어려움을 겪었음을 상징적으로 보여준다. 유사하면서도 근본적으로 다른 두 유형의 당뇨병에 공통으로 적용되는 일반 개념인 "당뇨병Diabetes mellitus"은 엄밀하게 정의하기 어렵다는 문제를 안고 있다. 물론 두 유형의 당뇨병 모두에서 췌장 호르몬 인슐린과 높은 혈당 수치가 결정적 역할을 하는 것은 사실이다. 그러나 예후는 정반대다. 제1형 당뇨병에서는 췌장의 베타세포가 망가져 인슐린 생산 능력을 잃기 때문에 혈당 수치의 극적인 상승이 일어난다. 에너지를 붙잡고 저장할 수 없는 상태가 되는 것이다. 따라서 섭취한 에너지가 사용되지 않은 채로 몸속을 돌아다니다가 신장을 통해 다시 배출된다. 요컨대 제1형 당뇨병은 에너지를 잃는 병이다.

반면 제2형 당뇨병에서는 포도당 저장이 문제없이 이루어진다. 물론 제2형 당뇨병에 걸린 환자는 제1형 당뇨병 환자와 마찬가지로 혈당 수치가 높지만, 이는 포도당 저장에 관여하는 호르몬인 인슐린이 부족해서 그런 것이 아니다. 오히려 정반대로 제2형 당뇨병 진단을 내린 시점에서 환자의 혈중 인슐린 수치는 정상인보다 훨씬 더 높으며 점점 더 높아지는 경향이 있다. 이런 사실은 1만 명 이상의 남녀 환자를 10년에 걸쳐 추적한 연구를 통해 입증되었다. 혈중 인슐린 수치가 높으면 많은 에너지가 근육 세포와 지방 세포에 저장되고, 결국 이 세포들에서 에너지가 넘쳐난다. 그러면 잉여 포도당이 혈액에 유입되고 신장을 거쳐 배출된다. 요컨대 제2형 당뇨병은 제1형 당뇨병과 정반대다. 즉, 에너지가 말 그대로 넘쳐나는 병이다.

과거에는 제2형 당뇨병을 "성인형 당뇨병adult onset diabetes"이라고도 했다. 왜냐하면 발병으로 이어지는 과정이 대개 느리게 진행되고 거의 항상 꽤 늦은 나이에 진단이 내려지기 때문이다. 제1형 당뇨병과 달리 이 병의 원인은 오랫동안 수수께끼로 남아 있었다. 뇌-당김의 경쟁력 부족이 제2형 당뇨병의 원인이라는 지식은 여전히 새로우며 의학계에 보편적으로 알려지려면 아직 한참 멀었다. 그러나 마침내 우리는 이기적인 뇌 이론을 통해 제2형 당뇨병의 발생을 최종적으로 설명할 수 있게 되었다. 뇌-당김이 장애 없이 작동하기만 하면 몸과 뇌로의 에너지 공급은 최적화한다. 이런 조절 시스템은 진화 역사에서 우리로 하여금 특별한 능력을 발휘하게끔 했을 뿐 아니라 우리 몸이 과도한 지방 저장으로 말미암아 제약당하는 것을 막아준다. 뇌-당김에 이상이 생기면, 인체의 에너지 관리는 새 시대를 맞는다. 뇌가 뇌-당김을 몸-당김으로 대체하는 것이다.

달착지근한 피: 저비용으로 뇌에 에너지 공급하기

이런 상황은 1970년대에 시작된 1차 석유 파동을 연상케 한다. 그에 앞서 20년 동안 세계 경제는 폭발적으로 성장했다. 이 성장을 위한 에너지는 중동의 유전에서 나왔다. 그러던 중 갑자기 에너지 흐름이 중단될 위험이 닥쳤다. 산유국들이 석유값을 올리기 위해 생산량을 인위적으로 줄인 탓이다. 이 석유 파동의 압력 아래 산업 국가들의 정부는 열심히 대안을 모색했다. 당시에는 핵에너지를 늘리는 것이 최선의 해법으로 보였다. 기술은 충분히 발전해 있었고, 핵에너지 옹호자들의 호언장담은 매혹적이었다. 국내에 원자력 발전소를 더 지으면 아랍 산유국의 에너지 공급에 의존하는 현 상황을 즉각 타개할 수 있을 성싶었다. 경제 위기를 염려하는 분위기가 팽배한 가운데 독일에서는 일부 주민의 강력한 저항에도 불구하고 원자력 발전 프로젝트가 실행되었다. 핵에너지 옹호자들은 독일 경제와 주민에게 큰 이득이 될 것이라고 주장했다.

국가 경제 시스템을 인체에 빗댄다면, 균형을 유지해야 한다는 점은 양쪽 모두에서 타당하다. 구체적으로 말해서 에너지 수요와 그것을 충당하는 데 필요한 에너지 공급이 균형을 이뤄야 한다. 이 균형이 깨지면 시스템이 붕괴할 위험에 처한다. 붕괴란 국가에게는 경제 위기·빈곤·사회 불안, 최악의 경우 내전을 의미하고, 인체에게는 피로·탈진·병·사망을 의미한다. 이런 극적인 결과를 피하려면 조치를 취해야 한다. 설령 그 조치가 새로운 위험을 불러올 수 있다 하더라도 말이다. 시스템 전체를 보존하고자 한다면, 에너지 문제를 해결해야 한다. 그것도 신속하고 실행 가능하고 최대한 효율적인 해법으로 그렇게 해야 한다. 석유 파동이 닥쳤을 때 정치인들은 이 모든 조건을 갖춘 해법은 원자력뿐이라고 판단했다.

당연히 위험을 내포한 판단이었다. 규모가 크고 혁명적인 기술을 도입할 때면 늘 그렇듯 핵에너지도 부담을 발생시켰고, 그 부담을 중기적으로 또 장기적으로 누가 져야 할지, 비용 혹은 손해가 얼마나 클지는 지금도 불분명하다. 계산하기 어려운 방사능 누출 위험 그리고 전 세계적으로 여전히 해결책이 없는 방사능 폐기물의 최종 보관 문제를 생각해보라. 한 가지는 확실하다. 결국 에너지 사업자들은 이런 부담과 비용을 떠맡지 않을 것이다. 그들은 가능한 한 최대의 책임을 정부, 납세자, 주민에게 떠넘기려 할 것이다. 이를 경제학에서는 "외부화externalization"라고 한다. 이를테면 생산 과정에서 발생하는 유해 물질(환경을 비롯해 노동자나 인근 주민 심지어 더 많은 인구에 유해한 물질)로 인한 비용을 최대한 전가해 저렴하고 효율적인 생산을 가능케 하거나 유지하는 것이다.

이 이야기를 인체의 에너지 공급에 적용해보자. 본래의 뇌-당김 시스템이 제대로 작동하지 못해 뇌의 에너지 보유량이 부족해질 위험에 처하면, 몸-당김이 새로운 에너지 공급자로 나서 그 위험을 해소한다. 이 역할 교체의 부정적 효과는 처음엔 거의 감지되지 않는다. 위험 요소는 배후에 숨어 있다. 일단은 에너지가 풍족해진다. 충분한 음식을 섭취할 수만 있다면 뇌를 위한 포도당은 넘쳐난다. 이런 상황에서 포도당이라는 소중한 에너지 운반체를 확보하기 위해 뇌가 지불해야 할 비용은 아주 낮다. 대신 인체의 다른 곳에서 많은 비용이 발생한다. 요컨대 뇌는 피를 달착지근하게 만드는 대가로 자신에게 필요한 에너지를 확보하는 것이다.

음식 섭취로 위부에서 에너지를 공급받을 때마다 혈액은 에너지 과잉 상태가 된다. 이로써 몸이 직면하는 최종 보관 문제는 점점 더 커진다. 잉여 에너지를 어디에 쌓아둘 것인가? 처음에는 지방 조직이 잉여 에너지 저장소 구실을 한다. 이 전략은 비만을 가져오는 단점이 있기는 해도 한동안 유효하다. 하지만 지방 저장소가 꽉 차면 어떻게 해야 할까? 남아도는 혈당을 어떻게 처리해야 할까? 결국엔 신장을 통해 포도당을 배출하는 것만이 혈당 수치의 추가 상승을 막는 유일한 길이다. 바로 이것이 의학에서 말하는 본격적인 제2형 당뇨병이다.

이때부터 체내의 주요 에너지 운반체인 당이 아주 심각한 골칫거리가 된다. 남아도는 당은 물질대사 과정에서 이를테면 에너지 쓰레기로 취급된다. 에너지 쓰레기는 보관하거나 배출해야 한다. 왜냐하면 통제를 벗어난 채 혈관 속을 돌아다니는 포도당은 장기적으로 심각한 피해를 일으키기 때문이다. 에너지로 변환될 수 없는 당 분자는 체내 단백질과 결합하고, 그 결합체는 해로운 방식으로 교차 결합하거나 위험한 중간 산물로 바뀐다. 따라서 혈관 속 포도당 분자는 혈관 벽에 찌꺼기를 엉겨 붙게 만들고 결국 혈관을 손상시키는 혈관병증angiopathy을 일으킬 수 있다. 특히 미세혈관병증, 즉 (가장 가느다란 혈관인) 모세혈관 막힘은 제2형 당뇨병에 흔히 동반되는 합병증이다. 안구와 신장에서의 혈류 장애와 새로운 혈관 형성은 당뇨병에 따른 미세혈관병증의 전형적인 증상이다. 이 증상들은 후기 당뇨병 환자에게서 아주 흔히 나타나며 경우에 따라 실명이나 신부전으로 이어질 수 있다. 이런 문제가 발생하는 원인은 당 쓰레기 처리 전략이 결국엔 한계에 봉착해 제구실을 못하는 데 있다. 여기서 우리 뇌의 이기주의에서 비롯된 결과가 여실히 드러난다. 뇌는 일단 자신과 몸에 공급할 에너지를 확보함으로써 에너지 위기를 피한다. 그러면서 그 선택에 따른 부담과 비용과 피해를 마치 다국적 에너지 기업처럼 "외부화"해 몸에게 떠넘긴다.

제2형 당뇨병의 발생 과정을 보면, 뇌에 에너지를 공급하는 최적의 전략으로서 뇌-당김과 대등한 대안은 없다는 것을 분명히 알 수 있다. 현재 내 뇌가 어떤 식으로 에너지를 확보하고 있는지 알고 싶다면, 내 뇌-당김이 얼마나 강한지, 혹은 이미 얼마나 약해졌는지 아는 것이 중요하다. 체질량지수$^{body\ mass\ index,\ BMI}$는 뇌-당김의 성능을 알려주는 중요한 지표이다. 일찍이 1835년 벨기에 수학자 아돌프 케틀레$^{Adolphe\ Quételet}$가 개발한 다음과 같은 공식은 지금도 쓰인다. BMI=(킬로그램 단위로 나타낸 몸무게)/(미터 단위로 나타낸 키)^2. 케틀레는 BMI가 20~25인 사람을 "정상 체형"으로 인정했다. 오늘날 BMI는 일반적으로 몸에서 지방이 차지하는 비율을 추정하는 데 쓰인다. 또한 개인의 BMI를 보면 그의 수명을 어느 정도 정확하게 예측할 수 있다. (BMI가 20~25일 때 예상 수명이 가장 길다.) BMI가 25를 넘으면 과체중(비만 전 단계)으로 분류한다. 30을 넘으면 치료가 필요한 과체중(비만) 진단을 내린다. 그러나 BMI가 알려주는 것은 체내 지방 비율에 국한되지 않는다. 더 엄밀히 말해, BMI는 몸과 뇌의 에너지 분배 비율을 알려준다. 즉, 얼마나 많은 에너지가 몸에 할당되고 얼마나 많은 에너지가 뇌에 할당되는지 알려준다. 몸과 뇌의 정상적인 에너지 분배 비율은 4 대 1이다. 다시 말해, 에너지 공급량 전체의 5분의 4가 몸으로 가고 나머지 4분의 1이 뇌로 간다. 아주 날씬한 사람의 경우에는 이 비율이 3 대 1(뇌가 더 많은 에너지를 얻는다), 과체중인 사람의 경우에는 5 대 1(뇌가 더 적은 에너지를 얻는다)이다. 체질량지수가 특정 값을 넘으면 제2형 당뇨병에 걸릴 확률이 극적으로 상승한다.

그러나 제2형 당뇨병에 걸릴지, 걸린다면 언제 걸릴지는 체질량지수가 똑같이 높은 사람들에 대해서도 일률적으로 판정할 수 없다. 개인의 유전적 소질을 중요하게 고려해야 한다. 또한 그뿐만이 아니다. 예컨대 인도에서는 체질량지수가 26으로 비교적 낮은 많은 사람들도 당뇨병에 걸린다는 사실이 알려져 있다. 반면 대다수 중부 유럽 사람들의 경우 당뇨병이 발생하는 임계 체질량지수는 30이다. 그러나 이런 임계 체질량지수에 도달하는 사람의 수가 꾸준히 증가하고 있다는 것은 분명한 사실이다. 특히 선진 산업국들에서 그렇지만 브라질이나 인도네시아처럼 선진 산업국 문턱에 이른 나라들에서도 그렇다.

다시 한 번 요약해보자. 제2형 당뇨병에 이르는 과정은 상승 곡선을 그린다. 즉, 뇌는 위기 대처 전략의 일환으로 에너지를 영양 섭취를 통해 확보할 것을 요구하는데, 이 요구가 많아질수록 영양 섭취는 증가한다. 이때 뇌는 인슐린 통제력을 이미 잃은 상태이므로 인슐린 수치는 지속적으로 높은 수준을 유지한다. 따라서 포도당은 저장소로 옮겨지고, 잉여 에너지는 확장한 지방 저장소에 일단 보관된다. 이 과정에서 몸무게와 체질량지수가 증가한다. 또한 혈당 농도도 상승한다. 혈당 농도가 임계값에 도달하면, 혈중 포도당이 신장을 거쳐 배출된다. 이 시점에서 흔히 제2형 당뇨병 진단이 내려진다.

여기에서 알 수 있듯 뇌로 공급하는 에너지는 "항상성" 원리에 따라 조절된다. 즉, 뇌로의 에너지 공급은 반드시 일정하게 유지되어야 한다. 반면 몸무게와 혈당 조절은 어쩔 수 없이 앞에서 언급한 "변화를 통한 안정화" 원리에 따라 이루어진다. 스트레스 연구에서는 이것을 "역동 항상성allostasis"의 원리라고 한다. 요컨대 뇌로의 에너지 공급을 위해 몸의 피해를 그 대가로 지불하는 것이다.

"공격적인" 인슐린: 치료가 불러온 뜻밖의 죽음

의학은 제2형 당뇨병을 제1형 당뇨병과 거의 똑같이 인공 인슐린으로 다스린다. 두 유형의 환자 모두에서 치료 목표는 혈당 수치를 떨어뜨리는 것이다. 제1형 당뇨병 환자에게서는 인슐린 주사의 효과로 물질대사가 정상화된다. 이 경우 뇌로의 에너지 공급은—스트레스 시스템이 온전하다면—원리적으로 문제가 안 된다. 뇌는 인슐린이 없더라도 혈중 포도당을 끌어당길 수 있으니 말이다. 반면 몸의 저장소들은 인슐린이 없으면 채워지지 않는다. 그러므로 제1형 당뇨병 환자가 인슐린 주사를 맞지 않으면 뇌로의 에너지 공급이 아니라 몸으로의 에너지 공급에 치명적인 문제가 생긴다.

그럼 제2형 당뇨병 환자는 어떨까? 이런 환자의 혈당 수치가 높은 것은 뇌가 충분한 포도당을 공급받으려 하기 때문이라고 전제하면 다음과 같은 의문이 든다. 왜 의사들은 이미 인슐린 수치가 높은 환자에게 추가로 인공 인슐린을 투여할까? 그것은 혈당을 정상 수치로 낮추는 것을 유형과 상관없이 당뇨병 치료의 최고 목표로 여기기 때문이다. 이런 목표는 진 메이어의 "포도당 항상성 이론"에서 도출한 것이다. 이 목표를 향한 치료는 어떤 결과를 가져올까? 제1형 당뇨병 환자에게서는 어느 모로 보나 긍정적인 결과가 발생한다. 환자는 건강한 사람에 버금가는 활동 능력을 회복하고 저체중이었던 몸무게가 정상화된다.

반면 제2형 당뇨병 환자에게서 발생하는 결과는 그렇게 좋은 것만은 아니다. 물론 혈당 수치가 낮아지고, 모세혈관의 변형으로 인한 안구와 신장의 손상도 더 느리게 진행하는 것은 사실이다. 그러나 그 대가로 거의 모든 환자는 커다란 이중 부담을 짊어진다. 즉, 환자의 뇌는 충분한 에너지를 공급받지 못하게 되고(뇌가 저혈당 상태에 빠지는 일이 더 자주 발생한다) 몸무게는 더 늘어난다. 인공 인슐린은 이미 꽉 찬 저장소를 강요해 에너지를 추가로 수용함으로써 지방으로 변환하게끔 한다.

의사가 외부에서 코르티손을 주입할 때와 마찬가지로, 제2형 당뇨병 환자에게 인슐린을 주입할 때에도 추가된 작용체가 조절 시스템을 심하게 교란하는 문제가 발생한다. 이런 개입의 효과를 비유로 설명해보겠다. 할아버지(뇌)는 자신의 방이 너무 덥다고(자신에게 공급되는 에너지가 너무 많다고) 느껴 손자(스트레스 시스템)에게 창문의 잠금 걸쇠를 풀어서(잠금 기능을 꺼서) 창문을 열고(인슐린은 창문을 여는 힘에 해당한다) 더운 공기가 밖으로 빠져나가도록 하라고 요청한다. 이것은 건강한 사람의 뇌에서 일어나는 현상이다. 시상하부에서 에너지 과잉 판정을 내려 잉여 에너지가 혈액에서 흘러나가도록 "인슐린으로 저장소를 열어라"는 명령을 전달할 때와 같은 상황인 것이다. 그런데 이 상황에서 할머니(인슐린 주사 처방을 내리는 의사)가 끼어들어 할아버지가 요구하지 않는데도 그냥 창문을 열어젖히면, 할아버지는 금세 추위에 떨게 될 것이다. 의사가 인슐린을 주사할 때에도 뇌에서 이와 똑같은 일이 벌어진다. 즉, 뇌는 금세 포도당 위기, 곧 신경 당결핍에 처한다.

여기에서도 분명히 드러나듯 혈중 인슐린 수치가 인체 내부의 명령에 의해 높아지느냐, 아니면 외부의 명령에 의해 높아지느냐는 결정적으로 다르다. 인체 내부의 명령에 의해 인슐린이 분비되는 것은 뇌와 혈액의 에너지 충만 정도가 높다는 뜻이다. 반면 외래 인슐린은 뇌의 에너지 충만 상태를 위태롭게 만들고 혈액의 에너지 충만 정도를 낮춘다. 뇌에서 에너지가 빠져나가면 뇌의 물질대사는 점차 위기에 빠진다. 요컨대 제어 이론의 어법으로 말하면, 뇌의 물질대사 시스템에 "부하가 걸린다". 따라서 뇌는 한편으로는 더 많은 에너지를 요구하기 위해 몹시 애써야 하고, 다른 한편으로는 큰 폭의 에너지 절약을 강요당한다. 아드레날린 수치는 더욱 상승한다. 휴식 시간과 밤에도 마찬가지다. 이로 인해 당뇨병 환자에게서는 이미 손상되어 있는 경우가 많은 심혈관계에 부담이 간다. 결국 발생할 수 있는 극단적 결과는 제2형 당뇨병 환자가 저혈당성 혼수상태에 빠지는 것이다. 앞서 루카스의 사례에서 본 이 같은 극단적 결과, 곧 "전반적 침묵"이 점점 더 자주 발생한다는 것을 자료를 통해 알 수 있다.

이런 위험한 결과에도 불구하고 선진 산업국의 제2형 당뇨병 환자들은 족히 30년 전부터 인슐린을 사용해 혈당 수치를 "공격적으로" 낮추는 치료를 받아왔다. "공격적"이라는 표현은 그런 형태의 치료를 옹호하는 사람들 자신이 붙인 것이다. 이 방법은 최우선 선택지로 통한다. 인슐린 치료를 받지 말라고 권하는 의사는 경우에 따라 의료 과실로 처벌받을 수도 있다. 왜냐하면 고혈당이 장기간 지속되면 염증, 혈전증, 실명이 발생할 수 있기 때문이다.

미국 과학자 헬렌 루커 Helen Looker는 인슐린 치료를 받지 않는 당뇨병 환자에게서 정확히 어떤 일이 일어나는지 연구했다. 애리조나 주 "힐라 강 보호 구역"에 사는 피마족 pima 인디언들은 평균보다 이른 시기에 더 많이 제2형 당뇨병에 걸린다. 그들은 장기적인 건강관리 시스템의 울타리 바깥에 있어 대다수 당뇨병 환자가 치료를 받지 않는다. 이들에 대한 연구에서 루커는 놀라운 사실을 확인했다. 환자들은 처음엔 체중이 증가하고 이어서 당뇨병 증상을 나타냈다. 이것은 통상적인 당뇨병의 진행과 일치한다. 그러나 당뇨병에 걸린 인디언들은 몸무게가 최고점에 도달하자마자 곧바로 다시 감소하기 시작했다. 인슐린 주사를 맞지 않았는데도 말이다. 또 하나 놀라운 것은 수십 년 동안 고혈당 상태로 살았음에도 수명이 정상인보다 짧지 않았다는 것이다. 루커의 연구에서 인슐린 치료와 비非치료 사이의 뚜렷한 차이를 읽어낼 수 있다. 인슐린 치료를 받지 않으면 장기적으로 체중이 줄어들고, 치료를 받으면 체중이 늘어난다.

의학계에서는 헬렌 루커의 연구를 흔히 예외적인 것으로 평가 절하한다. 비판자들의 주요 논점은 피실험자들이 특수한 인디언 부족이어서 특별한 유전적 소질을 지녔을 가능성이 있다는 것이다. 루커의 연구는 순전히 관찰에 의존한 반면, 미국 국립보건원은 더 정확한 지식을 원했다. 미국에서 가장 중요한 보건 당국인 그 기관은 이미 1993년에 또 다른 형태의 당뇨병에 대한 대규모 연구를 실시했다. 이 제1형 당뇨병 연구는 많은 비용이 들었음에도 제약업계의 보조금 없이 이루어졌다는 것만으로도 특별했다. 연구자들은 제약 회사의 계산속이 연구에 영향을 미치는 것을 원천적으로 차단하고자 했다.

연구 과제는 이른바 '엄밀한 혈당 수치 조절'을 받은 환자들과 통상적인 치료를 받은 대조군을 비교하는 것이었다. 결과는 누가 봐도 명백했다. 제1형 당뇨병 환자의 혈당을 더 엄밀하고 일관되게 조절하면 할수록 환자의 건강 상태와 예후는 더욱 개선되었다.

그 후 약 15년이 지나서 미국 국립보건원은 제2형 당뇨병 환자에 대해서도 똑같은 연구를 수행하기로 했다. 그리하여 1만 명 넘는 피실험자가 자원해 참여한 이른바 ACCORD 연구가 시작되었다. 이는 의학 역사에서 상당히 높은 수준으로 진행된 최대 규모의 연구 중 하나였다. 연구진은 피실험자들의 혈당 수치를 엄밀하게 정상 값으로 고정하기 위해 다양한 혈당 강하제를 사용했다. 그중 가장 많이 사용한 것은 인슐린이었다. 그런데 연구 과정에서 의학계가 예상하지 못한 일이 벌어졌다. 2008년 2월 7일, ACCORD 연구는 갑자기 중단되었다. 하루아침에 멈추었다고 해도 과언이 아니다. 예상 밖의 사망 사고들이 발생했기 때문이다. 혈당 수치를 공격적이고 엄밀하게 조절당한 환자 집단에서 심근경색으로 인한 사망이 통계적으로 유의미할 만큼 많이 발생했다. 미국의 저명한 과학 저널 〈사이언스〉는 이런 결과가 알려진 지 일주일 만에 다음과 같은 표제의 기사로 신속하게 반응했다. "당뇨병 연구에서 발생한 사망 사고들이 오랫동안 지속되어온 혈당 이론에 의문을 갖게끔 만든다." 〈사이언스〉의 여성 기자 제니퍼 쿠진Jennifer Couzin이 쓴 이 도발적인 기사에 대한 폭넓은 토론은 놀랍게도 아직까지 이루어지지 않았다. 〈사이언스〉가 제기한 의문, 곧 제2형 당뇨병의 발생과 치료에 관한 통설이 근본적으로 틀렸을 수도 있다는 의문에 관한 토론은 치료의학계에서 지금도 배척을 당한다. 왜 그럴까?

그에 대한 한 가지 설명을 하자면 이렇다. 제2형 당뇨병 환자에 대한 처치로 인슐린 치료를 선택하는 의사는 환자에게 인슐린이 부족하다는 것을 그 근거로 삼는다. 그런데 이 경우 인슐린 부족을 입증하려면 특별한 데이터 처리와 적절한 개념 규정이 필요하다. 왜냐하면 제2형 당뇨병 환자의 원래 혈중 인슐린 수치는—실험실에서 표준 측정법으로 재더라도—정상인보다 두 배나 높기 때문이다. 따라서 의사들은 혈중 인슐린 수치를 보정 인자(혈당 수치일 수도 있고, 몸무게일 수도 있다)로 나눈 값을 기준으로 삼는다. 이런 산술적 보정을 거치고 나면 환자의 인슐린 수치와 인슐린 효율이 낮게 나타난다. 인슐린 치료 옹호자들은 이 밖에도 "베타세포 부전beta cell failure"이나 "인슐린 저항성" 따위의 개념을 도입했다. 이러한 개념은 인슐린 투여로 환자의 상태를 개선할 수 있다는 의미를 품고 있다.

심지어 1997년에는 "인슐린 부족"이 당뇨병의 원인이라는 생각과 상충하는 "인슐린비의존형 당뇨병non-insulin dependent diabetes mellitus"이라는 개념이 정식 진단명에서 퇴출되었다. 왜냐하면 "인슐린비의존형 당뇨병"(제2형 당뇨병) 진단을 받은 환자는 자신이 "인슐린의존형 당뇨병"(제1형 당뇨병) 환자와 달리 인슐린이 부족하지 않으므로 반드시 인슐린 주사를 맞을 필요는 없다고 생각할 것이기 때문이다. 이런 식으로 용어를 뜯어고치면서까지 특정 치료법을 옹호하는 사람이 비판적인 논쟁에 귀를 기울일 가능성은 거의 없다. 그러나 ACCORD 연구 결과는 전혀 다른 진실을 시사한다. 체중 증가와 고혈당을 오로지 부정적으로만 보는 시각에서 벗어나면 어떻게 될까? 고혈당을 병의 증상으로만 보지 말고 위기 상황에서 에너지 공급을 향상시키기 위한 대처 전략으로 보면, 뇌의 의도가 뚜렷하게 드러난다. 뇌는 그런 전략을 통해 자신의 생리학적 상황을 개선하는 것이다. 과거의 균형, 즉 혈당 항상성은 영향력을 상실한다. 따라서 인체는 에너지 흐름을 안정시키기 위해 새로운 균형을 추구한다. 앞에서 언급했듯 스트레스 연구의 위대한 선구자로 꼽히는 브루스 매큐언은 이 같은 새로운 균형 추구를 가리키는 개념으로 "역동 항상성"이라는 용어를 사용한다. 그가 말하는 역동 항상성은 만성 스트레스에 대한 장기적 적응을 의미한다. 역동 항상성은 근본적으로 중요하다. 스트레스의학 전체가 이 적응 메커니즘에 대한 탐구를 중심으로 삼는다고 할 수 있다. 고혈압, 고혈당, 체중 증가는 뇌가 새로운 에너지 균형에 적응하기 위해 채택하는 전략의 일부라는 것을 보여주는 증거가 지난 몇 년 동안 스트레스 연구를 통해 다수 확보되었다. 그러나 현재까지 당뇨병의학은 그런 성과를 거들떠보지 않다시피 했다. 이런 배경 지식을 염두에 두고 바라보면, ACCORD 연구에서 엄밀한 혈당 강하 치료를 받은 피실험자군에서 많은 사망 사례가 발생했다는 사실이 새로운 의미로 다가온다. 그런 치명적인 심근경색 사례는 인체의 "자기 조절"에 금지된 방식으로 개입했기 때문에 발생한 것으로 해석할 수 있다.

논쟁은 아직도 이루어지지 않고 있다. 만약 뾰족한 대안 치료법이 있었다면 ACCORD 연구 이전에도 논쟁이 이루어졌을 것이다. 그러나 안타깝게도 인슐린 치료와 근본적으로 다른 약물 치료법이 현재로서는 없다. 그런 새로운 치료법, 예컨대 혈중 포도당 수치를 낮추면서도 뇌에 충분한 포도당을 공급하는 방법을 가까운 장래에 개발할 가망도 없다. 현재 쓰이는 먹는 당뇨병 약(경구 혈당 강하제) 대부분은 초기 당뇨병에만 효과가 있어 진정한 대안이 되지 못한다. 그러나 뇌-당김 장애가 제2형 당뇨병 발병 과정의 시초라는 인식이 널리 퍼지면 적어도 예방 차원에서 전혀 새로운 대처법이 등장할 것이다. 장애에 처한 뇌-당김은 적절한 행동의학 프로그램을 통해 다시 강화할 수 있다. 하지만 이를 위해서는 제2형 당뇨병이라는 물질대사 병증의 아주 이른 단계에 프로그램을 시작해야 한다. 왜냐하면 내 임상 경험으로 볼 때, 제2형 당뇨병이 (이를테면 30년 이상) 오래 지속되면 치료하기가 더 어려울뿐더러 뇌의 유연성도 곧바로 개선되지 않기 때문이다. 대니얼 콕스가 개발한 것과 유사한 뇌-당김 훈련으로 제2형 당뇨병을 완전히 치유할 가능성은 미래에도 없을 것이다. 그러나 경우에 따라 그 훈련은 당뇨병 예방에 도움이 될 수 있다.

혈당 강하를 최우선 목표로 삼는 제2형 당뇨병 치료법의 가치에 대한 전문적이고 공개적인 논쟁은 ACCORD 연구를 감안할 때 불가피할 것이다. 그런 논쟁은 이미 오래전부터 광범위하게 진행되었어야 옳다. 논의를 통해 그 치료법이 환자에게 미치는 위험이 효용보다 훨씬 더 크다는 게 드러난다면, 사람들은 그런 사실을 시사하는 증거들이 ACCODR 연구 이전에도 적잖이 있었음을 인정해야 할 것이다. 그러면 또한 제2형 당뇨병의 발생에 관한 기존 이론이 근본적으로 틀렸을 수 있다는 〈사이언스〉의 경고가 반향을 얻지 못한 이유, 사람들이 제2형 당뇨병에 대한 인슐린 치료의 불합리성(왜냐하면 애당초 개념에 맞지 않는 치료이므로)을 외면하는 이유도 어쩌면 분명해질 것이다.

1970년대에 이르러서야 미국 의학자 대니얼 포테 주니어$^{Daniel\ Porte\ jr.}$와 심리학자 겸 생리학자 스티븐 우즈$^{Stephen\ Woods}$가 뇌와 뇌신경이 인슐린 분비를 어떻게 조절하는지 실험적으로 밝혀냈다. 에두아르트 플뤼거가 죽은 지 족히 60년 만에 뇌가 당 대사를 통제하는 기관이라는 그의 이론을 입증한 것이다. 새로운 신경생리학에서 나온 이런 지식이 제2형 당뇨병에 대한 이론에 수용되거나 적어도 ACCORD 연구를 비롯한 여러 연구에서 나온 결과의 해석에 당연히 영향을 미쳤어야 한다는 것이

상식적인 생각이겠지만, 현실은 그렇지 않았다. 플뤼거의 경쟁자에 대해 언급하자면, 지금도 매년 유럽당뇨병연구협회 European Association for the Study of Diabetes가 당뇨병학 분야의 젊고 탁월한 학자에게 "민코프스키 상"을 수여하고 있다. 이처럼 운명은 민코프스키의 손을 들어주었다. 민코프스키의 명성은 생전에 그와 맞선 위대한 적수의 명성이 사그라진 뒤에도 100년 넘게 유지되고 있는 셈이다.

다이어트가 부질없는 이유

 뇌-당김이 힘을 잃으면, 이기적인 뇌는 새로운 해결 전략을 모색해야 한다고 판단한다. 그리하여 뇌 자신의 에너지 문제를 해결하기 위해 가장 먼저 추가 영양 섭취를 요구한다. 그런데 이 요구는 이미 병의 증상일까, 아니면 새로운 지속 가능한 균형을 잡기 위한 노력일까? 우리는 뇌의 요구에 부응해야 할까, 아니면 그것을 병으로 취급해야 할까? 과체중이 미적으로나 의학적으로 현저해지면, 어떤 일이 일어날까? 많은 경우 이기적인 뇌는 다이어트를 통한 칼로리 감축이라는 새로운 위험에 직면한다.
 "최선의 하루 다이어트 법 다섯 가지", "아로마 번개 다이어트", "사과 건강 다이어트", "명절 다이어트", "최선의 날씬 수프." 독일에서 나오는 어느 여성 잡지의 표지를 살펴보면 매호 예외 없이 다이어트에 관한 문구가 눈에 들어온다. 그 잡지는 매주 발행하므로 독자는 연중 52가지 다이어트 방법을 제안받는 셈이다. 이쯤 되면 편집장이 살빼기에 관

해 다양한 기사를 싣는 것은 독자의 기본 욕구에 대한 배려라고 할 만하다. 경험이 알려주듯 여성 잡지계에서 가장 잘 팔리는 기삿거리는 다이어트다. 표지에서 살빼기를 약속하지 않는 잡지는 판매 부진을 면치 못한다. 그런데 왜 그토록 많은 다이어트 권유가 필요할까? 독자가 다이어트에 중독된 것일까? 이 질문을 다르게 표현할 수도 있다. 대관절 왜 그토록 많은 사람이―결국은 실망하리라는 것을 알아야 마땅함에도― 여전히 다이어트 프로그램에 관심을 갖는 것일까? 잡지가 연간 52가지 다이어트법을 보급하면서 성공을 거둔다는 사실은 독자가 갈피를 못 잡는 상황이라는 뜻이다. 똑같은 문제를 해결하기 위해 매주 새로운 전략이 필요한 사람은 캄캄한 어둠 속에서 더듬더듬 헤매고 있는 것이나 마찬가지다.

가장 기본적인 질문을 던져보자. 도대체 다이어트란 무엇인가? 다이어트의 효과는 무엇이고, 어떻게 그 효과를 달성하는가? 다이어트라는 개념 자체에 이미 오해의 소지가 들어 있다. 고대 그리스의 의사 히포크라테스는 의학의 창시자로 통할 뿐 아니라 '다이어트'라는 개념을 처음 사용한 인물이기도 하다. 고대 그리스어에서 "디아이타^{diaita}"는 삶을 영위하는 방식을 뜻했다. 이 개념을 도입하면서 히포크라테스도 영양 섭취 습관의 변화를 염두에 둔 것은 엄연한 사실이다. 그는 예컨대 아무 때나 먹지 말고 식사 시간 정하기, 몸이 포만 신호를 보낼 때까지만 먹고 그 이상은 먹지 말기 등을 생각했다. 당시 다이어트는 칼로리 섭취를 의식하면서 살기보다 훨씬 더 많은 것을 의미했다. 즉, 건강을 위해 생활양식을 지속적으로 조절하는 것이었다. 음식 섭취 외에도 운동과 휴식, 깨어 있는 시간과 잠자는 시간, 노동 시간과 재충전 시간의 균형도 다이어트의 요소였다. 그로부터 약 2500년이 지나자 다이어트는 체중 감소를 위한 단기 전략의 동의어로서 거대한 사업이 되었다. 날씬한 몸매를 만들어준다고 약속하는 상품은 잡지만이 아니다. 책, 영양 보조 식품, 저칼로리 식품, 값비싼 체중 감소 프로그램도 있다. 이런 상품의 효과를 선전하기 위해 흔히 "사용 전후 비교 사진"을 제시한다. 아무개 다이어트 프로그램으로 날씬해졌다는 체험담도 나온다. 비만을 극복한 사람들의 사진은 감탄을 자아낸다.

요컨대 대다수 사람이 날씬한 몸매를 유지하거나 되찾기를 간절히 바라는데도, 다이어트 제안과 살빼기 프로그램이 도처에 넘쳐나는데도, 저칼로리 식품에 들이는 돈이 어마어마한데도, 우리는 점점 더 뚱뚱해지고 있다. 도대체 누가 이 모든 체중 감소 노력을 망쳐놓는 것일까?

성공으로 이어지는 경우가 드문데도 성행하는 살빼기 노력이 과연 유의미한가라는 질문은 제쳐두더라도 매우 우려할 만한 측면이 또 하나 있다. 이 문제는 과학뿐 아니라 여론에서도 이제껏 거의 다루지 않았다. 혹시 저칼로리 다이어트가 위험하지 않을까? 저칼로리 다이어트는 우리의 내부 장기, 근골격계, 뇌에 어떤—어쩌면 돌이킬 수 없는—영향을 미칠까? 다이어트 도중 인체에서 일어나는 일을 면밀히 살펴보면, 어디에 위험이 도사리고 있고 어떤 악영향이 발생할 수 있는지 명확하게 알 수 있다.

다이어트의 출발점은 "이젠 안 되겠어. 살을 뺄 테야"라는 결심이다. 이를테면 구체적으로 5킬로그램 감량을 목표로 세운다. 그 정도면 허리둘레 때문에 못 입게 된 옷을 다시 입기에 충분할뿐더러 현실적으로도 달성 가능해 보인다. 아마도 오랫동안 품어왔을 체중 감소에 대한 소망이 몸으로 들어오는 칼로리를 줄이겠다는 의지의 작용으로 표현되는 것이리라. 이 결심은 대뇌에서 내려진다. 그에 걸맞은 명령이 앞이마엽 피질과 편도체에서 시상하부로 전달된다. 이런 명령은 시상하부에서 뇌-당김을 북돋우고 몸-당김을 억누른다. 그러나 스트레스 시스템은 항상 휴지 상태로 복귀하고자 하므로 대뇌가 내린 결심의 귀결에 반발한다. 그리하여 뇌는 들끓는 갈등의 장이 된다.

    우리의 뇌는 위기 상황을 항상 일종의 각성 명령으로 받아들인다. 모든 것이 평소대로 진행되면, 뇌는 보수적인 태도를 취해 익숙한 문제에 검증된 해법을 적용한다. 그러나 특히 위기가 닥치면 뇌는 창의성을 발휘한다. 통상적인 대처로 목표를 이룰 수 없을 때, 뇌는 한층 더 열심히 새로운 전략을 모색한다. 에너지 공급을 담당하는 뇌 구역들 입장에서 보면, 다이어트는 의심할 바 없이 위기다. 그것도 아주 심각하게 받아들여야 할 위기다. 이 에너지 부족을 타개하는 임무를 맡은 위기 대응 본부가 우리의 뇌에 있다고 가정해보자. 우선 시급한 것은 뇌-당김을 가동하는 것이다. 그러지 않으면 뇌로의 에너지 공급이 부족해질 테니 말이다. 뇌-당김을 가동한다는 것은 교감신경계의 활동이 강화되고 아드레날린 분비가 증가해 몸의 저장소에서 끌어내는 에너지가 한층 많아진다는 뜻이다. 이런 식으로 일단 다이어트 목표인 체중 감소 효과가 나타난다. 그러나 뇌-당김은 마치 회전수가 최고 수준까지 올라간 엔진처럼 큰 부하를 받는다. 이 위기에서 뇌-당김은 출력을 최고 한계까지 높여야만 저장소에서 더 많은 에너지를 끌어내 뇌에 공급할 수 있다. 따라서 뇌는 가능한 한 더 적은 비용으로 에너지를 공급받기 위해 새로운 전략을 모색한다. 스트레스 호르몬인 아드레날린은 뇌로의 에너지 공급이 위태롭다는 신호를 지속적으로 보내고, 그러는 동안 외부 자극에 대한 지각이 예민해진다. 혹시 덜 힘든 살빼기 방법이 없을까? 이 상태에서 뇌는 대안적인 다이어트법이나 추가 조언을 적극적으로 수용하지만, 그것들이 체내의 에너지 부족 문제를 해결할 수 없음을 금세 깨닫는다. 다른 한편, 이런 상황이 진행되는 내내 뇌의 위기 대응 본부는 스트레스 시스템을 휴지 상태로 복귀시키기 위해 헛되이 애쓴다. 이런 노력은 또 다른 스트레스 호르몬인 코르티솔을 통해 이루어진다. 앞서 언급한 말론의 낙하산 강하 사례를 돌이켜보자. 흥분을 자아내는 강하를 한 후에 코르티솔의 임무는 그 젊은이의 스트레스 시스템을 휴지 상태로 되돌리는 것이었다. 그러나 다이어트 중에는 코르티솔의 제동 기능이 한계에 봉착한다. 이런 상황에서는 코르티솔이 부하 문제를 해결하지 못한다. 왜냐하면 다이어트가 체내 물질대사의 균형을 상당한 규모로 깨뜨리기 때문이다.

그 균형을 직관적으로 보여주는 개념은 "중립 체중^{Neutralgewicht}"이다. 중립 체중은 뇌가 에너지를 최적으로 공급받고 있으며 뇌-당김이 휴지 상태임을 알려준다. 따라서 중립 체중은 체내의 안정과 평형을 판단하는 열쇠가 된다. 인체가 중립 체중에 도달한다는 것은 에너지와 감정의 항상성에 도달한다는 뜻이다. 중립 체중은 개인마다 다르며 나이에 따라서도 달라진다. 키와 성별에 따라 말끔하게 표로 정리되어 있는 정상 체중 혹은 이상적인 체중과 중립 체중을 혼동하지 말아야 한다. 중립 체중을 유지하는 사람은 미적인 관점에서 볼 때 과체중이나 저체중일 수도 있다. 요컨대 중립 체중인 사람은 약간 뚱뚱하거나 말랐을 수도 있지만 스스로 느끼기에 상태가 그리 나쁘지는 않다. 왜냐하면 그의 뇌 물질대사는 스트레스를 받거나 위기에 처해 있지 않기 때문이다.

중립 체중을 어떤 식으로든 흔들면 뇌 물질대사가 압박을 받는다. 샌프란시스코 대학의 연구팀이 2010년에 발표한 한 연구에서 과학자들은 체질량지수 25인 여성들이 저칼로리 다이어트를 하면서 겪는 변화를 추적했다. 체질량지수가 25면 심한 과체중이 전혀 아니다. 피실험자들은 단지 1킬로그램 남짓을 빼고 싶을 뿐이다. 요컨대 처음에 그들의 몸매는 딱 평균 수준이었다. 구체적인 다이어트 방법은 열량 공급을 2400칼로리에서 1200칼로리로 확 줄이는 것이었다. 그렇게 해놓고 피실험자들의 혈액을 검사해보니 코르티솔 수치가 지속적으로 대폭 상승한 것이 확인되었다. 이는 체내 에너지 갈등이 만성화했음을 의미한다. 뇌-당김이 스트레스 신호를 꾸준히 반복해서 보내고 있는 것이다. 물론 목표는 뇌로의 에너지 공급을 원활하게 하는 것인데, 다이어트 때문에 목표 달성이 불가능하다. 이 명령 사슬을 끊기 위해 점점 더 많은 코르티솔이 분비된다. 그러나 스트레스 시스템은 휴지 상태로 복귀할 수 없다. 왜냐하면 부족한 에너지가 보충되지 않기 때문이다.

그리하여 원래는 스트레스 완화를 위한 대처였던 것이 무조건적 억제 전략으로 바뀐다. 이제 인체는 지속적으로 코르티솔의 영향을 받는다. 이런 상태를 언급할 때 우리는 대충 "스트레스를 받는다"고 말하지만, 스트레스 연구자 브루스 매큐언은 더 정확하게 "역동 항상성 부하 allostatic load"를 받는다고 말한다. 역동 항상성 부하란 장기적인 스트레스가 인체에 미치는 효과를 뜻한다. 코르티솔 수치의 지속적인 상승은 여러 심각한 해악을 가져온다. 예컨대 골격에 해를 끼친다. 어떤 연구에서 피실험자들은 저칼로리 다이어트를 12개월 동안 실시했는데, 그 결과 그들의 척추·엉덩이·넓적다리의 뼈 조직이 뚜렷이 감소했다. 하지만 코르티솔이 체내에서 일으키는 효과는 그보다 훨씬 더 광범위하다. 코르티솔 수치가 장기적으로 높게 유지되면 피부의 콜라겐과 근육도 감소한다. 게다가 피하지방이 이동해 복부지방으로 변환된다. 다른 부위는 날씬한데 배만 불룩한 남자를 두고 보통 "술 배"가 나왔다고들 하는데, 그것은 실은 혈액 속에 코르티솔이 너무 많아서 나온 '스트레스 배'일 경우가 잦다.

요컨대 체내에 코르티솔이 넘쳐난다면, 그보다 먼저 무언가 심각한 일이 일어난 것이 분명하다. 무언가가 우리의 스트레스 시스템을 뒤죽박죽으로 만든 것이다. 스트레스의학은 이런 역동 항상성 부하를 가져올 수 있는 상황을 상세히 연구했다. 아래는 그런 상황의 사례이다.

- 고립과 이별
- 일자리나 사회적 지위 상실, 혹은 상실에 대한 두려움
- 직장에서 부담이 큰 업무
- 직장에서 미미한 자신의 영향력

스트레스의학에 따르면, 실존을 위협하거나 내면을 깊숙이 찌르는 이런 극단적인 상황은 체내 코르티솔 수치를 오랫동안 높여놓는 전형적인 원인이다. 위에서 열거한 상황을 살펴보면, 통제력 상실과 불가피성이라는 공통점이 눈에 띈다. 당사자들이 타개하기가 거의 또는 전혀 불가능한 상황인 것이다. 이런 상황에서 스트레스 시스템을 휴지 상태로 복귀시키는 것이 아주 어려운 이유는 바로 여기에 있다.

방금 제시한 데이터와 사실을 근거로 브루스 매큐언과 나는 얼마 전 역동 항상성 부하를 유발하는 요인 목록에 저칼로리 다이어트를 집어넣기로 합의했다. 왜냐하면 에너지 부족에 시달리는 뇌는 굶주림과 살빼기 노력을 구분하지 못하기 때문이다. 뇌는 이 두 가지 위기에 똑같이 반응한다. 스트레스 시스템의 고출력 작동은 뇌로 에너지를 보내라는 침묵의 외침이다. 다만, 싸움의 결말이 다르다. 치열한 전쟁터에서 참호 속에 웅크린 병사는 영양을 섭취하라는 스트레스 시스템의 외침을 듣지 못한다. 반면 다이어트 중인 사람 곁에는 "영양 섭취"라는 선택지가 거의 항상 있다. 쉽게 말해보자. 다이어트를 하는 사람은 자신의 뇌와 몸을 일시적으로 순응시켜 체중 감량 목표를 이룰 수 있다. 그러나 이는 일반적으로 일종의 과도기적 현상일 뿐이다. 진화 역사에서 인체는 진짜로 먹을거리가 없어서 그런 영양 부족 상태를 겪었다. 반면 다이어트 중에는 영양 부족 상태가 다만 인위적으로 유발된다. 사실, 먹을거리는 널려 있다. 사러 가기만 하면 된다. 따라서 거의 모든 사람은 조만간 스트레스 시스템의 끊임없는 에너지 요구에 굴복해 다시금 많이 먹기 시작한다. 다이어트는 실패하고, 순식간에 "요요 현상"이 일어나 몸무게는 매번 중립 체중으로 돌아온다.

이제 왜 그리고 어떻게 다이어트는 실패로 돌아가는가라는 질문에 답할 준비가 되었다. 살빼기 노력으로 스트레스를 받는 기간이 길면 길수록 코르티솔이 인체에 일으키는 피해는 더 많이 쌓인다. 뇌는 점점 더 음식 찾기에 몰두하고 다른 일은 거의 하지 못한다. 캐나다 퀘벡에서 수행한 최신 연구에 따르면, 다이어트 실시자들은 특정 시점부터 오로지 음식만 생각하다시피 한다. 그들에게 그 한 가지 생각을("이만 하면 할 만큼 했으니까 이제 좀 먹으렴!") 한없이 다양한 형태로 강요하는 것은 에너지 부족에 처한 뇌이다. "의지와 코르티솔"의 대결은 절정으로 치닫는다. 이때 의지는 홀몸이다. 의지는 체내에 새로운 균형을 형성하게끔 만들 수도 없고 중립 체중을 재설정할 수도 없다. 다만 코르티솔의 작용을 억누르려고 애쓸 수 있을 뿐인데, 성공할 가능성은 희박하다. 코르티솔의 지속적인 힘이 의지를 야금야금 허물어뜨리고 나면, 악명 높은 극심한 허기가 발작적으로 닥치기 때문이다. 결과적으로 우리는 일반적인 다이어트 혹은 저칼로리 식단을 포기하게끔 된다. 중립 체중을 회복하려 애쓰는 뇌가 승리하는 것이다. 그리고 이는 좋은 일이다. 이제 마침내 뇌는 애쓰지 않아도 에너지를 얻고 스트레스 시스템은 다시 쉴 수 있으니 말이다. 세포 물질대사 항상성과 감정 항상성(스트레스 시스템 항상성)이 복구된 것이다! 살빼기 의지는 항상성에 맞서기에는 미약한 존재다. 어떤 이들은 다이어트 실패를 인격적인 패배로 느끼지만 말이다.

그렇다면 더 강한 의지를 발휘하는 사람은 어떻게 그럴 수 있을까? 여러 달, 심지어 몇 년 동안 다이어트를 하는 사람은?

브리타 슈타인은 키 174센티미터에 몸무게 72킬로그램이다. 현재 40세인 그녀는 5년 전부터 음식 섭취를 의식적으로 줄임으로써 체중을 유지하려고 애써왔다. 사람들이 물으면 브리타는 이런 식으로 대답한다. "항상 조심해야 해요. 그러지 않으면 살이 찌니까요." 몸무게가 조금이라도 늘면 원하는 몸무게를 되찾을 때까지 어김없이 음식 섭취를 줄이거나 회피하려 애쓴다. 심리학에서는 브리타 같은 사람을 "식사 제한자restrained eater"라고 한다. 식사 제한자는 끼니를 걸러서라도 체중 증가를 막지 않으면 못 견디는 사람이다. 그들은 습관적으로 음식 섭취를 포기함으로써 자신의 스트레스 시스템과 뇌-당김을 가동한다. 만일 브리타 슈타인이 살빼기 노력을 그만둔다면, 체중은 물론 증가할 것이다. 하지만 뇌-당김이 다시 정상화될 때까지만 증가한다. 요컨대 브리타의 키를 감안할 때 아마도 80킬로그램 정도까지 증가할 것이다. 뇌-당김이 휴지 상태에 도달하고 나면 몸무게는 더 이상 늘지 않는다. 그렇게 브리타 슈타인은 중립 체중을 되찾는다. 그런데 브리타는 바로 이것을 원하지 않는다.

식사 제한자들은 사람이 자신의 중립 체중을 항상 다시, 또는 장기간 벗어나는 게 얼마든지 가능하다는 것을 보여준다. 하지만 그런 벗어남과 결부된 역동 항상성 부하는 대가를 요구한다. 식사 제한자들은 몇 달이나 몇 년 동안 높은 코르티솔 수치를 유지하기도 하는데, 그럴 경우 몸의 노화가 가속화한다. 코르티솔은 예컨대 심하게 살을 빼는 사람의 피부 조직을 공격해 외모를 실제보다 더 늙어 보이게 만든다. 하지만 이것 못지않게 중요한 문제가 있다. 항상 체중과 싸우는 사람에게서 장기적인 역동 항상성 부하는 감정과 기분에 어떤 영향을 미칠까?

살빼기를 하면 우울증이 생길까

카롤리네와 스벤 그리고 이들의 쌍둥이 딸인 마리아와 레베카는 가정생활에 정성을 다한다. 직업적 또는 가정적으로 경제 사정 때문에 위기가 닥치거나 다른 이유로 스트레스가 심한 기간에도 부모는 서로뿐 아니라 딸들과의 관계에서도 애써 인내와 친절과 존중을 실천한다. 스벤은 문제가 생기면 가능한 한 빨리 털어놓기를 바란다. 반면 카롤리네는 갈등을 공개적으로 다루는 것을 어려워한다. 이를테면 갈등이 가정의 화목을 위협할 수 있다는 두려움 때문에 다툼을 회피한다. 두 사람 모두 자식을 지극히 사랑할뿐더러 인생의 동반자로서 서로에 대한 관심을 잃지 않으려고 노력한다. 그러나 때때로 카롤리네는 가정 및 동반자 관계와 직업(그녀는 변호사 사무실에서 파트타임으로 일한다)에서 비롯된 이중 삼중의 부담이 자신을 고갈시키는 것을 느낀다. 하지만 가정의 일상적 행복이 자신의 고생을 충분히 보상한다고 여긴다.

그러나 몇 주 전부터 이 가정이 눈에 띄게 흔들리고 있다. 약하지만 분명하게 느껴지는 이 지진의 진앙은 다시 날씬해지고 싶다는 카롤리네의 바람이다. 지난 몇 년 동안 몸무게가 7킬로그램 늘어났다. 이제 그녀는 과거의 몸무게로 돌아가고 싶다. 그래서 어느 영양 섭취 전문가가 이끄는 다이어트 모임에 가입했다. 카롤리네는 전문가가 짜준 칼로리 감축 계획을 실천해본다. 그러자 정말로 효과가 있다. 벌써 5킬로그램이나 감량했다. 하지만 미처 생각하지 못한 부작용이 있다. 늘 대단히 공정하고 참을성 있는 어머니로 자부해온 그녀이건만 지금은 사소한 일에도 화를 낸다. 남편도 짜증이 난다. 아내가 살빼기를 시작한 이후, 부부의 성생활은 방치된 상태다. 카롤리네는 자기 자신에게도 낯선 존재가 되었다. 끊임없이 마르지판 케이크를 생각한다. 아침에 일어나기가 어렵다. 자신이 둔감하고 지쳤고 슬프다고 느낀다.

카롤리네는 자신의 기분이 동요하는 것을 힘든 다이어트 때문이라고 판단한다. 자기 몸에 에너지가 부족하다고 생각한다. 그러나 물질대사 생리학의 관점에서 보면, 카롤리네의 체내에는 충분한 에너지가 있다. 카롤리네의 지방 조직, 간, 근육에 저장된 에너지를 활용한다면 전과 다름없이 즐겁고 적극적이고 육감적이고 활동적으로 살 수 있을 것이다. 카롤리네가 모르는 것이 있다. 그것은 자신의 뇌-당김에 경쟁력이 부족하다는 사실이다. 지난 몇 년 동안 카롤리네의 뇌는 주로 몸-당김에 의지해, 즉 더 많이 먹음으로써 에너지를 확보했다. 왜냐하면 훨씬 먼저 스트레스 시스템이 자신의 휴지 상태를 재설정했기 때문이다. 몸무게가 7킬로그램 증가한 것은 이 재설정의 결과다. 카롤리네가 거북한 과체중으로 느끼는 것은 사실 자신의 새로운 중립 체중이다.

하지만 체중의 변화는 아마 거기에서 끝나지 않을 것이다. 왜냐하면 앞으로 뇌-당김이 약해질 때마다 카롤리네의 중립 체중은 점점 더 높게 설정될 것이고, 따라서 더 많이 뚱뚱해질 것이기 때문이다.

카롤리네는 다이어트를 이를테면 자신과 자기 몸이 맺은 조약으로 여긴다. 조약의 취지는 이러하다. "우리는 날씬해지고, 그 결과 양자 모두 이득을 얻을 것이다." 하지만 실제로 카롤리네는 조약을 맺기는커녕 일종의 전쟁을 치르는 중이다. 전쟁 상대는 카롤리네가 전혀 염두에 두지 않았던 자기 자신의 뇌다. 카롤리네는 난감하다. 한편으로는 날씬해지기 위해 식사량을 줄이겠다는 의지력을 뇌에서 짜낸다. 목표도 분명하고 길도 명확하다. 다른 한편, 카롤리네의 뇌는 식사 제한에 예민하게 반응할뿐더러 본격적으로 반격에 나서 성마른 행동, 언짢은 기분, 성욕 상실을 일으킨다. 카롤리네에게 다이어트를 권한 전문가는 살을 빼면 긍정적인 감정이 생긴다고 장담하지 않았던가? 발작적인 식욕에 대해서는 이야기해준 적이 있었다. 그 밖에는 엔도르핀이 일으키는 만족감, 몸이 더 좋아졌다는 느낌만 강조했다. 하지만 그런 긍정적인 감정은 좀처럼 찾아오지 않는다.

저칼로리 다이어트가 일으키는 기분의 변화에 대해서는 놀랍게도 과학적 연구가 거의 이루어지지 않았다. 그렇다면 카롤리네가 만난 영양 섭취 전문가는 무슨 근거로 살을 빼면 행복감이 든다고 말한 것일까? 자신의 다이어트 모임에서 경험한 것에 근거한 말일 수도 있다. 실제로 다이어트 중인 피실험자가 그런 긍정적인 감정을 가질 수 있다는 것을 보여주는 연구가 몇 건 있다. 그러나 더 자세히 들여다보면 알 수 있듯 그 연구들은 엄밀한 과학적 조건을 갖추지 못했다. 임상 연구에서 일반화된 대조군이 없기 때문이다. 동일한 검사를 받고 동일한 부수 활동(예컨대 긴장 푸는 법 배우기, 심리학을 공부한 치료사와 대화하기)을 하면서 저 칼로리 다이어트를 하지 않는 피실험자들로 대조군을 꾸릴 수 있을 것이다. 이런 대조군이 없으면, 다이어트를 하는 피실험자들의 행복감이 "멘토 효과"에서 비롯된 것일 가능성을 배제할 수 없다. 즉, 카리스마를 가진 연구 지휘자가 피실험자들에게 긍정적인 영향을 미칠 수 있다는 얘기다. 그럴 경우, 행복감을 일으키는 요인은 살빼기 자체가 아니라 집중적인 관심과 격려일 것이다.

요컨대 다이어트를 하면 행복감을 느낀다는 주장에 대한 의심은 정당하다. 그 근거로 여러 가지를 이야기할 수 있겠지만, 정반대 결과를 보여주는 캐나다 과학자들의 연구 한 건을 그리 사소하지 않은 근거로 댈 수 있다. 퀘벡 소재 라발 대학교의 비만 연구자 안젤로 트렘블리^{Angelo} $_{Tremblay}$는 고도 비만(체질량지수 30~40) 남성들로 하여금 11킬로그램 감량을 목표로 엄격한 다이어트를 하도록 했다. 그러면서 그들을 관찰한 결과, 다이어트를 진행함에 따라 그들의 기분이 극적으로 악화되는 것을 확인했다. 다이어트가 막바지에 이르자 피실험자들의 생각은 오로지 음식 주위를 맴돌았고, 우울증 증상이 더 많이 나타났다. 트렘블리의 관찰 결과는 칼로리 제한의 심리적 효과에 대한 새로운 통찰을 제공한다. 알다시피 코르티솔 수치 상승은 스트레스 시스템이 (경우에 따라서는 과도하게) 가동되고 있음을 보여주는 명백한 증거다. 그리고 영향 섭취 제한은 지속적인 코르티솔 수치 상승을 가져올 수 있다. 이 대목에서 하나 더 지적해야 할 것은 높은 코르티솔 수치가 정신의학에서도 중요한 구실을 한다는 점이다. 높은 코르티솔 수치는 부정적인 생각, 언짢은 기분, 불안, 불면과 더불어 전형적인 우울증의 핵심 특징이다. 그러므로 체중 감소가 우울증의 주요 증상이라는 것은 놀라운 일이 아니다.

다이어트와 우울증 사이의 연관성은 아직 정확히 밝혀지지 않았지만, 칼로리 감축이 뇌 물질대사에 어마어마한 부담을 주고 따라서 사람의 심리 상태에도 심각한 악영향을 미칠 수 있다는 점이 갈수록 더 분명해지고 있다. 뇌는 영양 부족을 위협으로 판단한다. 의도가 아무리 좋고 의지력이 아무리 강해도, 뇌의 판단을 바꿀 수는 없다. 위협을 당하거나 위협을 당한다고 느끼는 사람은 대개 행동이 달라진다. 더 불안해지고, 더 소심해지고, 더 공격적이 된다. 자신이 에너지 부족의 위협에 직면했다고 판단하는 뇌도 마찬가지다. 다이어트가—적어도 일시적으로—심지어 "성격 변화"까지 일으킬 수 있는 이유는 여기에 있다. 당사자 자신에게도 낯선 이런 변화는 뇌가 살빼기 욕구에 맞서 동원하는 강력한 압박 수단이다. 뇌는 대략 이런 취지의 협상안을 제시한다. "나에게 다시 많은 음식을 줘. 그러면 너한테 평소의 자아를 돌려줄게."

수술로 날씬해진다?

그러나 이 협상안을 받아들였다가 나중에 쉽게 무를 수 없다면 어떤 일이 벌어질까? 당뇨병외과의학은 고도 비만 환자들에게 다이어트의 대안을 제공한다. 그것은 소화관의 크기를 줄이는 수술이다. 방법은 다양한데, 그중 하나가 위우회술$^{\text{gastric bypass}}$이다. 이 수술은 위의 일부와 십이지장(작은창자의 맨 앞부분)을 사실상 퇴역시킨다. 요컨대 위의 앞부분과 작은창자를 곧장 연결하는 수술이다. 이렇게 소화관의 길이를 줄이면, 한편으로는 섭취 가능한 음식량이 줄어들고(인위적으로 병목을 만드는 셈이므로), 다른 한편으로는 창자에서 혈류로 들어가는 에너지가 줄어든다 (제 기능을 하는 창자의 길이를 줄이므로). 따라서 환자는 에너지를 제한된 양만 흡수할 수 있고 결과적으로 체중이 감소한다. 비만의 심리적 고통이 크면 클수록 이 수술은 더 매력적으로 느껴진다. 하지만 위우회술은 수술 일반에 수반되는 위험 외에 또 하나의 위험을 품고 있다. 이 수술의 결과는 거의 되돌릴 수 없다. 수술 결과가 환자의 기대에 부합하지 않아도 대책이 없다시피 하다. 뇌는 칼로리 공급 감소에 능숙하게 대처하지 못하는데, 그 이유는 이제 영양 섭취를 통해 스트레스 시스템을 휴지 상태로 만드는 것이 불가능해졌기 때문이다.

    뇌로의 에너지 공급 사슬을 고려하면, 타의나 자의에 의한 다이어트를 통해서 또는 위밴드술gastric banding이나 위우회술을 통해서 에너지 공급을 제한할 경우 뇌 물질대사에 부담이 간다는 것을 명확히 알 수 있다. 뇌의 에너지 충만 수준이 떨어질 위험에 처하고, 이미 경쟁력이 부족한 뇌-당김에 부하가 가중된다. 당뇨병 환자가 받는 역동 항상성 부하는 그러지 않아도 정상인이 받는 것보다 한층 큰데, 에너지 공급이 제한되면 그 부하가 몇 배로 커진다. 이제 스트레스 시스템은 과거보다 더 멀리 휴지 상태를 벗어난다. 최근 이탈리아 연구팀이 입증했듯 그런 외과 수술을 받은 직후에 환자의 코르티솔 수치는 엄청나게 상승한다. 이제 뇌에게 남은 선택지는 절약 모드로 전환하는 것뿐이다. 이것이 무슨 의미인지 우리는 알고 있다. 쉽게 말해서 집중력, 정보 처리 능력, 운동 욕구 등을 담당하는 시스템이 차례로 꺼진다. 뇌로의 에너지 공급 부족 결과, 사고를 당하거나 우울증에 걸릴 위험이 높아질 수도 있지 않을까? 일반인에게 뇌의 비상 대책이 "더 많이 먹기"라면, 위우회술을 받은 환자는 뇌로 충분한 에너지를 공급하기 위해 다른 대책을 강구해야 한다. 그런데 대안적인 공급 전략이 없다면 어떻게 될까? 어떻게라도 손을 써볼 길이 있을까? 위우회술을 받은 환자는 다이어트를 하는 사람과 달리 과거의 영양 공급 상태를 회복할 수 없다. 바로 이것이 큰 문제다. 위우회술 환자에게서는 더 많은 영양 섭취가 자동으로 뇌로의 에너지 공급 증가를 가져오지 않는다. 공급 경로가 제한되었으므로 뇌는 마치 포위당한 도시 같은 처지에 놓인다. 시민들은 저장해두었던 에너지를 다 쓰고 외부에서 들어오는 소량의 에너지로 버틴다.

피츠버그의 역학자疫學者, epidemiologist들은 이런 에너지 공급 제한이 사망률에 얼마나 큰 영향을 미치는지 연구했다. 펜실베이니아 주 전역에서 수집한 환자 데이터를 과학적으로 분석해보니, 일부에서 제기한 경고성 의혹의 타당성이 드러났다. 위우회술을 받은 환자는 자살이나 사고로 사망한 경우가 유난히 많았다. 그런 환자의 자살률은 평균보다 최대 9배까지 높았다. 미국 유타 주에서 수행한 또 다른 연구에서도 위우회술을 받은 환자군의 자살률이 더 높다는 결과가 나왔다. 물론 그런 수술이 정말로 자살 위험을 높인다는 과학적 증명은 아직 이루어지지 않았다. 그러나 위에서 언급한 두 연구는 진지한 의혹을 품게끔 만든다. 사실 관계가 이처럼 불분명하다는 점은 그런 수술법이 안고 있는 특별한 문제다. 약품은 시험 과정을 거쳐야만 사용 허가를 받지만, 수술법에는 그에 견줄 만한 절차가 없다. (약품 사용 허가를 받으려면 아주 높은 수준의 연구를 반드시 거쳐야 한다.) 그럼에도 당뇨병외과의학 옹호자들은 긍정적인 결과를 제시한다. 하지만 그러면서 최고의 과학적 기준을 갖추지 못한 연구를 근거로 내세운다. 다이어트 연구에서 "멘토 효과"를 배제할 수 없는 것과 마찬가지로, 수술 이외의 부수적인 조치(위우회술 환자는 수술 전후에 항상 정신과 의사의 검진과 돌봄을 받는다)가 적어도 연구 기간 동안 긍정적인 효과를 일으킬 가능성을 배제할 수 없다. 그러므로 제대로 된 연구가 시급히 필요하다. 보건 당국이 새로운 수술법의 효과를 입증하는 양질의 임상 연구를 요구하는 일도 드물고, 심각한 부작용과 관련한 무해성 입증 사례도 드물다는 것은 이론의 여지가 없다. 이것이 독일을 비롯한 모든 산업국이 따르는 허가 관행이다. 새로운 약을 처방받은 환자는 그것이 가능한 여러 위험을 제거하고 제한하는 과정을 거쳐 허가받은 약임을 안심하고 믿어도 되지만, 위우회술 같은 수술을 앞둔 환자는 혼자서 위험을 감수해야 한다. 결국 대부분의 경우 환자가 의지할 것이라곤 담당 의사의 견해뿐이다. 이런 상황에서 환자가 수술이 가져올 모든 결과를 두루 살피면서 수술 여부를 결정하는 것은 불가능에 가깝다.

실험실에서 탄생한 기적의 약

어떻게 하면 뇌 물질대사에 부담을 주지 않으면서 체중을 지속 가능하게 줄일 수 있을까? 이 순환 과정을 깨는 화학 물질, 이를테면 뇌가 체중 감소에 저항하지 않게끔 만드는 약물을 사용하면 어떨까? 제약업계 입장에서 그런 약물을 손에 넣는다는 것은 화폐 발행권을 얻는 것과 마찬가지다. 따라서 거대 제약 회사들의 연구소에서 그런 물질을 찾아내기 위한 연구가 활발히 진행되고 있다. 드디어 발견했다고 믿은 적도 벌써 몇 번 있다. 흥미롭게도 전망이 가장 밝은 살빼기 약들은 신경과학 연구 프로젝트에서 우연히 발견되었다. 그것들은 원래 병든 뇌를 다스리기 위한 약, 이른바 향정신약psychotropic drug이었다.

"리모나반트Rimonabant"는 원래 금연을 위해 개발한 향정신약이다. 임상 연구 과정에서 연구자들은 이 약을 사용하는 환자의 체중이 감소하는 것을 발견했다. 분석 결과, 리모나반트가 뇌-당김의 과잉 활동을 뒷받침한다는 것이 밝혀졌다. 이 약이 효과를 발휘하면 뇌-당김은 몸의 저장소에서 더 많은 에너지를 끌어당길 수 있고 따라서 몸-당김을 억누를 수 있다. 이런 효과 때문에 리모나반트는 오랫동안 추구해온 살빼기 약의 강력한 후보로 부상했고, 마침내 사용 허가를 받았다.

그러나 우리가 살펴보았듯 뇌와 몸이 에너지 공급을 조절하는 과정은 복잡하다. 또한 모든 개입은 여러 가지 결과를 가져온다. 이것을 좀 더 자세히 살펴보자. 스트레스 시스템은 항상 다시 휴지 상태로 복귀하려 한다. 단기적으로는 이 복귀를 실현할 호르몬이 코르티솔밖에 없다.

하지만 복귀 메커니즘이 하나 더 있다. 이 두 번째 메커니즘에서 코르티솔은 짝꿍의 도움을 받고, 스트레스 시스템이 장기적으로 재설정된다. 그리고 이런 재설정이 특히 만성 스트레스와 계속 반복되는 스트레스를 완화하는 효과를 가져온다. 이 과정에서 코르티솔과 함께 결정적 역할을 하는 짝꿍은 이른바 "엔도카나비노이드(endocannabinoid: 몸에서 자연적으로 생산되며 대마초와 유사한 기능을 하는 신경 전달 물질의 총칭)"이다. 이 신경 전달 물질은 강한 진정 및 이완 작용을 한다. 바로 이 대목에서 리모나반트가 개입한다. 이 약은 스트레스 시스템, 그러니까 뇌-당김의 장기적인 재설정 기능을 봉쇄함으로써 뇌 당김이 지속적인 스트레스나 반복되는 급성 스트레스에 적응해 안정을 되찾는 것을 막는다. 따라서 스트레스 시스템과 뇌-당김은 꾸준히 과잉 활동을 유지한다. 요컨대 리모나반트는 뇌로 하여금 지속적으로 많은 에너지를 몸에게 요구하게끔 한다. 이 약을 사용한 환자들은 날씬해졌지만 밤이나 낮이나 "들뜬 상태"를 유지했다. 수면 장애는 바라지 않은 부작용 가운데 가장 사소한 것이었다. 더 심각한 것도 있었다. 리모나반트를 사용하는 환자는 감정이 결부된 기억을 잊거나 멀리 밀어낼 수 없었다. 특히 문제가 되는 것은 스트레스와 불안을 동반한 체험을 처리할 수 없게 되었다는 것이다. 건강한 정신은 그런 체험을 처리하고 분류하고 묻어둔 채 다시 평정 상태로 복귀할 수 있다. 그러나 리모나반트를 사용하면, 스트레스 반응과 불안이 엄청난 심리적 고통을 유발한다. 우울증부터 자살까지의 부작용 사례가 누적되자 결국 리모나반트는 시장에서 철수했다.

"토피라메이트^{topiramate}"라는 또 다른 향정신약도 처음엔 당뇨병 연구자들을 열광시켰다. 이 약은 원래 뇌전증(간질) 치료제로 개발되었고 지금도 그 용도로 쓰인다. 연구자들은 토피라메이트를 투여한 환자들의 체중이 줄어드는 것을 발견하고는 이 부작용을 비만 치료의 새로운 전략이라고 선언했다. 뇌전증 치료제 토피라메이트의 살빼기 효능이 입증되었다는 것이다. 하지만 이 경우에도 환자가 바라는 살빼기 효과와 무관한 문제들이 발생했다. 토피라메이트는 뇌의 에너지 사용을 대폭 줄이므로 심각한 인지 장애를 일으킬 수 있다. 인지란 정보를 수용하고 알아채고 처리하는 뇌의 능력을 말한다. 임상 실험에 참여한 환자들은 인지 능력과 기억력이 극적으로 낮아졌다. 게다가 잠이 많아지고 집중력이 떨어졌다. 심지어 성격마저 과거와 달라졌다. 2008년 1월, 미국 식품의약국^{FDA}은 경보를 발령했다. 미국에서 가장 중요한 의약품 허가 당국인 기관에서 특히 토피라메이트 치료가 자살 충동을 일으킬 위험이 있다고 경고한 것이다. 토피라메이트는 애초 살빼기 약으로 허가를 받지 못했다. 오늘날 밝혀진 바로는 토피라메이트 치료를 받는 환자는 우울증에 걸릴 위험이 3배나 높다. 이 약을 살빼기 용도로 허가받기 위한 두 번째 시도가 2010년에 있었지만 역시 불허 결정이 내려졌다.

살빼기를 누워서 떡 먹기로 만들어주는 기적의 약이 과연 있을 수 있을까? 방금 언급한 사례는 제약업계의 실패를 명백하게 예증한다. 더구나 처음엔 많은 희망을 품게 했지만 결국 실망을 안겨준 약들의 목록은 이보다 훨씬 더 길다. 실망스러운 것은 약만이 아니다. 무릇 살빼기 프로그램은—다이어트, 수술, 약물 요법을 통틀어서—인체의 복잡한 자기 조절 기능을 무시하기 때문에 득보다 해가 많은 "치료"에 속한다. 그런 개입은 뇌에게 새로운 문제를 안겨줄 뿐이다. 과도한 업무에 시달리는 뇌는 많이 먹기, 단것 먹기, 정신 바짝 차리기, 몸 쉬게 하기, 새로운 에너지 공급 전략 추구하기 등의 행동 방식을 대안으로 채택함으로써 자신을 우울증으로부터 보호한다. 그런데도 뇌에게서 이렇게 행동할 가능성을 앗아간다면, 우리는 반드시 더 큰 위기에 봉착할 수밖에 없다.

앞서 언급했던 단테와 중세를 다시 생각해보자. 중세에 과체중은 무절제한 음식 섭취와 동일시되어 죽을죄로 통했고, 뚱뚱한 사람은 "쾌락주의자"로, 즉 순전히 쾌락만을 추구하는 사람으로 낙인찍혔다. 이처럼 과체중을 죄악으로 여기는 전통은 오늘날에도 날씬한 몸매가 이상적이라는 견해의 독재부터 과체중자를 조롱하는 행태까지 다양한 모습으로 살아 있다. 이것만으로도 충분히 심각한데, 더욱 우려스러운 것은 그 유서 깊은 전통이 요즘 들어 최신 신경생물학의 외투를 걸치고 나타난다는 점이다. 1990년대에 렙틴을 발견한 이후, 영양 섭취에 대한 진 메이어의 이론적인 기본 발상, 즉 영양 섭취는 신체의 에너지 충만 상태에 의해 "항상성" 원리에 맞게 조절된다는 생각을 확보된 실험 데이터로 만족스럽게 설명할 수 없다는 것이 점점 더 명백해졌다. 그러자 임박한 설명의 위기를 싹부터 잘라내기 위해 오래된 쾌락주의 원리가 전면에 등장했다. 사실 이 원리는 이미 1950년대에 생리학자들에 의해 폐기된 상태였다. 메이어 자신도 이 유령을 몰아내는 일에 동참했었다. 그러나 지금은 과체중자들이 순전히 먹는 재미에 탐닉하느라 점점 더 뚱뚱해진다는 생각이 과학계에서 당당히 부활하는 중이다. 이런 생각을 받아들이면, 과체중자가 자신의 지방 저장소가 꽉 찼는데도 음식을 먹는 이유, 당뇨병 환자가 자신의 혈당 수치가 높은데도 음식을 먹는 이유를 간단히 설명할 수 있다. 이들은 한마디로 게으름뱅이다. "처먹는 재미"에 빠져서 영양 섭취를 조절하는 항상성 시스템의 토대를 허물고 있는 것이다. "쾌락주의"에 기초한 식욕이라는 것이 과학적으로 불만족스러운 보조 가설에 불과하다는 사실은 이런 논리로는 마리 크리거가 내놓은 것과 같은 실험 데이터를 설득력 있게 설명할 수 없다는 점에서 벌써 드러난다. 그럼에도 이 수백 년 묵은 설명 모델은 막강한 흡인력을 조금도 잃지 않았다. 이 모델은 지금도 모든 사람을 올바른 사람과 죄인으로 나눈다. 구체적으로 날씬한 사람과 과체중자로, 혹은 체중 문제를 지닌 환자와 그들에게 과체중의 짐에서 벗어나는 최선의 방법을 설명하는 전문가로 나눈다. 이 같은 선과 악의 원리를 떠받드는 주체는 과거 못지않게 막강하다. 중세에는 교회가 그런 주체였지만, 오늘날에는 과학의 이름으로 유죄 판결을 내린다. 예컨대 뇌 속의 "쾌락 열점$^{\text{hedonic hot spot}}$"이 과잉 활동하는 것을 포착함으로써 먹는 재미의 존재를 증명하려는 시도가 있다. 과체중 발생에 관한 최근 논문에서 미시건 대학 심리학과의 한 연구팀은 심지어 뇌가 유혹에 빠졌기 때문에 음식을 요구한다는("유혹당한 뇌가 먹는다") 과학적 주장을 내놓기까지 했다.

이런 출판물은 우리에게 아직도 부족한 것이 무엇인지를 명확하게 일깨워준다. 그것은 겉으로 드러나는 우리의 모습이 세포 물질대사 및 감정(스트레스 시스템) 항상성의 표현이라는 사실에 대한 더 깊은 이해이다. 날씬한 사람은 행운아다. 과체중자는 뇌로의 에너지 공급에 장애가 있는 사람이다. 이 중요한 지식은 모든 과체중자를 자의반 타의반으로 짊어진 죄책감에서 해방시킨다.

스스로 너무 뚱뚱하다고 느끼는 사람은 자신의 중립 체중을 받아들이기 어려워한다. 그러면 살을 빼고 싶다는 바람, 변신을 향한 동경이 생긴다. 더 젊고 날씬한 자신으로의 변신을 꿈꾼다. 알다시피 다이어트는 우리에게 포기와 규율을 강요하고, 다이어트 실패는 우리의 기분과 자신감을 망쳐놓는다. 하지만 진짜 대가는 훨씬 더 크다. 우리 몸의 물질대사 시스템과 감정 시스템은 아주 복잡하고 적응력이 뛰어나며 서로 긴밀하게 얽혀 있기 때문에, 그중 한 지점을 건드리는 것은 마치 작동하는 모터 내부로 렌치 하나를 던져 넣어 작동을 멈추게 하는 것과 유사하다. 그렇게 개입하면 바라는 결과가 발생하기는 하겠지만, 이리저리 날아가는 부품에 맞아 부상을 당할 위험이 매우 높을뿐더러 모터의 기능에도 심각한 문제가 발생할 가능성이 크다.

그렇다면 대안은 무엇일까? 과체중에 시달리는 사람의 처지를 미로에 비유해보자. 과체중자는 어떻게 해서라도 그 미로에서 벗어나고 싶다. 그래서 수많은 길을 따라가보지만 늘 헤매다가 출발점으로 되돌아온다. 점점 더 자포자기하면서 말이다. 모든 미로가 그렇듯 이 미로에서도 밖으로 나가는 길은 하나뿐이다. 그 길을 발견하고 따라갈 수 있으려면 뇌-당김과 동맹을 맺어야 한다. 우리의 뇌-당김을 혹사시키거나 심지어 속이는 대신 우선 뇌-당김이 약해진 원인을 찾아내고 그것을 우리 삶에서 추방하거나 그것에 더 잘 대처하는 방법을 배운다면, 미로를 벗어나는 데 큰 도움이 될 것이다. 목표는 뇌-당김을 강화하는 것이다. 뇌-당김 강화는 몸이 더 가벼운 새 중립 체중을 발견하는 것을 의미하기도 한다. 그러나 잃어버린 균형을 찾아가는 것은 쉬운 일이 아니며 결과도 불확실하다. 체중이 준다는 보장도 없다. 간단히 날씬해지고 그 상태를 유지한다는 것은 지킬 수 없는 약속이다. 이젠 이 아픈 진실을 받아들일 때가 되었다.

　우리는 열린 마음으로 과체중의 진짜 원인을 탐색해야 한다. 3부에서는 이 주제를 좀더 자세히 논할 것이다. 그러나 우리가 그 진짜 원인을 없앨 수 있든 없든 잠긴 문을 쇠 지렛대로 열 듯이 억지로 해결하려는 것보다 불편하더라도 높은 중립 체중으로 사는 것이 확실히 더 나은 선택이다. 의사 집안에서 성장한 소설가 마르셀 프루스트는 이미 100년도 더 전에 이 딜레마를 다음과 같이 적절하게 표현했다. "치유하지 말아야 할 아픔들이 있다. 왜냐하면 그것들은 우리를 훨씬 더 큰 아픔으로부터 보호하는 유일한 장치이기 때문이다."

3

과체중과 당뇨병의 진짜 원인:
예방과 출구

손상된 기억 유전자

지속되는 가뭄에 화초를 관리하느라 장마 때보다 많은 물을 사용한 정원사를 비난할 사람은 아마 없을 것이다. 마찬가지로, 이가 시리도록 추운 겨울에 최고 출력으로 가동되는 난방 장치 때문에 발생하는 추가 비용을 줄이기 위해 난방 기술자를 부르는 것은 바보짓이다. 두 경우 모두에서 물이나 난방 에너지 수요 증가는 특수한 상황 때문에 일어난 것이 분명하다. 여기에 반대 의견을 내놓을 사람이 없음에도 우리 사회는 이 당연한 이치를 다른 곳에 옮겨 적용하는 간단한 일을 하지 못하고 있다. 아주 우려스럽고 위기 상황에 처한 사람들이 에너지 대사에서의 공급 부족 때문에 그렇게 되었을 수 있다는 생각을 우리는 하지 못하는 듯싶다. 우리는 그런 사람들을 비난하면서 이런 식으로 조언한다. "과체중인 사람은 먹는 양을 줄여야 해!" 다들 쉽게 내뱉는 이런 문장이 머릿속에 들어앉아 과체중자에 대한 우리의 시각을 지배한다. 이런 관점을 교정하는 것이 얼마나 어려운 일인지 나는 경험으로 알고 있다. 그러나 바로 그 교정이 우리의 목표여야 한다. 우리는 "과체중과 그 원인"을 다시 살펴봐야 한다. 모든 증명 수단을 논의 대상으로 삼아 정확히 검토하고 새롭게 평가해야 한다.

    이 책 첫머리에서 나는 사람들이 점점 더 뚱뚱해지는 원인은 무엇일까라는 질문을 던졌다. 이제 우리는 과체중자들이 정말로 "내적인" 위기에 처해 있음을 안다. 그들은 에너지 분배 장애에 시달리고 있다. 그들의 뇌는 적당량의 에너지를 공급받는 반면, 몸에는 에너지가 넘쳐난다. 더 나아가 우리는 이 같은 에너지 분배 장애가 예외 없이 뇌-당김의 경쟁력 부족에서 비롯된다는 것을 배웠다. 그러므로 과체중이 단지 과도한 영양 섭취의 결과라고 주장하는 사람들은 과체중의 진짜 원인을 무시하면서 왜 에너지가 인체 내에서 뇌와 몸에 그토록 불균등하게 분배되는가에 대한 질문에 어떤 대답도 내놓지 못하는 것이다. 과체중자가 살을 빼기 위해 덜 먹기로 결심하는 것은 원인을 외면하면서 증상을 없애려는 것과 같다. 뇌-당김의 경쟁력이 부족하면 스트레스 시스템은 휴지 상태로 복귀하지 못한다. 혹은 스트레스 시스템의 휴지 상태가 재설정된 탓에 뇌-당김의 경쟁력이 부족한 것일 수도 있다. 요컨대 경쟁력 없는 뇌-당김은 우리가 스트레스 시스템을 평형 상태로 만들고 좋은 기분으로 복귀하는 데 어려움을 겪는다는 것을 말해준다. 이것이 과체중의 진짜 원인이라는 사실을 알면 우리의 질문은 자동으로 달라질 것이다. 왜냐하면 중요한 것은 과체중자가 살을 빼기 위해 무엇을 할 수 있느냐가 아니기 때문이다. 오히려 우리는 이렇게 물어야 한다. 스트레스 시스템을 안정적인 휴지 상태로 복귀시키고 다시 좋은 기분을 되찾기 위해 우리는 무엇을 할 수 있을까? 이렇게 물을 때 그리고 오직 그럴 때에만 우리의 뇌는 점점 더 많이 먹는 비상 대책에 의지하지 않고 활기찬 균형에 도달할 수 있다.

컴퓨터가 먹통이 되면 그 원인은 세 가지 유형일 수 있다. 즉, 하드웨어 결함, 소프트웨어 결함 혹은 컴퓨터 바이러스 따위의 거짓 신호 때문일 수 있다. 우리의 뇌는 컴퓨터와 어느 정도 유사하므로 뇌-당김의 경쟁력 부족을 일으키는 원인을 동일한 직관적 원리에 따라 분류할 수 있다. 우선 이 장에서는 뇌의 프로그래밍(소프트웨어)에 결함이 있는 것이 아니라 하드디스크(하드웨어), 곧 뇌 자체에 손상이 있으면 어떤 일이 벌어지는지 살펴볼 것이다. 소프트웨어 결함 그리고 뇌의 프로그램에 심각한 악영향을 끼치는 거짓 신호에 대해서는 다음 장들에서 논할 것이다.

페트르 주보틱은 25세 남성이다. 17세 때 그는 훈련으로 잘 다져진 날씬한 몸매의 유망한 핸드볼 선수였으며 프로가 될 가망도 있었다. 하지만 지금은 그때의 자신이 비현실적으로 다가온다. 오토바이 사고를 당한 후, 그의 몸은 상상을 초월할 정도로 변했다. 지금 주보틱은 고도비만이다. 걷기조차 힘들고 계단을 오르는 게 여간 고역이 아니어서 층마다 멈추어 반드시 쉬어야 한다. 사고 직후만 해도 예전의 삶을 되찾는 데 지장이 없을 듯했다. 눈에 띄는 후유증이 남지 않았으니 말이다. 그러나 머지않아 그는 자신의 운동 능력이 회복되지 않는 것을 확인해야 했다. 몸무게가 계속 늘었고 쉽게 지쳤다. 자주 산만하고 예민해졌으며 우울한 기분에 잠길 때가 점점 더 많아졌다. 얼마 지나지 않아 핸드볼 훈련을 완전히 포기해야 했다. 훈련을 더는 감당할 수 없었기 때문이다. 그때까지 그를 진료한 의사들은 어떤 유전적 결함이 원인일 것이라고 짐작했다. 그러던 중 베오그라드 대학 내분비학 클리닉의 여성 과학자 베라 포포빅Vera Popovic이 주보틱의 사례를 알게 되었다. 베라는 자신이 진행하는 신체 물질대사에 관한 연구에 참여할 의향이 있느냐고 주보틱에게 물었다. 그는 참여 의사를 밝혔다. 내분비학자 포포빅은 그의 호르몬 균형을 알아보기 위해 혈액을 검사했다. 베라가 특히 주목한 것은 성장 호르몬human growth hormone, HGH이었다. 이 신호 물질은 아동과 청소년의 키 성장에 필수적이다. 성장 호르몬은 뼈를 자라게 할뿐더러 근육 증가와 지방 감소에도 결정적인 역할을 한다. 젊은 사람이 근육을 쉽게 키우고 늙은 사람이 지방을 빼기 어려운 이유 중 하나가 성장 호르몬에 있다. 요컨대 성장 호르몬의 역할은 키 성장을 일으키는 것에 국한되지 않는다. 이 호르몬은 성인의 몸에서도 중요한 구실을 한다. 즉, HGH는 뇌로의 에너지 조달을 담당하는 부서의 주요 분과라고 할 수 있다. 알다시피 몸의 저장소에 비축한 에너지를 끌어당기는 것은 원래 교감신경계의 임무다. 하지만 깨어 있는 상태에서만 그렇다. 깊이 잠든 상태에서는 스트레스 시스템이 마비된다. 여기에는 실용적인 이유가 있다. 스트레스 반응은 정상적인 잠과 양립할 수 없다. 건강한 수면과 스트레스는 서로를 배제한다. 밤중에 스트레스 시스템이 마비되었을 때에도 잠든 뇌에 안정적으로 에너지를 공급하기 위해 뇌-당김은 HGH를 동원할 수 있다. 이런 경우 성장 호르몬은 주로 밤 전체의 전반부에 분비된다. 이 수면 단계에 아동의 몸은 성장하고 성인의 몸은 수리와 재건축을 거친다. 상처 치유, 세포 재생, 근육 증가, 지방 감소 대부분은 밤중에 HGH가 분비되는 기간에 일어난다. 요컨대 몸은 수면 중에 대형 공사판이 되는 셈이다. 이 공사에는 많은 에너지가 필요하다. 그런데 우리는 수면 중에 아무것도 먹지 못하므로 그 에너지는 100퍼센트 몸의 저장소에서 나와야 한다. 바로 이 대목에서 HGH가 역할을 한다. 성장 호르몬은 보수 공사를 위해서뿐 아니라 바로 이 공사 기간에 기억을 형성하는 잠든 뇌를 위해서도 충분한 에너지가 공급되도록 만든다. 이쯤 되면, HGH 시스템의 장애가 몸의 건강과 활기에 어떤 영향을 미치는지 짐작할 수 있을 것이다.

페트르 주보틱의 사례에서는 바로 그 시스템에 문제가 생긴 듯했다. 그의 HGH 수치는 확실히 너무 낮았다. 이 같은 검사 결과는 급격한 체중 증가가 뇌의 결함에서 비롯되었을 수 있다는 베라 포포빅의 추측에 힘을 실어주었다. 6년 전에 일어난 오토바이 사고 때 왕년의 핸드볼 선수 주보틱은 뇌진탕을 당했다. 더 많은 환자들의 기록을 검토하는 동안 포포빅은 머리 부상과 비만 사이에 관련성이 있을 수 있음을 깨달았다. 주보틱처럼 뇌진탕을 당한 후 비만이 된 환자가 눈에 띄게 많았던 것이다.

포포빅의 추측을 좀더 밀어붙이면 다음과 같은 결론에 이른다. 즉, 의학적으로 포착한 후유증이 없는 뇌 부상도 인체의 물질대사 조절에 지속적으로 악영향을 끼쳐 고도 비만을 일으킬 수 있다. 비유적으로 말하면, 그런 뇌 부상은 하드웨어 손상에 해당한다.

동물 실험에서는 뇌 손상으로 인한 과체중 발생 사례가 이미 확인되었다. 주로 탐구한 뇌 구역은 다양한데, 그런 곳들이 손상되면 에너지 수급의 균형이 깨진다. 예컨대 복내측 시상하부^{VMH}와 편도체가 그런 곳이다. 이들 신경망은 물질대사를 감독한다. 여기에서 뇌-당김이 켜지고 꺼지고 조절된다. 인위적인 개입으로 VMH를 파괴당한 쥐는 극단적인 과체중이 되었다. 그런 쥐는 인슐린 수치가 아주 높고, 인간 당뇨병 환자가 너무 많은 인슐린을 주사 받을 때처럼 위험한 저혈당 상태에 빠질 가능성이 높다. 편도체를 망가뜨리는 동물 실험에서도 비슷한 결과가 나왔다. 이 뇌 구역이 손상되면 몸은 헤어날 수 없는 에너지 분배 위기에 빠진다.

이런 실험에서 정확히 무슨 일이 일어나는지를 이 책의 첫 장에서 언급한 뇌 속의 "신호등"을 가지고 쉽게 설명할 수 있다. 그 비유는 혈액 속의 당이 두 도로 중 하나를 선택할 수 있음을 보여준다. 즉, 혈당은 뇌로 이어진 도로를 따라 이동해 뇌에서 연소되거나, 지방 저장소로 이어진 도로를 따라 이동해 비축 에너지로 쌓일 수 있다. 뇌가 에너지를 요구하면 몸 저장소는 닫힌다. 바꿔 말해서, 두 번째 도로에 적색등이 켜진다. 반대로 뇌가 에너지를 충분히 공급받았다는 신호를 보내면, 저장소로 이어진 도로에 녹색등이 켜진다. 그러면 가용한 에너지를 지방 조직에 저장할 수 있다.

그런데 에너지 분배 호르몬 렙틴이 분비되어 지방 저장소가 꽉 찼다는 신호를 신호등 조절 장치에 보내면 상황이 달라진다. 이제 뇌는 새 에너지를 몸에서 끌어당길 수 있다. 요컨대 렙틴은 신호등이 "뇌 방향 녹색등"-"지방 저장소 방향 적색등"으로 설정된 기간을 늘린다. 이 신호들(뇌에 에너지가 꽉 찼다는 신호와 지방 저장소에 에너지가 꽉 찼다는 신호)이 모여 종합되는 곳이 바로 VMH다. 이곳에서 인체 각 부위의 수요에 맞게 에너지를 분배하도록 신호등이 조절된다. 이곳에 하드웨어 손상이 생기면 시스템 전체가 붕괴할 수 있다. 쥐의 뇌를 조작하는 실험이 이 사실을 입증한다. 뇌 부상이나 뇌종양의 성장에 이어 갑자기 비만이 생기는 사례에 대한 한 가지 가능한 설명도 이 사실을 기초로 삼는다. 안타깝게도 이 손상은 치유가 불가능하다. VMH나 편도체가 망가지면, 뇌는 스스로 그 결함을 메울 수도 없고 의학적으로 손을 쓸 수도 없다.

    뇌의 에너지 분배 시스템을 위협하는 것은 뇌 부상만이 아니다. 다른 교란 요인도 있다. 비유를 들자면, 케이블 하나만 끊겨도 시스템이 마비될 수 있다. 예컨대 쥐를 대상으로 한 실험에서 렙틴 신호 사슬만 봉쇄해도 쥐는 신속하게 과체중이 된다. 이 경우 쥐의 지방 조직에서는 여전히 렙틴이 생성되지만, 그 렙틴의 신호가 VMH에 도달하지 못한다. 이렇게 조작해놓으면, 쥐의 신호등은 지방 조직의 에너지 충만 상태가 제로인 것처럼 반응한다. 따라서 저장소 방향 도로에 거의 항상 녹색등이 켜진다. 그 결과는 심각하다. 이제 저장소가 늘 열려 있다시피 하므로, 몸무게가 극단적으로 증가한다. 이뿐만이 아니다. 몸으로는 지나치게 많은 에너지가 밀려드는 반면, 뇌는 곧 아주 심각한 에너지 위기에 처한다. 왜냐하면 에너지 흐름을 제어하는 신호등이 뇌 방향 도로에서는 그릇되게도 적색등으로 머물기 때문이다. 그리하여 자연에서는 아주 드문 일이 발생한다. 즉, 유전적인 렙틴 결함으로 인해 심각한 장애가 발생하는데, 이는 뇌의 에너지 수지를 플러스로 맞추기 위함이다. 만약 그 수지가 제로 아래로 떨어지고 약간의 마이너스 한도를 넘어서면, 뇌의 신경세포 집단은 하나씩 차례로 사멸할 것이다. 그런데 지금 상황에서 뇌가 에너지 수지를 맞출 길은 지출을 확 줄이는 것밖에 없다. 쉽게 말해서 뇌는 에너지 사용을 대폭 억제해야 한다. 이런 절약은 뇌의 크기 성장이 평균 아래에 머무는 결과를 가져온다. 렙틴 신호 사슬이 끊겨서 과체중이 된 쥐들의 뇌는 성장이 뒤처진다는 것을 측정을 통해 확인할 수 있다. (녀석들의 뇌는 정상 쥐의 뇌보다 무게가 25퍼센트 덜 나갔다.) 일찍이 마리 크리거는 굶어죽은 병사들을 부검해 그들의 뇌가 위축을 면하기 위해 사망 순간까지 깡마른 몸에서 에너지를 끌어다 썼음을 확인했다. 유전적인 렙틴 장애는 에너지 분배 문제를 거꾸로 뒤집는다. 몸에는 풍부한 에너지가 있는데, 뇌는 그 에너지에 거의 손을 대지 못한다. 이런 상황에서 뇌는 사멸하지 않기 위해 스스로 절약하는 수밖에 없다.

사람에게서도 아주 드물긴 하지만 타고난 렙틴 결핍 사례가 알려져 있다. 아래 사례에서도 원인은 하드웨어 결함(유전적인 비정상 발달)이다. 술레이야는 아홉 살짜리 파키스탄 소녀다. 몸무게는 94킬로그램, 키는 140센티미터다. 술레이야의 부모는 의사들의 조언에 따라 처음에는 아이의 몸무게를 줄이기 위해 영양 섭취를 통제해보았다. 그러자 소녀는 일종의 금단 증상을 나타냈다. 술레이야는 예민해지고 안절부절못하고 공격성을 보였다. 이런 증상은 갈수록 악화되다가 다시 자유로운 영양 섭취를 허락한 뒤에야 사라졌다. 하지만 당시 사람들은 과체중이 렙틴 결핍으로 인해 발생할 수도 있다는 것을 아직 몰랐다. 술레이야가 렙틴 결핍 진단을 받은 것은 행운이었다. 의료진은 소녀에게 도움을 줄 수 있었다. 매일 한 번씩 렙틴을 몸에 주사한 후 술레이야의 에너지 분배 시스템은 다시 정상으로 작동했다.

영국의 일곱 살 소년 케빈의 사례도 임상적으로 유사하다. 케빈의 몸무게는 50킬로그램이다(7세 아동의 정상 체중은 20~30킬로그램). 케빈은 드문 기억 유전자 결함인 TrkB-돌연변이를 지녔다. 이 결함이 있으면, VMH와 편도체 그리고 해마의 신호 처리에 심각한 장애(뇌-당김 장애)가 발생한다. 그런데 위에서 언급한 뇌 구역들은 기억도 담당하므로 케빈은 기억력에도 장애를 지녔다. 특이하게 케빈은 방금 들은 이름을 몇 초 후에도 다시 기억해내지 못한다. 요컨대 이 사례에서는 뇌에서 기인한 장애가 인지 능력 결핍부터 체중 증가까지 폭넓게 나타난다. 이 장애의 원인은 뇌의 에너지 관리에 관여하는 신호가 잘못 처리되기 때문이다.

뇌혈류 장애

예컨대 뇌혈관 경화에 따른 혈류 부족이나 단절의 결과로 발생하는 심한 뇌 손상도 컴퓨터의 하드웨어 결함과 유사하다. 영구적인 혈류 장애는 뇌-당김의 지속적인 혹사와 약화를 가져올 수 있다. 동물 실험에서 인위적으로 뇌 혈류 부족을 일으키면, 그러한 개입이 뇌-당김과 인체 전반의 물질대사에 미치는 영향을 관찰할 수 있다. 혈류를 잘 공급받지 못하는 뇌는 우선 스트레스 시스템을 활발히 가동해 추가 에너지 공급을 요구한다. 이런 요구의 결과, 동물 실험에서는 인슐린 분비가 강력하게 억제된다. 따라서 혈당 수치가 상승하고, 뇌는 포도당 함유량이 좀더 많은 피를 공급받는다. 이 모든 것은 뇌-당김이 일으키는 일이다. 요컨대 혈류 부족 상황에서 뇌가 채택하는 공급 전략은 2장에서 언급한 트리어 사회 스트레스 검사 상황에서 피검사자의 뇌가 채택하는 전략과 똑같다. 양쪽 모두에서 뇌-당김은 인슐린 분비를 억제한다.

하지만 뇌혈관이 경화되거나 혈전 때문에 막히는 등의 이유로 혈류 부족이 장기화하면 어떤 일이 벌어질까? 저울의 용수철이 지속적으로 큰 힘을 받으면 언젠가는 버티지 못하고 늘어져버리듯 뇌-당김도 이와 유사한 역동 항상성 부하가 걸리면 손상되고 결국 경쟁력을 잃는다. 이런 문제를 지닌 사람은 혈류를 부족하게 받는 뇌에 그나마 포도당이 풍부한 피를 공급하기 위해 더 많이 먹을 수밖에 없다. 이처럼 에너지 흐름의 경색을 혈중 에너지 농도의 상승을 통해 만회할 수 있다. 뇌졸중으로 급성 뇌혈류 부족에 처한 많은 환자에게서 이런 혈당 수치 상승을 관찰할 수 있다. 그러나 이런 해법은 뇌의 비상 대책일 뿐이다. 뇌졸중 발생 후의 혈당 수치 상승은 "역동 항상성" 조절의 대표적인 사례다. 다시 말해, 인체는 더 높은 혈당 수치에서 새로운 균형을 잡는다. 이는 물론 좋은 균형이 아니지만 현 상황에서는 최선이다.

그렇지만 렙틴 신호 사슬이 끊겨 뇌 발달에 장애가 생긴 실험용 쥐를 다시 생각해보자. 이런 쥐는 영양 섭취를 늘리는 것만으로는 문제를 완전히 해결할 수 없다. 녀석들의 결함이 너무 크기 때문이다. 이 쥐 실험은 뇌 속의 신호등이 완전히 망가지면 어떻게 되는지를 더없이 명확하게 보여준다. 그 신호등이 먹통이 되면, 유기체 내부에서 심각한 에너지 분배 장애가 반드시 발생한다. 빠져나갈 길이 거의 없는 이런 상황에서 동물이 살아남으려면 한편으로는 영양 섭취를 늘리고 다른 한편으로는 뇌의 에너지 소비를 줄이는 비상 대책을 취하는 수밖에 없다. 요컨대 이 실험에서 쥐의 과체중은 유전적 장애의 결과이지, 뇌 발육 부전의 원인이 아니다. 하지만 이런 유전적 병증은 대단히 드문 예외다. 사람에게서도 확인되는 경우가 있긴 하지만—워낙 드물기 때문에—이 병증은 무수한 과체중 환자의 발생을 설명하는 데 전혀 도움이 되지 않는다.

뇌 손상의 원인과 결과에 대한 이 같은 지식을 배경에 깔고 보면, 영양 섭취 증가가 과체중뿐 아니라 지능 저하를 가져온다는 생뚱맞은 생각을 최신 연구 결과들이 조장한다는 것은 깜짝 놀랄 일이 아닐 수 없다. 최근 미국의 한 연구팀은 평균 나이 70세의 피연구자들에게서 과체중과 뇌 질량 손실 사이의 연관성을 확인했다고 보고했다. 이에 〈뉴욕타임스〉는 "뚱뚱해지는 것은 당신의 뇌에 해롭다"는 표제의 기사로 호응했다. 매체들은 과체중이 정신적 능력의 저하를 가져올 가능성에 대해서 앞다퉈 우려를 표했다. 이런 기사들은 비록 과학이라는 이름을 내세우지만 대단히 조심스럽게 대해야 한다. 〈뉴욕타임스〉가 언급한 연구에서는(이와 관련 있는 다른 연구도 거의 다 마찬가지다) 피연구자들에 대한 검사가 단 한 번 이뤄졌을 뿐이다. 그러나 원인과 결과에 대해(과체중이 뇌 조직 손실의 원인일까, 아니면 뇌 조직 손실이 과체중의 원인일까?) 이야기하려면 몇 년 간격을 두고 최소한 두 차례 이상 검사할 필요가 있다. 그래야만 무엇이 먼저이고 무엇이 나중인지 판별할 수 있기 때문이다. 요컨대 위의 표제가 함축하는 인과 관계는 과장이거나 오류다. 첫 번째 인과 관계(과체중이 뇌 조직 손실의 원인일까?)는 기사에서 언급한 논문들에 의해 입증되지 않은 반면, 두 번째 인과 관계(뇌 조직 손실이 과체중의 원인일까?)는 개연성이 충분히 있으니 말이다. 연구자들이 관찰한 뇌의 변화는 노화로 인한 뇌혈류 장애에서 비롯되었을 수 있다. 이 장에서 서술한 실험 결과들에서 이미 살펴보았듯 뇌혈류 부족(이 경우에는 노화에 기인한 뇌혈류 부족)은 뇌-당김이 먼저 과잉 활동을 하고 장기적으로 과부하를 받는 결과를 가져온다. 또한 이런 결과는 흔히 뇌-당김의 손상과 약화로 이어진다. 그러면 비상 대책으로 몸-당김이 가동된다. 바로 이것이 노년의 피연구자들이 과체중이 된 이유일 수 있다.

저자들과 평론가들이 과체중의 원인과 뇌 장애 사이의 연관성을 고려하거나 토론하지 않았다는 점부터가 대단히 놀랍다. 〈뉴욕타임스〉의 기사에서 옹호하는 해석이 과체중자에 대한 새로운 낙인찍기를 유도한다면 정말 끔찍한 일이다. 과체중이 뇌의 쇠퇴를 가져온다는 것은 현 시점에서 임상 데이터로 뒷받침할 수 없는 주장이다.

반면 다음과 같은 사실은 입증되었다. 실제로 뇌의 에너지(ATP) 충만 정도에서는 과체중자와 정상 체중자 사이에 차이를 발견할 수 없다는 것이다. 설령 차이가 있더라도 최신 측정 방식으로도 포착할 수 없을 만큼 미세하다. 이처럼 뇌로의 에너지 공급과 뇌의 정상적 기능은 뇌-당김의 약화에 아랑곳없이 그대로 유지된다. 이런 상황을 미술관에 설치된 아주 예민한 난방 장치의 반응에 비유할 수 있다. 실내 온도나 뇌의 ATP 보유량이 정상 값을 조금이라도 벗어나면, 회화 작품에 가장 적합한 실내 온도나 뇌 에너지 항상성을 지키기 위해 양쪽 시스템 모두에서 신속하고 대대적인 대응 조치가 내려진다.

같은 맥락에서 최근 젊은 과체중 여성들을 대상으로 실시한 MRI, 즉 자기공명영상 연구에서 이루어진 뇌의 크기에 관한 발견은 주목할 만하다. 이들 여성은 연구 중에 저칼로리 다이어트를 통해 체중을 줄였다. 이 연구에서(모든 피연구자들은 다이어트 전과 후에 두 번 검사를 받았다) 두 가지 중요한 발견이 이루어졌다. 저칼로리 다이어트를 심지어 장기간 하더라도 뇌는 위축되지 않는다! 그뿐만 아니라 과체중 여성의 뇌 크기를 정상 체중 여성의 그것과 비교하는 작업도 이루어졌다. 여기에서도 과체중에 대한 우려를 불식시키는 결과가 나왔다. 요컨대 과체중 여성의 뇌와 정상 체중 여성의 뇌에서 크기의 차이를 발견하지 못했다. 뇌 에너지 충만 상태와 뇌 크기에 관한 이런 최신 실험은 뇌가 자신의 뉴런 시스템 전체를 보존하기 위해 채택하는 자가 공급$^{\text{self supply}}$이라는 기능 원리가 대단히 튼튼하다는 것을 인상적으로 보여준다. 요컨대 과체중자는 뇌-당김의 경쟁력 부족이라는 조건이 이미 주어진 상황에서 그 악영향을 상쇄함으로써 뇌 물질대사의 균형을 유지할 수 있다.

페트르, 술레이야, 케빈의 사례는 비만의 원인이 하나가 아니라 다양하다는 것을 명백하게 보여준다. 그중 한 가지 원인은 뉴런 연결망의 손상(하드웨어 결함)으로, 뇌에서의 신호 처리에 지속적인 장애가 생기는 것이다. 그 결과는 극단적이다. 즉, 뇌가 체내 에너지 분배에 대한 통제력을 상실한다. 술레이야와 케빈의 사례는 뇌에 속한 VMH와 편도체가 에너지 공급과 몸무게에 얼마나 결정적인 영향을 미치는지도 생생하게 보여준다. 모든 중요한 정보가 이들 뇌 구역에 모여 처리된다. 그리고 이 구역들이 신호등 조절 장치의 도움으로 에너지 공급을 통제한다. 이 시스템에 대한 모든 개입은 장애를 유발할 위험이 있다. 유전적 결함, 뇌 부상 또는 뇌종양도 비만을 일으키는 매우 강력한 원인일 수 있다. 하지만 다행스럽게도 이런 원인이 비만을 일으키는 경우는 드물다. 그러나 이 원인들 못지않게 에너지 공급 시스템을 교란할 수 있는 훨씬 더 일상적인 위협이 있다. 많은 사람이 익히 알고 매일 경험하는 그 위협은 바로 만성 스트레스다.

만성 스트레스는 우리의 뇌를 어떻게 프로그래밍할까

"그가 새로 입학한 대학에서 숙박한 것은 그때가 처음이었다. 그는 겁에 질린 나머지 지금이라도 되돌아가 과거의 삶으로 도피할 수만 있다면 무슨 짓이라도 하고 싶은 심정이었다. 여러 해 동안 이 순간을 바라며 애써왔다는 사실도 그런 심정을 전혀 누그러뜨리지 못했다." 영국 작가 필립 라킨Philip Larkin의 장편소설 《질Jill》에서 깊은 불안에 휩싸인 주인공 존 켐프가 옥스퍼드에 도착하는 대목이다. 이 작품은 성장 과정 중의 결정적인 한 단계를 다룬다. 요컨대 처음으로 집을 멀리 떠나 생활하는 시기, 큰 기대와 거기에서 비롯된 압박, 사회에 대한 적응과 첫사랑을 다룬다.

새로운 생활 환경은 우리에게 특별한 과제를 안겨주게 마련이다. 영국의 한 연구팀은 존 켐프 같은 대학생들이 새로운 생활 환경에서 받는 심리사회적 스트레스를 연구했다. 피연구자들은 대학 신입생이었다. 피연구자들에게 주어진 부담은 대체로 같았다. 그러나 그 압력에 대처하는 방식은 천차만별이었다. 대학 생활 첫해가 지나자 피연구자들은 서로 전혀 다른 세 집단으로 분류되었다. 40퍼센트의 피연구자는 스트레스 때문에 덜 먹고 체중이 줄었다. 역시 40퍼센트의 피연구자는 더 먹고 체중이 늘었다. 오직 20퍼센트만이 환경 변화에 흔들리지 않았다. 그들은 식습관이 바뀌지도 않았고 체중이 늘지도 않았다. 이런 결과는 연구자들에게 수수께끼였다. 스트레스 때문에 체중이 늘 수도 있고 줄 수도 있을까? 새로운 생활 및 교육 환경으로 인해 대체로 동일하게 경험한 심리사회적 스트레스가 전혀 상반된 변화를 일으킬 수 있다는 것을 어떻게 설명해야 할까?

연구 결과를 좀더 자세히 분석해보니, 그 결과가 만성 스트레스와 우울증 사이의 흥미로운 유사성을 시사한다는 사실이 드러났다. 우울증 증상은 상반된 두 유형으로 분류할 수 있다. 전형적 우울증 증상은 체중 감소와 수면 장애다. 그들의 혈액을 검사해보면 코르티솔 수치의 상승을 포착할 수 있다. 이는 스트레스 시스템이 과잉 활동 중이라는 뜻이다. 반면 이른바 '비전형적' 우울증의 대표 증상은 많이 먹기, 체중 증가, 수면 욕구 증가, 사회적 접촉 기피 등이다. 이런 경우 스트레스 시스템의 활동은 오히려 줄어든다. 하지만 이 두 유형의 우울증은 가장 핵심적인 증상을 공유하는데, 그것은 바로 우울한 기분이다.

영국 대학생들의 상반된 스트레스 반응을 설명하려면 스트레스 시스템의 활동을 누그러뜨리는 전략의 다양성을 고려해야 한다. A 집단의 피연구자(만성 스트레스를 받아 덜 먹은 대학생)에게서는 심리사회적 스트레스가 만성화할 지경이 되어도 스트레스 반응이 잦아들지 않았다. 이들의 뇌-당김은 1년 내내 고출력으로 작동한다. 몸의 저장소에서 에너지를 끌어당겨 뇌에 공급하는 기능이 아주 원활해서 심지어 영양 섭취를 줄일 수 있을 정도다. 이들은 초긴장 상태에 있다. 명료하게 깨어 있고 집중력이 좋으며 일을 많이 한다. 그러나 다른 한편으로는 스트레스 호르몬의 폭격, 곧 역동 항상성 부하를 감지한다. 물론 이들은 대학 생활 첫해에 맞닥뜨리는 변화와 부담을 버겁고 힘겹게 느낀다. 그러나 계속 고출력으로 작동하는 스트레스 시스템 덕분에 언제나 다시금 새 에너지를 끌어낼 수 있다. 비록 그러는 동안 체중이 줄기는 하지만 말이다.

반면 B 집단의 피연구자(만성 스트레스를 받아 더 많이 먹은 대학생)는 성취와 적응이라는 부담을 똑같이 받음에도 새로운 상황에 잘 적응했다. 이들의 스트레스 반응 곡선은 대학 생활 첫해가 진행되는 동안 눈에 띄게 낮았다. 그 원인은 카나비노이드 시스템에 있다. 이 집단의 피연구자에게서는 그 시스템이 더 강한 힘을 발휘하는 것이 분명하다. 이 시스템은 장기적으로 인체에 고유한 진정 물질의 분비를 통해 스트레스 시스템을 제동하고 따라서 뇌-당김을 누그러뜨린다. 이 학생들도 A 집단과 똑같이 열심히 산다. 집중해서 공부하고 배우는 데 지장이 없다. 적어도 내면적으로는 좀더 평온하게 지낸다. 그러나 강의를 따라가고 시험에 합격하기 위해 이들의 뇌는 스트레스 시스템이 억제된 상태에서 뇌-당김으로 조달할 수 있는 만큼보다 더 많은 에너지를 필요로 한다. 따라서 다양한 학습 과제를 해결하기 위해서는 외부에서 추가 에너지를 받아들여야 한다. 그러나 추가 에너지를 도입하다 보면 공급 과잉 상태가 거듭 발생한다. 남는 에너지를 어떻게 처리해야 할까? 잉여분은 그냥 저장된다. 따라서 이 집단의 학생들은 대학 생활 첫해에 체중이 는다.

나머지 20퍼센트는 또 다른 방식으로 새로운 부담에 대처하는 것처럼 보인다. 이들의 스트레스 극복 전략은 A 집단과 B 집단의 중간쯤 되고 따라서 체중에도 대체로 변함이 없다고 생각해볼 수 있다. 하지만 이 나머지 집단의 학생들은 새로운 상황에 부담을 느끼면서도 예컨대 친구들이 아주 잘 도와줘서 실제로 상황에 더 잘 대처하는 것일 수도 있다(성공적인 대처 전략). 혹은—이것이 가장 좋은 경우겠지만—자존감이 매우 높아서 자신이 새로운 과제를 완벽하게 해결하고 상황을 통제할 수 있다고 느끼는 것일 수도 있다. 이런 경우 이들의 대학 생활 첫해는 만성 스트레스를 결코 동반하지 않을 것이다.

이 연구를 더욱 흥미롭게 만드는 것은 뇌-당김의 설정 변화가 미래를 예견하게끔 해준다는 사실이다. 적응 기간이 끝나고 틀에 박힌 일상을 시작하더라도 스트레스 대처 전략은 대체로 변화하지 않는다. A 집단의 대학생은 미래에도 내적으로 고출력을 발휘하고 대체로 날씬한 몸매를 유지할 것이다. 반면 B 집단은 내적으로 더 평온하며 몸무게가 느는 경향이 있을 것이다. 왜냐하면 두 경우 모두에서 만성 스트레스가 에너지 대사의 근본적인 재프로그래밍을 일으키기 때문이다.

왜 특정한 사람이 A 집단이나 B 집단에 속하느냐는 대답하기 어려운 질문이다. 우리가 만성 스트레스에 대처하는 전략과 패턴은 다양한 요인에 의해 결정된다. 그러한 요인은 우리가 살아온 삶에서 유래하거나 유전자에서 유래해 때로는 세대를 건너 대물림한다. 만성 스트레스 대처 전략에 대해서는 다다음 장에서 본격적으로 논할 예정이다.

남아 있는 질문은 이것이다. 만약 자신의 삶을 원하는 대로 선택할 수 있다면, 사람들은 어느 집단에 속하기를 가장 바랄까? 나머지 20퍼센트 집단을 잠시 제쳐놓는다면, 아마도 많은 이들이 A 집단을 선호할 것이다. A 집단의 대학생은 이른바 성공 유전자를 지녔다. 그들은 날씬하고 목표 의식이 뚜렷하며 참여 의욕이 높고 뇌-당김이 대단히 강하다. 하지만 한 가지 단점이 있다. 이런 식으로 스트레스를 처리하는 사람은 실패를 받아들이는 데 능숙하지 못하다. 요컨대 실패를 감당할 수 없다. 자신의 노력이 실패로 돌아갈 위험에 처하면, 이들은 우울증에 걸릴 위험이 매우 높다. 반대로 B 집단의 대학생은 내적으로 한층 평온하다. 이들의 성취는 인내와 끈기에서 비롯된다. 스트레스 시스템 억제는 이들을 약간 풍만하게 만들지만 우울증으로부터 보호하는 구실도 한다. 하지만 압박과 긴장이 오래 지속되면 두 집단 모두에서 그 효과가 나타난다. 만성 스트레스를 강도 높게 받는 사람은 우울해지거나 뚱뚱해진다.

인생의 새로운 단계에 진입하면 불가피하게 새로운 요구를 받고 때로는 부담을 짊어지게 된다. 이런 사실은 아마 누구나 쉽게 납득할 것이다. 하지만 만성 스트레스는 우리가 변화할 때만 발생하는 것이 아니다. 정반대로 한 가지 상황을 고수하는 것도 변화 못지않게 부담스러울 수 있다. 그렇다면 만성 스트레스를 어떻게 정의해야 할까? 만성 스트레스를 건강에 심각한 영향을 끼치는 상태로 고찰하려면, 스트레스라는 개념의 사용이 폭발적으로 증가한 현재의 상황이 벌써 문제로 다가온다. 지난 수십 년에 걸쳐 스트레스는 짜증과 실망과 무기력을 유발하는 모든 것의 총칭이 되었다. 일상의 소소한 불운, 장애물, 성가심도 스트레스로 일컫는다. 그러나 모든 자잘한 근심거리가 곧바로 만성 스트레스를 유발하는 것은 아니다. 스트레스의학에서는 인간의 스트레스 시스템에 급성으로뿐 아니라 장기간 지속적으로, 혹은 계속 반복해서 부담을 줄 수 있는 스트레스 요인을 다섯 가지로 분류한다.

1. **외부 스트레스 요인**: 아주 구체적인 위험이 이 유형에 속한다. 예컨대 전쟁, 불안한 정치 상황이나 경제 상황, 심각한 병이나 경제적 위기가 그러하다. 하지만 주관적으로 느끼는 위험도 이것들 못지않은 힘을 발휘할 수 있다. 이를테면 병에 걸리거나 범죄 피해자가 되는 것에 대한 두려움이 그렇다. 이 밖에도 자극의 범람이 외부 스트레스 요인으로 꼽힌다. 구체적으로 소음을 예로 들 수 있다. 고속도로변이나 공항 근처에 사는 사람은 이 스트레스 요인에 수년간 노출되면 얼마나 견디기 힘든지 잘 안다. 하지만 자극의 결핍도 유사한 결과를 가져온다. 새로운 자극을 경험할 수 없을 때, 스트레스 시스템은 압박을 느끼기도 한다. 인권 전문가들은 감각 박탈(예컨대 캄캄한 감옥에 감금하는 것)을 일종의 고문으로 간주하기까지 한다. 독일에서는 감각 박탈을 처벌 방법으로 사용할 수 없게끔 되어 있다.
2. **본인의 욕구를 제한해야 하는 처지**: 개인의 삶에 생긴 깊은 상처, 예컨대 반려자와의 이별, 부모의 죽음, 자식의 죽음, 경제 사정 악화, 병이나 실업으로 인한 사회적 지위 상실이 개인에게 입히는 상처가 이 유형에 속한다. 혹은 좁은 공간에서 많은 사람과 함께 사는 것도 이 유형의 스트레스 요인이다.
3. **성취 스트레스 요인**: "경영자 스트레스"라는 흔한 말은 스트레스의학에서 제한적으로만 그 진실성을 입증받았다. 만성 스트레스에 시달릴 위험이 큰 사람은 일차적으로 경영자가 아니라 자동 조립 라인의 노동

자다. 성취 요구가 높은 데다(성과급제) 당사자가 통제력이나 영향력을 발휘할 여지가 거의 없는 상황에서(라인은 돌아가고 노동자는 그것을 멈출 수 없다) 많은 사람은 극도의 부담을 느낀다. 따라서 조립 라인 노동자 사이에서는 만성 스트레스로 인해 유발될 수 있는 우울증, 비만, 알코올 의존증 따위의 질환이 평균보다 더 많이 발생한다. 또한 직장에서의 소통 부족과 결정 과정의 불투명성도 직원에게 엄청난 스트레스 요인일 수 있다. 이런 상황은 흔히 직원 자신의 직업적 미래에 대한 불안, 심지어 일자리에 대한 불안이라는 추가 스트레스 요인을 동반한다. 이 밖에도 직장과 가정에서 받는 이중 부담, 동료나 상사와의 갈등이 이 유형에 속한다.

4. **사회 스트레스 요인**: 특히 청소년은 이 스트레스 요인에 이중으로 시달리는 경우가 드물지 않다. 한편으로는 부모와 선생을 상대로 한 세대 갈등과 교육을 둘러싼 갈등, 다른 한편으로는 이른바 또래 집단과의 갈등을 겪기 때문이다. 또래 집단 내에서의 인정 투쟁은 드물지 않게 패거리 형성으로 이어진다. 또 청소년은 성욕에 대처하는 데도 어려움을 겪는다. 이 모든 것이 엄청난 스트레스 요인으로 심화할 수 있다.

특히 강하고 오래 지속되는 사회 스트레스 요인은 주로 가족 내에서 발생한다. 이는 모든 세대에 해당한다. 가족이 한 구성원의 반려자를 받아들이지 않으면, 경우에 따라 엄청난 가족 갈등이 일어난다. 부모의 이혼 후 재혼에서도 마찬가지다. 이런 상황에서 발생하는 갈등은 가까스로 해소되기도 하지만 때로는 전혀 해소되지 않은 채 수년 혹은 수십 년을 간다.

가족 구성원이 알코올 의존증을 앓거나, 정신분열·치매·우울증 따위의 정신 질환을 앓거나, 오랫동안 암에 시달리는 경우에는 더욱더 심각한 스트레스가 발생할 수 있다. 대부분의 가족은 다른 집단(예컨대 학교 친구, 직장 동료, 스포츠 클럽 회원)보다 더 강하게 결속하므로, 가족 구성원 중 한 명이 이런 심각한 병에 걸리면 나머지 구성원에게도 강한 영향을 미치게 마련이다. 가족의 감정적 결합은 워낙 강하기 때문에 대개의 경우 가족 구성원은 (스트레스 요인을 피하기 위해) 가족을 떠날 수 없다. 이런 상황에서는 흔히 가족 전체가 병에 걸린다고 해도 과언이 아니다. 부모의 정신 질환은 유아기, 아동기, 청소년기의 자녀에게 특히 심각하고 평생 지속되는 스트레스 요인으로 작용할 수 있다.

5. **갈등과 불확실성**: 이 유형의 스트레스 요인도 특히 젊은이에게 큰 힘을 발휘한다. 막연한 직업적 전망과 불확실한 인생 계획은 만성 스트레스를 유발할 잠재력이 크다. 특히 사회적 불이익을 당할 때 스트레스가 발생할 가능성이 높다. 이와 관련해서 미국 과학자들은 과거에는 거의 주목받지 못했던 스트레스 요인인 "식량 불안"을 탐구했다. 스트레스학자들이 말하는 식량 불안이란 당사자가 자신이나 가족의 식량을 충분히 확보하기 위한 돈이나 기타 수단을 보유했다고 확신할 수 없는 상황을 뜻한다. 이때 중요한 것은 곤경이 실재하느냐에 국한되지 않는다. 충분한 음식을 구할 수 없다는 주관적인 느낌만으로도 식량 불안 상황이 발생하기에 충분하다. 식량 불안에 시달리는 사람 중 실제로 굶는 경우는 일부에 불과하고 나머지는 "단지" 필요한 만큼의 식량을 얻기 위해 더 많이 애쓸 뿐이다. 위에서 언급한 미국 과학자들의 연구는 여성 8160명을 대상으로 한 것이다. 그들이 중앙아프리카나 아이티의 전쟁 지역에 사는 여성이려니 생각하는 독자도 있겠지만, 식량

불안 문제는 우리 사회에 훨씬 더 가까이 있는 듯하다. 연구에 참여한 여성들은 캘리포니아 주에 사는 주민이었다. 하지만 그들의 경제 수준은 빈곤선에 있다. 바꿔 말해, 그들은 독일에서 기초 생계비$^{Hartz-IV}$를 받는 사람과 처지가 비슷했다. 연구팀은 피실험자들에게 "내가 산 식품은 충분하지 않은데 더 살 돈이 없다" 또는 "나는 균형 잡힌 식생활을 감당할 능력이 없다" 따위의 문장을 제시하고 거기에 "그렇다" 또는 "아니다"고 답할 것을 요청했다. 결과는 놀랍고 또한 극적이었다. (실제로 굶주렸는지 여부와 상관없이) "식량 불안"을 느끼는 여성은 그렇지 않은 대조군 여성에 비해 과체중이 될 위험이 100퍼센트 넘게 높았다. 지속적인 "식량 불안"은 뇌-당김에 강력한 스트레스 요인으로 작용해 많은 경우 그 기능을 여러 해 동안 약화시키는 것으로 보인다. 영양 부족에 처할지 모른다는 염려만 하는 상황에서도 경우에 따라 뇌는 에너지 위기 상황이 임박했다는 판단을 내리는 것이다. 요컨대 미래의 영양 부족에 대한 두려움은 뇌에 엄청난 압박을 줄 수 있다. 두려움의 대상인 미래의 재앙이 반드시 실현되는 것도 아닌데 말이다. 대개의 경우―적어도 칼로리의 양만 따지면―가용한 식량이 충분하다는 것을 "식량 불안"을 비롯한 여러 문제를 지닌 과체중자에게서 확인할 수 있다.

물론 스트레스 요인을 항상 이렇게 명확히 국지화하고 한정할 수 있는 것은 아니다. 특정 당사자를 괴롭히는 스트레스 요인을 정확히 알아내는 데는 매우 큰 어려움이 따른다. 따라서 위의 목록을 보고 한두 항목이 자신의 문제와 일치한다고 느끼는 독자가 있다면 다음을 유념하기 바란다. 즉 모든 스트레스 요인이 만성 스트레스를 일으킬 수 있지만 반드시 그런 것은 아니다. 하지만 원리적으로는 이렇게 말할 수 있다.

당사자가 각각의 스트레스 요인을 관리하고 상황을 다스릴 수 있다면, 만성 스트레스는 발생하지 않는다. 그렇게 할 수 있는 사람은 높은 자존감과 건강을 유지한다. "뇌 구조" 또한 건강하게 보존된다.

대처 전략이 풍부하거나 훌륭한 사회 연결망을 보유한 사람에게서는 스트레스 요인이 "견딜 만한" 스트레스를 일으킨다. 이때 성공적인 대처 전략이라 함은 예컨대 일기 쓰기를 통해 이별을 적극적으로 반추하고 자신의 진정한 욕구를 깨달아 그에 맞게 행동하는 것을 말한다. 어떤 이들은 위기 상황에서 종교적 신앙의 도움으로 힘과 안정을 얻기도 한다. 이처럼 성공적으로 대처하는 사람은 높은 자존감과 건강을 유지하며 뇌 구조를 온전하게 보존한다.

반면 지속적으로 스트레스 요인과 맞닥뜨리는 사람에게 대처 전략이 없거나 불충분하면 해롭고 유독한 스트레스가 발생한다. 그런 사람은 끊임없이 역동 항상성 부하를 받고 결국 이에 굴복한다. 다시 말해, 신체적으로나 정신적으로 병이 든다. 뇌 구조는 온전하게 보존되지 않는다. 이 세 번째 집단의 사람에게서는 (만성 스트레스를 일으킨 요인이 구체적으로 무엇이냐와 상관없이) 끊임없는 역동 항상성 부하에 어떻게 반응하느냐가 결정적으로 중요하다. 그 원리는 앞서 런던의 대학 신입생을 대상으로 한 연구를 언급하면서 명확하게 밝힌 바 있다. 한 집단(A 집단)의 대학생은 스트레스 시스템을 줄곧 고출력으로 가동해 뇌-당김의 경쟁력을 유지한다. 이들은 덜 먹고 체중이 줄지만, 부하가 너무 커지면 우울증에 걸린다. 다른 집단(B 집단)의 대학생은 스트레스 시스템을 지속적인 부하에 적응시킨다. 즉, 스트레스 시스템의 작동을 누그러뜨린다. 이 같은 "둔감화^{habituation}"의 결과, 이들의 뇌-당김은 경쟁력을 잃는다. 이들은 더 많이 먹고 체중이 늘지만, 우울증에 걸릴 위험은 낮다. 다시 한 번 강조하지만, 만성 스트레스를 강하게 받는 사람은 조만간 우울증에 걸리거나 뚱뚱해진다.

스트레스 처리는―생각해보면 당연한 일이지만―학습된다. 우리는 끊임없이 스트레스 처리를 학습한다. 또한 독자들도 이미 짐작했겠지만, 스트레스 시스템이 학습하는 모든 것은 뇌-당김에 직접 영향을 끼친다. 다음 장들에서는 스트레스 시스템의 프로그래밍이 발휘하는 심층적인 영향력에 대해 다룰 것이다. 우리 몸과 뇌의 에너지 공급망을 둘러보는 여행의 새로운 단계라고 할 만한 그 논의에서 우리는 어린 시절로 돌아갈 것이다.

프로그래밍된 식욕

시카고 근처의 한 유아원에서 서너 살의 아이들이 만들기, 놀이, 공부를 한다. 대개의 보육 시설에서 그렇듯 아이들이 다 함께 아침을 먹는 것도 오전 프로그램 중 하나다. 하지만 이곳의 아침 식사는 특별한 점이 있다. 일리노이 대학의 심리학자들은 유아원 측과 학부모의 동의를 얻어 과학적 실험을 시작했다. 아이들을 위해 오전에—항상 같은 시각에—간단한 아침 식사용 뷔페를 차린다. 연구자들은 아이 각각의 식사 행태를 꼼꼼히 관찰하고 기록한다. 서너 살 아동이 대개 그렇듯 대다수 아이들은 경쟁력 있는 뇌-당김을 지녔다. 아이들은 배가 부를 때까지 먹고 나면 잠시 영양 섭취에 대한 관심을 잃는다. 실험의 중요한 요소 중 하나는 뷔페 테이블을 개방할 때마다 매번 일종의 신호 음악으로 팻 매스니Pat-Metheny가 작곡한 〈첫 번째 원First Circle〉의 도입부를 들려주는 것이다. 열흘의 훈련 기간이 지나자 아이들은 그 쉽고 단순한 음악과 곧 제공될 뷔페를 연결하기 시작했다. 처음 몇 박자를 듣자마자 뷔페 테이블로 달려가 먹기 시작한 것이다. 하지만 연구자들은 관행을 바꾸었다. 뷔페 테이블을 개방하기 직전 아이들이 가장 좋아하는 음식을 제공한 것이다. 아이들은 한껏 먹어도 되고 실제로 그렇게 먹는다. 그리고 잠시 뒤, 익숙한 멜로디가 울린다. 그러자 아이들은 이미 배부르게 먹었음에도 모두 뷔페 테이블로 달려가 아침을 한 번 더 먹는다. 여느 날과 똑같이 말이다.

이 실험이 러시아 행동학자 파블로프가 1905년 개를 상대로 실시한 "고전적 조건화"에 관한 실험을 연상케 하는 것은 우연이 아니다. 파블로프는 개들에게 종소리를 들려주면서 먹이를 주고 반응을 관찰했다. 이런 먹이 주기를 여러 번 반복하고 나자 개들은 종소리만 듣고도 침을 흘렸다.

위의 이례적인 유아원 실험에서도 핵심은 조건화다. 더 정확히 말해서, 외적인 자극이나 신호가 영양 섭취에 어떤 영향을 미치는가, 또한 인간도 그런 자극을 통해 어느 정도 조건화할 수 있는가, 하는 질문이 관건이다. 일리노이에서 수행한 실험은 이례적이다. 왜냐하면 동물 실험에서 얻은 지식을 그대로 인간에 적용하는 일은 드물게만 가능하기 때문이다. 대개의 경우, 윤리적 이유가 그런 적용을 가로막는다. 아마 이 실험을 앞두고도 비판적인 토론이 있었을 것이다. 어쨌거나 취학 연령 이전의 아동을 대상으로 수행한 그 조건화 실험은 의미심장하다. 왜냐하면 아이들이 매일 노출되는 상황을 시뮬레이션하기 때문이다. 이 문제에 대해서는 나중에 좀더 자세히 다룰 예정이다.

그러나 유아원에서 실시한 이 연구를 설계하는 과정에서 결정적 역할을 한 것은 파블로프의 실험이 아니라 미국 심리학자 하비 웨인가튼

Harvey Weingarten이 1983년 쥐를 대상으로 수행한 실험이었다. 웨인가튼의 실험도 그 모범이 된 파블로프의 고전적 조건화 실험과 마찬가지로 훈련 기간이 지난 후 쥐를 영양 섭취로 이끄는 신호—이른바 "큐(cue: 암시 또는 지시를 뜻하는 영어)"—에 관한 것이었다. 웨인가튼은 쥐가 이미 배부르게 먹은 뒤에도 큐(소리 신호와 빛 신호의 조합)에 반응해 먹이를 먹는 것을 관찰했다. 자신이 중요한 발견을 한 것이 분명하다고 판단했지만, 그가 내린 결론은 너무 성급한 것으로 밝혀졌다. 요컨대 웨인가튼은 에너지 수요와 무관하게 물질대사를 통제하는 어떤 신호 물질이 존재한다고 추측했다.

이런 추측이 광고와 식품 산업에서 어떤 돌풍을 일으켰을지 능히 짐작할 수 있을 것이다. 그 신호 물질을 예컨대 광고 메시지를 통해 활성화할 수 있다면, 뭇사람들을 간단히 프로그래밍해 식품 소비로 이끌 수 있을 테니 말이다! 결론만 말하자면 실제 현실에서도 이와 상당히 유사한 유도 작업이 이루어진다. 하지만 이런 유도 과정은 웨인가튼이 추측한 것과 다르다.

음식 큐로 우리의 에너지 관리 체계를 조작할 수 있을까

세르비아 출신의 신경생물학자 고리차 페트로비치 Gorica Petrovich는 2000년 웨인가튼의 연구에 주목했다. 앞서 언급한 서던캘리포니아 대학의 신경해부학자 래리 스완슨의 제자인 그녀는 에너지 수급과 무관하게 영양 섭취를 통제하는 신호 물질이 존재한다는 웨인가튼의 생각을 깊이 파고들기로 했다. 페트로비치는 웨인가튼의 실험을 반복했다. 하지만 웨인가튼과 달리 미리 실험동물을 수술해 뇌 속의 다양한 신경 경로를 차례로 끊어놓았다. 페트로비치가 편도체와 외측 시상하부[LH] 사이의 연결을 끊고 실험하자 놀라운 일이 벌어졌다. 조건화가 일어나지 않은 것이다. 연결이 끊긴 쥐들은 먹이 신호에 반응하지 않았다. 요컨대 그 신호를 학습한 일이 전혀 없는 것처럼 행동했다. 웨인가튼은 추측만 내놓을 수 있었지만, 페트로비치는 음식 큐가 뇌의 어디에 어떻게 작용하는지에 대한 중요한 지식을 제공했다. 그에 따르면 음식 큐를 통한 조건화는 편도체에서 일어난다. 우리 뇌의 한 부분인 편도체는 공포, 도주 반사 등의 강렬한 감정이 발생하는 곳이기도 하다. 또한 뇌-당김을 일으키는 세포들이 바로 여기에 있다. 뇌-당김 자체는 평소 저출력 작동 상태에 있다. 마치 공회전하는 엔진처럼 말이다. 하지만 언제라도 가속 페달을 밟으면 엔진의 회전수가 올라간다. 이 가속 페달에 해당하는 것이 편도체다. 요컨대 편도체는 시상하부(정확히 말하면, 복내측 시상하부)에 위치한 뇌-당김 기능을 활성화한다(그림 4a).

편도체 뉴런은 음식 큐가 인지되었다는 메시지를 감정 뇌의 또 다른 부위인 앞이마엽 피질로부터 받는다. 편도체는 스트레스 요인에 반응할 수도 있다. [즉, 하행 신경 경로를 통해서 시상하부에 "연료를 공급해" 뇌-당김을 활성화하고(VMH, 곧 복내측 시상하부에서), 다른 경로를 통해서 영양 섭취를 억제할 수도 있다(LH, 곧 외측 시상하부에서).] 그런데 지금은 다른 일이 벌어졌다. 음식 큐를 인지했다는 신호를 앞이마엽 피질이 편도체에 보내자마자 편도체에서는 뇌-당김 뉴런이 강하게 억제되었다. 이제 모든 것이 영양 섭취를 목표로 조정된 것이다(그림 4b).

그림 4a 임박한 위험: 스트레스 시스템이 뇌-당김을 활성화한다

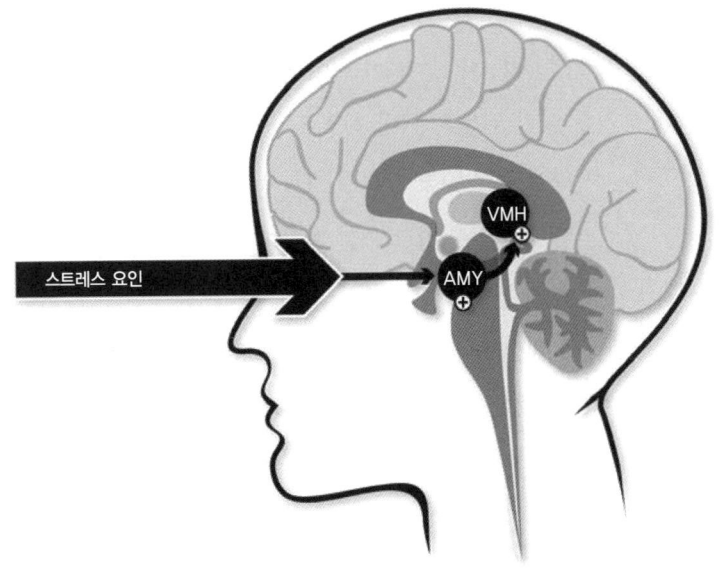

사람이 스트레스 요인(예컨대 위협적인 개)을 인지한다. 이 잠재적 위험에 최대한 효과적으로—이를테면 싸우거나 달아나는 방식으로—대응하기 위해 뇌는 더 많은 연료를 필요로 한다. 뇌로의 에너지 공급을 위해 스트레스를 일으키는 자극이 편도체(AMY)로 전달된다. 이 뇌 구역은 스트레스 시스템의 최상층, 곧 명령층에 위치한다(스트레스 시스템의 여러 층에 대해서는 72쪽 그림 2의 팔라디오 저택 참조). 편도체의 명령에 의해 스트레스 시스템의 중간층에 위치한 복내측 시상하부(VMH)가 활성화된다. 명령 사슬의 다음 단계들은 최하층에 위치한다. 즉, 부신은 아드레날린을 더 많이 분비하라는 지시를 받고, 췌장의 베타세포는 인슐린 분비를 줄이라는 명령을 받는다. 스트레스 시스템은 이런 조치로 뇌-당김을 가동함으로써 스트레스 상황에서 필요한 추가 에너지를 몸의 저장소에서 끌어당겨 뇌에 공급한다.

요컨대 큐는 에너지 부족이 임박했다는 확신을 뇌에 심어줄 수 있다. 심지어 실제로는 혈액 속에 충분한 포도당이 있는 상황에서도 말이다. 그리고 실제로 에너지 부족 상태가 발생한다. 전형적인 자기 충족적 예언의 효과가 나타나는 것이다. 즉, 실제로는 충분한 에너지를 공급받는 뇌

그림 4b 식욕 조건화: 신호가 영양 섭취에 영향을 미치는 경우

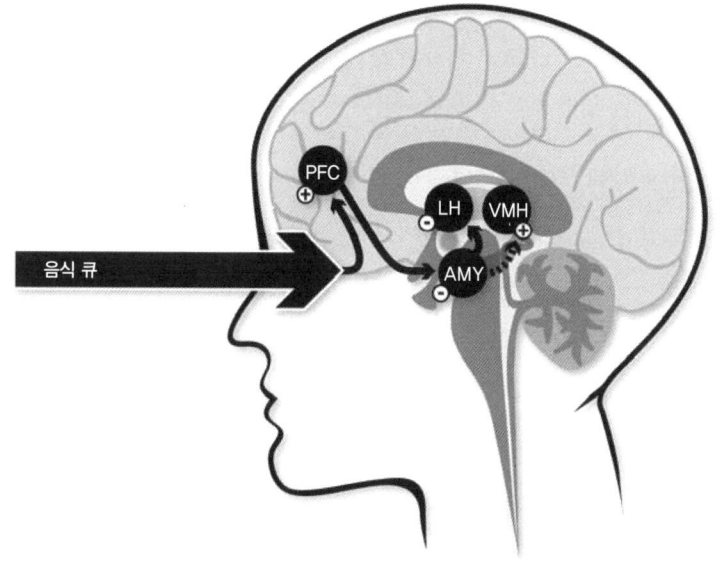

조건화란 특정 자극에 특정 반응을 보이도록 만드는 복잡한 학습 과정을 의미한다. 다양한 신호를 영양 섭취와 연결해 사람을 조건화할 수 있다. 피실험자는 음식을 먹기 전이나 먹는 도중 특정 큐(이를테면 음악, 광고)를 보거나 듣는다. 이런 자극이 뇌에 도달하면 먼저 앞이마엽 피질(PFC)을 두루 거친다. 그다음에는 편도체(AMY)를 통과한다. 그러면 스트레스 시스템의 최상층에 속한 편도체 뉴런이 억제된다. 그리고 이제 외측 시상하부(LH)를 통제하고 억제하는 편도체의 기능이 약화된다. 이런 식으로 큐는 LH를, 따라서 음식 섭취 욕구(몸-당김)를 해방시킨다. LH는 주도권을 발휘할 수 있다. 왜냐하면 지금 스트레스 시스템의 중간층(VMH)은 미약하게만 활동 중이기 때문이다. 뇌-당김도 봉쇄되었으므로, 몸의 저장소는 영양분을 수용하기 위해 열려 있다. 이 같은 식욕 조건화에서 "큐와 음식 섭취" 사이의 연결은 편도체에서 학습되고 고착된다. 조건화가 이루어진 상태에서 큐가 주어지면, 반응은 매번 동일한 패턴으로 진행된다.

가 큐에 반응해 뇌-당김을 억제하고 영양 섭취를 준비한다.

이때 영양이 공급되지 않으면 어떻게 될까? 우리가 큐에 굴복하지 않을 가능성은 여전히 열려 있다. (우리가 다이어트 중이어서 추가 에너지 섭취

를 거부하거나 당장 주변에 먹을거리가 없을 수도 있다.) 뇌-당김이 무력화한 상태에서 음식 섭취가 이루어지지 않으면―최근의 실험에서 입증되었듯―실제로 신경 당결핍 증상이 나타난다. 뇌가 에너지 위기에 처했음이 드러나는 것이다.

다시 말해, 큐가 뇌-당김을 억제하면, 곧장 뇌로의 에너지 공급이 위태로워진다. 그것도 앞서 얼마나 많은 음식을 먹었느냐, 혹은 몸 저장소에 얼마나 많은 에너지가 남아 있느냐와 상관없이 말이다. 중요한 것은 오로지 뇌로의 에너지 공급이 차단된 상황뿐이다. 실제로 에너지 부족이 임박했는지 여부는 중요하지 않다. 어쨌든 뇌는 자신의 저장소가 곧 비어버릴 것이라고 느낀다. 따라서 대응책으로 신속하게 몸-당김을 가동한다. 즉, 음식 섭취를 지시하는 신호를 발령한다. 이때 큐에 의해 억제된 편도체 세포는 LH로 이어진 하행 신경 경로를 통해 몸-당김을 억누르지 못한다. 큐에 의해 말하자면 몸-당김이 해방되는 것이다. 그러면 우리는 몸 저장소가 아직 꽉 차 있더라도 음식을 먹는다.

바로 이런 사실을 페트로비치는 영리하게 설계한 실험에서 앞이마엽 피질 및 편도체와 LH의 상호 작용을 밝혀냄으로써 입증할 수 있었다. 웨인가튼의 실수는 조건화한 먹이 섭취가 실험동물의 에너지 수요와 무관하다고 추측한 것이었다. 그러나 실제로 큐는 쥐의 뇌에 공급되는 에너지를 정말로 차단하는 작용을 했다. 그래서 쥐는 신호가 울리면 몸 저장소가 꽉 찬 상태인데도 먹이를 먹은 것이다.

이 대목에서 다시금, 뇌 에너지와 몸 에너지 사이의 균형이 얼마나 중요한지가 드러난다. 사람에게서도 마찬가지다. 과체중자는 에너지 분배에 장애가 있는 사람이다. 총 에너지 공급이 증가한 상황에서 뇌로

가는 에너지가 적으면 적을수록 몸 저장소는 더 많이 채워진다. 정상적인 뇌는 인체가 보유한 에너지의 20퍼센트를 사용한다. 그러나 과체중자에게서는 뇌에 할당되는 에너지가 17퍼센트에 불과하다. 그러므로 몸의 에너지 수요만 고려하고 뇌의 에너지 수요를 무시하는 사람은 결정적인 사안을 소홀히 하는 셈이다.

요컨대 큐가 우리의 물질대사에 미치는 영향은 웨인가튼이 추측한 것보다 훨씬 더 크다. 우리가 살펴보았듯 큐는 어떤 불길한 신호 물질의 분비를 유발하는 것이 아니라 뇌 물질대사에 중대하게 개입한다. 다행히 큐는 전능하지 않다. 큐가 몇 년 동안 계속 반복해서 등장할 수도 있지만, 큐의 작용력은 매번 한정적인 시간 동안만 발휘된다. 원리적으로 큐는 우리의 물질대사와 식습관에 가해지는 작고 일시적인 공격이다. 이를테면 침으로 살짝 찌르는 것과 비슷하다. 큐를 중대하게 만드는 것은 잦은 반복이다.

우리는 큐의 홍수 속에서 산다. 무엇보다 텔레비전 광고는 큐 덩어리다. 텔레비전 광고에서 식품, 음료, 술이 차지하는 비율은 놀랄 만큼 크다. 광고 담당자에게 광고의 목표에 대해 물으면, 돌아오는 대답의 핵심은 대개 브랜드 선호도다. 즉, 상품이나 상표의 인지도와 이미지를 위해 광고를 한다는 것이다.

영국 과학자들은 이런 주장에 의심을 품고 아주 간단한 실험을 했다. 이번에도 대상은 7~11세 아동들이었고, 목적은 큐가 음식 섭취 행동에 미치는 영향을 탐구하는 것이었다. 피실험자들은 인기 있는 아동 프로그램을 시청했다. 과학자들은 프로그램을 전반부와 후반부로 나누고 그 중간에 광고를 삽입했다. 1집단이 본 광고 중에는 식품 광고도 몇 건 있었다. 2집단은 식품 광고가 아닌 광고만 보았다. 두 집단 앞의 탁자에는 자유롭게 먹을 수 있도록 과자 봉지를 놓아두었다. 연구자들이 얻은 놀라운 실험 결과는 식품 회사의 숨은 광고 의도를 짐작케 한다. 1집단은 2집단보다 과자를 45퍼센트나 더 많이 먹었다. 아이들에게 제공한 과자(피슐리Fischli)는 광고에 전혀 등장하지 않았음에도 그랬다. 해리스와 핼퍼드가 주도한 이 연구는 식품 광고가 아동의 텔레비전 시청 중 음식 섭취 행동에 영향을 미친다는 것을 명백하게 입증한다. 많은 광고가 바로 이런 효과를 목표로 삼는다는 의심을 품을 만하다. 다시 말해, 텔레비전 광고가 큐를 송출해 그 광고를 시청하는 아동의 뇌 물질대사 프로그래밍에 개입한다는 것이다.

미국에서 수행한 한 연구는 텔레비전 광고가 장기적으로 음식 섭취에 얼마나 큰 영향을 미치는지 잘 보여준다. 어린 시절 주말마다 오랫동안(평균 6시간) 텔레비전을 본 피연구자들을 20년 후에 조사해보니, 그들의 체중이 어린 시절 텔레비전을 적게 본 피실험자들보다 확실히 더 무거웠다. 흥미롭게도 이 효과는 대체로 주말에 과도하게 텔레비전을 본 경우에 국한되었다. 이는 가족의 아동 방치 같은 부수적인 요인이 작용한 탓일 수 있다. 이런 불확실성 때문에 이 연구의 의미는 한편으로는 제한적이다. 그러나 다른 한편으로 이 연구는 여전히 유년기의 텔레비전 시청 습관과 성년기의 과체중 사이에 밀접한 연관이 있음을 분명하게 보여준다. 이런 사실은 비교적 최근에 알려졌지만 이미 공론장과 정치계에서 어느 정도 주목을 받았다. 하지만 한 걸음 더 나아가 광고가 아동과 청소년에게 미치는 영향을 근본적으로 새롭게 평가하는 일이 반드시 필요하다.

영화 관람 효과

식품 광고가 뇌에 그토록 강한 영향을 미친다면 술 광고는 어떨까? 텔레비전 광고와 더불어 인터넷 마케팅—방문자가 많은 사이트에 광고 메시지와 동영상(이른바 바이럴^{viral})을 게재하는 일—이 갈수록 중요해지는 지금, 이 문제는 더욱 심화할 위험성이 크다. 역시 새롭고 우려할 만한 또 하나의 경향은 미국에서 확산 중인 교내 마케팅이다. 점점 더 많은 미국 학교가 기업들로 하여금 교내에서, 심지어 수업 도중 학생들에게 직접 영향을 미칠 수 있는 기회를 제공하고 있다.

하지만 여기서는 가장 교묘한 큐 상황 중 하나에 주목해보기로 하자. 우리가 정기적으로 자진해 즐기는 그 상황은 다른 게 아니라 영화 관람이다. 영화관으로 가보자. 영화관 로비의 판매대에서 가장 눈에 띄는 것은 지난 20년 동안 진행된 군것질거리 판매 단위의 팽창이다. 관람객의 필수품인 콜라 병(한때 0.2리터짜리였다)은 점점 커지는 음료 컵에 밀려 퇴출당했다. 지금은 콜라를 비롯한 음료를 거대한 1.5리터 용기에 담아 판매한다. 대용량 팝콘도 봉투가 아니라 두레박만 한 종이 통에 담아 판매한다. 사정이 이렇다 보니 영화 관람은 끊임없는 군것질과 한 쌍이 될 수밖에 없다. 영화관 운영자에게는 이런 변화가 당연히 긍정적이다. 따지고 보면 그들은 주로 스낵과 음료를 팔아 돈을 벌기 때문이다. (영화관 입장 수입 대부분은 필름 대여료로 나간다.)

영화 관람에 그렇게 많은 칼로리가 필요한 이유는 과연 무엇일까? 질문을 좀더 다듬어보자. 왜 영화관은 우리의 뇌를 에너지 수요가 아주 높은 듯한 상태에 빠뜨리는 것일까? 영화 상영에 앞선 광고(주로 술, 아이스크림, 담배 광고)가 보내는 큐는 논외로 하더라도, 현대 오락 영화 자체가 우리 뇌를 지속적인 예외 상태에 빠뜨린다. 빠른 장면 전환, 압도적인 특수 효과, 노골적인 잔인성, 공포를 자아내는 광경과 새로운 3D 기술은 영화라는 대단한 구경거리의 주요 첨가물이다. 이런 첨가물이 듬뿍 들어간 영화가 제공하는 자극의 홍수는 영화관 안에 있는 편도체—예컨대—120개와 그 소유자들로 하여금 지속적인 경계 태세를 취하게끔 한다. 우리는 이것을 다음과 같이 이해할 수 있다. 우리의 뇌는 인간 진화의 다양한 단계에 출현한 여러 구역으로 이루어져 있다. 그래서 공포 영화에서 산 사람의 몸을 톱으로 써는 무시무시한 장면을 보면, 진화 역사에서 비교적 최근에 발생한 뇌 피질 구역들(특히 앞서 언급한 앞이마엽 피질)은 그 끔찍한 장면을 허구적인 영화의 한 부분으로 받아들인다. 우리의 지성은 상대화 능력을 지니고 있다. 요컨대 눈에 보이는 장면의 위협이 실재가 아니라는 것을 안다. 그러나 그 장면에 담긴 메시지는 뇌의 공포 중추, 도주 중추, 반사 중추에 도달한다. 편도체는 진화 역사에서 비교적 일찍 발생한 뇌 구역 중 하나인데, 이것은 실재하는 위험뿐 아니라 가상의 위험에도 반응해 경계 태세를 갖춘다. 따라서 긴장을 자아내는 장면이나 폭력적인 장면이 영사막에 나타나면, 편도체는 실제 상황에서와 마찬가지로 반응해 위험 관련 신경세포 집단의 정보 처리 속도를 최대로 높인다. 속도 향상은 에너지 수요 증가를 의미한다. 폭력 장면으로 인해 처음에는 뇌-당김이 가동한다. 그러나 뇌-당김으로는 감정이 분수처럼 솟구치는 두 시간 내내 충분한 에너지를 공급하기에 역부족이므로 몸-당김이 가세한다. 거대한 팝콘 통과 과자, 아이스크림, 단것이 투입되는 것이다.

그런데 흥미로운 사실은 우리가 영화 시작 전에 군것질거리를 확보해놓을뿐더러 우리의 뇌를 분주하게 만들 극적인 장면이 망막에 맺히기 전에 이미 군것질을 시작한다는 것이다. 어쩌면 이것도 조건화의 결과일 수 있다. 영화관을 방문한 상황 전체가 하나의 거대한 큐일 수 있다는 얘기다. 요컨대 우리가 과거 영화관에서 흥분과 격정의 홍수를 거듭 경험한 결과, 칼로리로 무장하는 법을 학습한 것이라고 생각해볼 수 있다. 곧이어 120분 동안 우리의 뇌가 틀림없이 칼로리를 요구할 테니 말이다. 이에 관한 연구는 아직 이루어지지 않았다. 또한 등급이 높은 영화를 상영할 때 더 많은 팝콘을 판매하고 소비할 것이라는 추측을 검증하는 연구도 이루어지지 않았다. 이 추측에 따르면, 18세 이상 관람가 등급—즉, 공포 영화와 폭력 영화—을 상영할 때 팝콘 소비량이 가장 많을 것이다.

큐가 우리의 뇌 물질대사와 몸무게에 미치는 영향을 얕잡아보지 말아야 한다. 모든 큐는 뉴런의 학습 과정을 유발한다. 큐 하나가 단독으로 일으키는 변화는 비교적 작더라도, 다수의 큐는 컴퓨터 소프트웨어와 마찬가지로 일부 뇌 구역을 재프로그래밍할 수 있다. 그리고 불행하게도 이 변화는 아주 근본적이어서 되돌릴 수 없다. 이것을 이해하려면 개별 뉴런 각각이 경험을 어떻게 저장하는지 알아야 한다. 신경세포 각각은 이웃 신경세포로부터 수많은 신호를 받는다. 한 신경세포와 이웃 신경세포가 접촉하는 지점을 시냅스라고 하는데, 이 시냅스가 취할 수 있는 지속적이고 안정적인 상태는 세 가지다. 첫째는 기본—이른바 활성—상태다. 이 상태의 시냅스는 순박하며 학습할 준비가 되어 있다. 한 번 학습을 한 시냅스는 활성 모드로 복귀하는 것이 불가능하다시피 하다. 요컨대 학습을 한 시냅스는 순박함을 영원히 상실한다고 할 수 있다. 방금 살펴보았듯 학습은 시냅스가 기본 상태를 벗어나 다른 두 가지, 즉 장기 증강Long Term Potentiation, LTP 상태와 장기 저하Long Term Depression, LTD 상태를 취할 수 있기 때문에 가능하다. LTP란 시냅스 신호 전달이 장기적으로 강화된 안정 상태를 의미한다. 이 상태에서 신경세포는 정보를 특히 잘 수용한다. 신경세포에 도달하는 모든 신호는 다른 신경세포로 전달될 뿐만 아니라 증폭된다. 특정 스트레스 큐(예컨대 개의 공격)에 의해 한 뉴런의 시냅스가 LTP로 프로그래밍된다면, 장차 그 뉴런은 그 개나 유사한 다른 개와 마주칠 때마다 반응해 스트레스 시스템의 재활성화에 기여할 것이다. 한편 LTD란 신경세포가 자극에 전혀 혹은 거의 반응하지 않는 안정 상태를 뜻한다. 일단 프로그래밍된 신경세포가 다시 활성 상태로 복귀하는 것은 불가능하지만 LTP에서 LTD로 혹은 거꾸로 재프로그래밍되는 것은 가능하다.

그렇다면 망각이라는 개념을 뉴런에 적용할 수 있을까? 그 대답은 적용할 수 없다는 것이다. 한 번 학습된 정보를 떨쳐내는 것은 불가능하다. 그러나—이 대목이 중요하다—정보를 학습한 뉴런을 억제하는 것은 가능하다. 바로 이 가능성 덕분에 우리는 달갑지 않은 큐에 대처할 수 있다. 또한 이는 기억 연구자들이 망각이나 폐기 학습unlearn: 기존 학습 내용을 적극적으로 폐기하는 것—옮긴이을 언급하지 않고 "소거extinction"를 언급하는 이유이기도 하다. 이 개념은 원래 '지워 없앰'을 뜻하지만 기억 연구에서는 재학습 과정을 의미한다. 소거 원리는 때때로 공포증 환자에 대한 행동 치료에 적용된다.

다시 한 번 개의 공격을 예로 들어보자. 개한테 물린 적이 있는 사람에게서는 편도체의 뉴런들로 이어지는 시냅스가 그 사건을 계기로 LTP 상태로 프로그래밍되어 있다. 이 뉴런들은 스트레스 시스템을 활성화하는데, 이제부터는 개와 관련한 자극에 극도로 예민하게 반응할 것이다. 이 같은 공포 조건화의 결과, 개와 마주칠 때마다 뇌-당김 편도체 뉴런들이 활성화하고 공포감과 아드레날린 및 코르티솔 분비를 동반한 스트레스 방어 프로그램 전체가 가동된다. 때로는 개에 대한 공포가 심해져 뚜렷한 개 공포증에 이르기도 한다. 이렇게 되면 오직 행동치료를 통해서만 뇌를 재학습할 수 있다. 치료자는 의도적으로 공포증 환자를 개와 접촉시킨다. 이런 치료 절차를 "노출^{exposition}"이라고 한다. 개와의 긍정적 접촉을 반복하면 환자는 자신에게 해로운 일이 다시 발생하지 않는다는 것을 학습한다. 이어 그런 예사로운 접촉 횟수가 충분히 많아지면 마침내 소거가 이루어진다. 즉, 개를 보았을 때 공포 반응이 발생하는 것을 억누르는 새로운 뉴런 연결이 형성된다. 이 새로운 연결은 이제껏 개 문제와 아무런 상관이 없던 별도의 신호 경로에서 형성된다. 이제 스트레스 큐는 추가된 대안 신호 경로를 거쳐 편도체에 도달하고, 그 경로에서 학습 과정^{LTP}이 진행된다(그림 4c).

앞서 언급한 앞이마엽 피질은 스트레스 큐(곧, 개)가 인지되었다는 메시지를 역시 새로운 대안 신호 경로를 통해 편도체에 보낸다. 그러면 편도체의 뇌-당김 뉴런이 강하게 억제된다. 이런 식으로 대안 소거 경로(무사히 개와 마주치는 일의 반복)는 원래의 조건화 경로(개에게 물림)를 거의 무력화하고, 스트레스 반응은 사라진다. 흥미롭게도 이런 현상은 음식 큐가 일으키는 현상과 뇌생리학적으로 동일하다. 음식 큐가 거치는 신호 경로는 공포 소거를 담당하며 스트레스 시스템을 억제하고 뇌-당

그림 4c 공포 소거: 공포를 억제하는 새로운 신경 경로

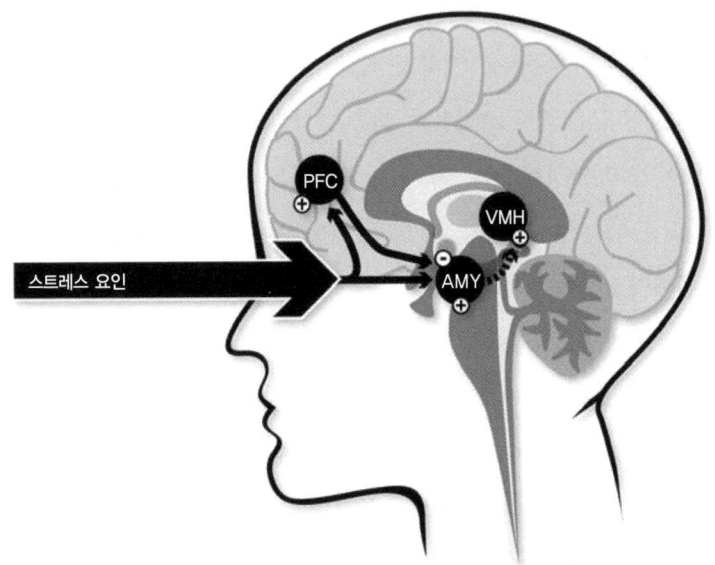

환자가 스트레스 요인(과거에 환자를 물었던 개)을 반복해서 본다. 개와 거듭 마주쳐도 위험한 일이 생기지 않으므로 환자의 뇌에서 자극을 처리하는 방식이 변화한다. 즉, 공포가 소거된다. 이런 변화는 이제 스트레스 자극이 두 가지 경로를 거쳐 편도체(AMY)에 도달하기 때문에 가능하다. 한편으로 그 자극은 처음 개와 마주쳤을 때처럼 고통스럽게 학습한 직통 경로를 거친다(그림 4a 참조). 이 "스트레스 경로"만 있다면, 스트레스 시스템의 최상층에 위치한 편도체 뉴런이 흥분할 것이다. 하지만 다른 한편으로 스트레스 자극은 새로 학습한 우회로를 거치며 앞이마엽 피질(PFC)에서 처리된다. 이 새로운 소거 경로는 편도체 뉴런을 억제하며 결국 원래의 스트레스 경로보다 더 강한 힘을 발휘한다. 즉, 무사히 개와 마주치는 일이 잦을수록 편도체 뉴런의 흥분은 더 약해지고 그 뉴런에 대한 억제는 더 강해진다. 이런 식으로 소거 경로는 환자의 스트레스 반응을 갈수록 약화시킨다.

김을 약화하는 신호 경로와 동일하다!(그림 4b, 4c 참조).

행동의학은 치료 목적의 공포 소거와 더불어 새로운 행동 전략 학습도 방편으로 삼는다. 이를테면 개와 평화롭게 접촉하는 법을 가르치는 것이다. 요컨대 행동 치료는 생각과 느낌과 행동에 관여하는 새로운

신경 경로를 만들어낸다. 개에 대한 공포로 오염된 뇌 구역을 우회하는 경로를 만들어내는 것이다. 하지만 이 구역은 여전히 취약하다. 왜냐하면 편도체에 각인된 기억은 사라지지 않기 때문이다. 고요하게 통제된 그 구역의 뉴런은 약간의 자극만 받아도 다시 활성화한다. 이런 연유로 개한테 한 번 물린 경험이 있는 사람은 세월이 지나 자신의 공포를 통제할 수 있게끔 되었다 하더라도 두 번째로 물릴 경우 공포와 불안과 도주 반사를 처음 물렸을 때보다 훨씬 더 격렬하게 나타낸다.

이 같은 시냅스 변화와 뇌 속 우회로 형성은 이른바 "신경가소성神經可塑性, neuroplasticity" 덕분에 가능하다. 신경가소성이란 뇌가 끊임없이 자신을 재건축하고 구조를 바꾸는 능력을 말한다. 우리 자아의 창조적 변신 능력은 특히 아동기와 청소년기에 두드러지게 발휘된다. 이 능력은 나이를 먹음에 따라 약해지지만 고갈되지는 않는다. 우리는 어느 나이 때나 이 능력을 발휘할 수 있다. 바로 이 능력, 학습을 통해 변신하는 뇌의 능력 덕분에 우리는 큐 덫에서 해방되는 것을 희망할 수 있다.

스트레스가 정신적 외상으로 발전할 때

신경가소성을 지닌 뇌는 다양한 방식으로 자신을 새롭게 정비하고, 위기를 극복하고, 손상을 복구하고, 성능을 유지할 수 있다. 예컨대 실명을 하면, 원래 시각을 담당하던 뇌 구역이 촉각에 사용된다. 뇌생리학의 관점에서 보면, 점자를 배워 사용하는 것은 실제로 손가락 끝으로 보는 활동이라고 할 수 있다. 뇌졸중으로 뇌 일부가 손상되면 흔히 몇몇 근육 집단이 마비되는데, 이 경우 뇌는 스스로 구조를 바꿔서 다른 뇌 구역으로 하여금 해당 근육에 대한 통제를 학습하고 담당하게끔 할 수 있다. 하지만 이를 위해서는 체계적이고 강도 높은 훈련이 필요하다. 심지어 연구 사례 중에는 사고나 유전적 결함으로 뇌의 일부만 작동하는 사람이 눈에 띄는 장애 없이 정상적인 삶을 영위하는 경우도 여러 건 알려져 있다. 그러나 신경가소성에 한계가 없는 것은 아니다. 요컨대 돌이킬 수 없는 뇌 손상이 존재한다. 심한 머리 외상, 뇌종양, 뉴런 조직에 대한 산소 공급의 심각한 결핍 등이 그런 손상을 초래한다.

하지만 스트레스로 인한 정신적 외상이 돌이킬 수 없는 뇌 손상으로 이어지는 경우도 있다. 예컨대 세계 곳곳의 전쟁 지역에서 발생하는 스트레스가 그런 결과를 초래할 수 있다. 왜냐하면 전쟁은 고통과 능력과 생명의 한계를 넘는 상황을 유발하기 때문이다. 역설적이게도 전쟁은 그 잔혹성 때문에 과학자들에게 중요한 지식을 제공한다. 마리 크리거의 예외적인 연구는 제1차 세계대전이 없었다면 결코 불가능했을 것이다. 제2차 세계대전 중에도 1944년에서 1945년으로 넘어가는 겨울에 끔찍한 기아 사태가 발생했고, 그 덕분에 또 하나의 예외적인 연구가 이루어졌다. 네덜란드 역학자 테사 J. 로제붐Tessa J. Roseboom은 갑자기 닥친 영양 부족과 거기에 딸린 온갖 감정적 정황(아사나 동사에 대한 두려움으로 인한 스트레스)이 자궁 속 태아에게 미치는 영향을 연구했다. 이 네덜란드 기아 연구의 결과는 크리거가 얻은 결과보다 덜 놀랍지만 한층 극적이다. 임신 중의 영양 부족과 강한 스트레스가 어머니와 함께 고생한 태아의 물질대사에 남은 일생 내내 부담을 주고 영향을 미친다는 사실을 분명하게 시사하는 증거가 있다. 따라서 다음과 같은 가설을 세울 수 있다. 요컨대 출생 전이나 출산 중에, 또는 출산 직후에 정신적 외상 수준의 스트레스를 겪은 아이는 처음부터 스트레스 시스템이 부정적으로 적응된 상태가 굳어져 뚱뚱해지고 기대 수명 또한 짧아진다. 바꿔 말해서, 이 가설이 옳다면 우리 각자의 스트레스 이력서의 결정적인 한 줄은 이미 자궁 안에서 쓰이는 셈이다.

우리 각자의 철저히 개인적인 스트레스 이력

누구나 자기 고유의 스트레스 이력을 지니고 있다. 여기에는 위기, 갈등, 정신적 외상이 수록될뿐더러 스트레스 시스템이 그것들을 어떻게 다스렸는지도 포함한다. 이 경험 및 행동 패턴은 스트레스 반응에 영향을 미치며 궁극적으로는 스트레스 시스템이 얼마나 민감하게 반응하는가, 얼마나 신속하게 휴지 상태로 복귀하는가, 얼마나 효율적으로 작동하는가를 결정한다. 스트레스 시스템과 거기에 딸린 복잡한 뉴런 연결망은 지문과 마찬가지로 개인마다 고유하다.

스트레스 시스템의 활동 수준은 어느 정도까지 프로그래밍되는가, 또한 뇌는 일생의 어느 시기에 그런 프로그래밍을 특히 잘 수용하는가? 이는 캐나다 스트레스학자 마이클 미니$^{Michael\ Meaney}$가 쥐를 대상으로 수행한 주목할 만한 연구의 핵심 질문이었다. 그는 우선 실험용 쥐의 스트레스 이력서를 작성하는 작업에 착수했다. 그러면서 쥐를 크게 두 집단으로 분류했다. 첫째 집단은 다정한 어미를 두어서 말하자면 완벽한 유년기를 보낸 쥐들이었다. 둘째 집단의 쥐들은 첫째 집단과 거의 동일한 조건에서 성장했지만 한 가지 점이 달랐다. 이 녀석들의 어미는 새끼가 태어난 후 짧은 기간 동안 새끼를 거의 돌보지 않았다. 두 집단의 차이는 놀라웠다. 일시적으로 방치되었던 쥐들은 스트레스 호르몬의 코르티솔 혈중 수치가 첫째 집단의 쥐들보다 더 높았고, 이런 차이는 쥐들의 일생 내내 유지되었다.

미니의 발견은 세 가지 측면에서 큰 논란을 불러일으킬 소지가 있다. 첫째는 시간이다. 생후 며칠 동안의 방치로도 어린 실험동물을 프로그래밍해 지속적인 스트레스 반응을 나타내게끔 하는 데 충분했다. 둘째는 안정성이다. 이 프로그래밍은 장기적인 안정성을 지닌다. 쉽게 말해서 평생을 간다. 셋째는 대물림이다. 미니는 이 프로그래밍이 후손에게 대물림되기까지 한다는 것을 입증하는 데 성공했다. 요컨대 그는 어미의 돌봄을 거의 받지 못한 쥐(F1 세대)가 자신의 스트레스 시스템 설정을 자기 자식(F2 세대)에게 물려주는 것을 관찰했다. 그 자식을 검사한 결과, 어미에서와 똑같은 스트레스 시스템의 변화를 포착한 것이다.

출생 직후의 괴로운 사건이 어떤 메커니즘을 통해 어린 쥐의 스트레스 시스템을 그렇게까지 조작할 수 있는지 처음에는 해명할 수 없었다. 그래서 다음 단계로 미니는 상이한 스트레스 이력을 지닌 쥐들의 해마에 위치한 코르티솔 수용체(당질 코르티코이드 수용체glucocorticoid receptor, GR)를 연구했다. 앞에서도 언급했듯 이 코르티솔 수용체는 뇌 속 스트레스 시스템을 제동하는 자연적인 브레이크 구실을 한다. 연구 결과는 이러했다. 즉 생후에 방치되었던 쥐들은 뇌에서 이 코르티솔 수용체를 너무 적게 생산했다. 따라서 그 진정성 호르몬은 약하게만 작용했고, 스트레스 브레이크는 그리 효과적이지 못했다. 미니는 이런 변화의 원인도 발견했는데, 이는 과학계에서 대단한 화제를 불러일으켰다. 왜냐하면 스트레스 시스템 프로그래밍은 유전자를 통해서가 아니라 후성적 방식으로 진행되기 때문이다. 후성적 과정이란 유전적 소질에 바탕을 두되 환경의 영향에 의해 제어될 수 있는 발생 과정을 의미한다. 쉽게 말해서, 후성적 과정을 다룰 때는 확정된 유전적 소질(유전자)을 한쪽에 놓고 그 유전자를 켜거나 끄는 프로그램 혹은 장치를 다른 쪽에 놓아 양자를 구분하는 것이 중요하다. 미니는 그런 제어 장치 하나를 발견했다. 말하자면 GR 유전자 활성화 단추를 발견한 것이다. 방치되었던 쥐들에게서는 그 제어 장치에 메틸 막이 덮여 있어 GR 유전자와 스트레스 브레이크가 한껏 활성화할 수 없었다. 그 쥐들에게서 메틸 막은 자동차에서 눌린 채로 멈춰버린 가속 페달이 하는 것과 같은 역할을 했다. 녀석들의 스트레스 시스템은 항상 고출력으로 작동했고, 녀석들로서는 이를 어쩔 도리가 없었다. 하지만 여기가 끝이 아니다. 미니는 이 메틸 막이 F1 세대에서 F2 세대로 대물림된다는 것을 입증했다. 그는 어떤 화학 물질을 이용해 그 메틸 막을 쥐들의 뇌에서 제거하는 데 성공했다. 그러자 녀석들의 코르티솔 수치가 갑자기 평범한 수준으로 떨어졌고 스트레스 반응은 정상화되었다.

이 연구 결과를 어느 정도까지 인간에게 적용할 수 있을까? 실제로 네덜란드 기아 연구 도중 검사를 받은 피연구자들에게서도 메틸 막이 확인되었다. 막의 위치는 인간의 발달과 성장에 결정적으로 중요한 유전자 자리 한 곳이었다. 아직 놀라기는 이르다. 이 억제성 메틸 막은 인간에게서도 대물림된다. 혹독한 굶주림의 겨울을 자궁 속에서 겪은 피연구자들(F1 세대)은 그 메틸 막을 자식들(F2 세대)에게 물려주었다. 이는 획기적인 발견이었다. 미니가 쥐들에게서 관찰한 것과 유사한 후성적 대물림이 인간에게서도 일어났기 때문이다. 이런 대물림의 결과, 1944/1945년 겨울의 기아를 자궁 속에서 겪은 피연구자들과 그 자식들은 과체중, 제2형 당뇨병, 인지 능력 부족을 겪을 위험이 평균보다 더 높았다.

다행히 전쟁과 기아는 21세기 초 중부 유럽에 사는 사람들에게 닥친 상황이 아니다. 그러나 가족과 사회에서 겪는 다른 스트레스 사건도 전쟁과 기아 못지않게 강한 힘을 발휘할 수 있다. 심리학자 소냐 엔트링거Sonja Entringer는 임신 중에 심한 정신적 외상 수준의 스트레스를 겪은 어머니들이 낳은 젊은 아들들을 연구했다. 현재 20세인 그 남성들의 혈액을 검사해보니 인슐린 수치가 높았다. (이는 뇌-당김이 약하다는 증거다.) 따라서 그들은 과체중이 될 위험이 확실히 높았다. 엔트링거는 자궁 속 태아에게 큰 영향을 끼칠 수 있는 스트레스 요인을 구체적으로 지목했다. 그 요인 목록은 큰 논란을 일으킬 만하다. 왜냐하면 대체로 우리 사회의 문제를 나열한 목록처럼 보이기 때문이다. 예비 부모의 결별, 아버지의 부성父性 부인, 어머니가 다른 자식을 돌보고 교육하느라 받는 부담, 가까운 친지의 중병이나 사망, 가족이 겪는 심각한 재정적 압박, 배우자의 갑작스러운 실직이 그 목록에 포함되었다. 누구나 처할 수 있는 이런 상황은 감정적으로 괴로울뿐더러 우리의 물질대사에 직접 영향을 미칠 수 있다.

하지만 이것들 못지않게 강한 힘을 발휘하는 스트레스 요인 목록은 계속 이어진다. 유년기의 정신적 외상도 평생 동안 스트레스 시스템과 물질대사에 영향을 끼친다. 또 다른 연구는 아동기의 피학대 경험과 성년기의 과체중 사이에 연관성이 있음을 시사한다. 이 연구에서는 어떤 형태의 학대가 성년기에 나타난 결과를 초래하는지 조사했다. 중요하게 지목한 것으로는 아동이 겪은 신체적(성적) 학대나 언어적(모욕이나 욕설을 통한) 학대, 아동이 목격한 학대당하는 어머니의 모습, 아동이 겪은 방임 등이 있다. 이런 피학대 경험은 당사자의 스트레스 반응이 약화되는 결과를 초래한다.

이미 살펴보았듯 이런 사건이 편도체의 프로그램에 새겨지는 메커니즘은 다양하다. 첫째, 편도체 신경세포의 시냅스가 영속적으로 변화해 입력되는 스트레스 신호들이 변화한 스트레스 반응을 일으키는 경우가 있다. 둘째, 편도체 신경세포의 세포핵에 영속적인 후성적 변화가 일어나 MR 수용체와 GR 수용체의 균형이 깨지고, 그 결과 스트레스 시스템이 장기적으로 새로운 휴지 상태에 도달하는 경우가 있다. 이때 시냅스 가소성에 기초한 기억은 개인의 평생 동안 유지될 수 있으며, 유전자 메틸화gene methylation에 기초한 기억은 심지어 여러 세대까지 대물림될 수 있다. 하지만 우리는 개별 사례에서 어떤 형태의 기억이 형성되는지에 대해서는 아직 모른다. 요컨대 마치 신체적 외상이 흉터를 남기는 것처럼 정신적 외상은 스트레스 시스템을 장기적으로 재설정해놓으며, 그 재설정 효과는 뇌-당김의 경쟁력 부족으로 드러난다. 유년기에 정신적 외상을 겪은 사람은 성년기에 과체중이 될 위험이 평균보다 50퍼센트 높다. 이것도 방금 언급한 연구에서 나온 결과다.

    심한 정신적 외상을 겪은 아동의 스트레스 브레이크도 메틸 막에 의해 봉쇄되는지 여부를 명확하게 밝혀내기란 사실상 불가능하다. 그러려면 뇌를 헤집어야 하는데, 이는 살아 있는 사람에게는 할 수 없는 작업이다. 그래서 미니와 동료들은 어린 시절 학대당한 자살자들을 검사 대상으로 삼았다. 어린 시절 학대당한 사람은 자살할 확률이 유난히 높다는 게 그런 선택을 한 이유였다. 유년기의 정신적 외상과 자살 사이에는 비례 관계가 성립한다. 비록 당사자는 흔히 몇 년이나 몇 십 년이 지난 후에 자살하지만 말이다. 미니는 거의 모든 검사 대상자의 뇌에서 메틸 막과 스트레스 브레이크 장애를 발견했다. 그는 대조를 위해 어린 시절 학대를 당하지 않은 자살자들의 뇌도 검사했다. 이 검사에서는 해마의 GR 유전자에 메틸 막이 덮인 경우가 훨씬 드물게 발견되었다.

이 모든 연구는 인간이 살아가는 동안 뇌가 강한 부담에 특히 민감하게 반응하는 시기가 있음을 보여준다. 스트레스 요인은 이미 자궁 속에서 태아에게, 혹은 출생 후에 작용해 평생 동안 영향을 끼칠 수 있다. 미니는 메틸화를 통한 이 같은 스트레스 프로그래밍을 화학적으로 취소할 수 있다는 것을 동물 실험을 통해 입증했다. 하지만 그가 사용한 물질은 심각한 부작용을 일으키기 때문에 인간용 치료약으로는 절대로 쓸 수 없다.

그렇다면 어떻게 해야 할까? 임신부를 특별히 잘 보호해야 한다는 생각은 새로운 것이 아니다. 하지만 지금까지 사람들이 주로 염두에 둔 것은 임신과 출산 중에 합병증을 조심하는 것이었다. 예비 어머니의 정신적 외상 수준의 스트레스 체험도 합병증 못지않은 악영향을 아이의 미래에 끼칠 수 있다는 사실은 사회적·의학적 차원에서 태아를 대하는 태도를 새롭게 고민하게끔 만든다. 기아가 창궐했던 네덜란드의 겨울은 아이들과 그들의 아이들에게 악영향을 끼쳤고, 그 악영향은 지금도 일부 남아 있다. 또한 혼란에 휩싸인 다르푸르^{아프리카 수단공화국 서쪽 끝에 있는 지역—옮긴이}, 아이티, 콩고, 스레브레니차^{보스니아 동부의 도시—옮긴이} 등지에서 얼마나 많은 아이들과 그들의 아이들이 이와 유사한 고통을 겪었고 앞으로도 겪을지에 대해서는 아무도 확실히 말할 수 없다. 비인도주의적 재앙을 새 정부나 원조 또는 평화 조약으로 종식할 수는 없다. 그 재앙의 결과는 대물림될 수 있다. 우리 사회에서 방치와 학대를 당하는 수많은 아이들도 마찬가지다. 아동의 뇌가 얼마나 연약한지 깨우쳐주는 미니의 연구가 전하는 메시지는 우리에게 맡겨진 아이들의 삶을 더 큰 조심성과 사랑으로 대하라는 것일 수밖에 없다. 아이가 생후 몇 개월 동안 아무 탈 없이 사는 것은 필수적이다. 물론 그 기간이 몇 년이라면 더욱 좋다. 신생아의학에서 미숙아를 위한 인큐베이터를 발명했을 당시 의료인은 아이의 부모가 인큐베이터에 접근하는 것을 막았다. 감염을 우려했기 때문이다. 다행히 오늘날에는 의학 지식이 더 발전했다. 인큐베이터 안의 아이를 만지고 쓰다듬고 안아드는 부모의 모습은 안전하게 태어나려면 누구에게나 필요한 것이 무엇인지를 잘 보여준다. 그것은 온기와 영양분 그리고 보호와 사랑을 받는다는 신체적 느낌이다. 이것이 있어야만 우리의 어린 뇌가 잘 발달할 수 있다. 그래야만 어려운 시절과 위기에도 꿋꿋이 견뎌내는 스트레스 시스템을 형성할 수 있다.

게임 조종기와 뇌 물질대사의
재프로그래밍

어린 시절에 우리는 물질대사를 최대한 적응력 크고 효율적이게끔 조절하는 법을 배운다. 뇌-당김에 대한 최초의 기본 설정은 이른 유년기의 뇌에서 이루어진다. 그 시기의 뇌는 경험을 통해서, 특히 감정이 결부된 경험을 통해서 학습한다. 그런 경험이 뇌의 설정과 평생을 좌우한다. 개별 사례를 살펴보기 위해 뱀에 대한 공포를 예로 들어보자. 인류의 초기 역사에서 뱀은 일상적이며 심각한 위험이었다. 뱀독에는 대개 약이 없었다. 특히 물질대사 경험이 적은 아이들이 뱀에 물리고 살아남을 가능성은 낮았다. 따라서 부모는 자식에게 뱀은 위험하다고 타일렀으리라고 짐작할 수 있다. 아이가 처음으로 뱀과 마주쳐 깜짝 놀랄 때, 아이의 뇌에서는 편도체의 스트레스 반응이 강하게 일어난다. 몸은 편도체의 지시에 따라 싸움 또는 도주 태세를 취한다. 지방 형태의 에너지를 방출해 근육이 신속하고도 끈기 있게 활동할 수 있도록 하라는 명령이 뇌에서 하달된다. 또한 동시에 뇌는 자신에게 공급되는 연료인 포도당, 즉 혈당을 늘린다. 이처럼 스트레스는 항상 인체의 에너지 상태를 변화시킨다. 아이가 무사히 도주에 성공한다고 가정하자. 그렇다면 이제 아이의 뇌와 뇌-당김은 뱀이라는 스트레스 요인을 성공적으로 모면하는 법을 학습했을 가능성이 매우 높다.

반대로 스트레스가 지속되고 방출한 에너지를 근육이 전혀 혹은 거의 끌어들이지 않는다면 어떻게 될까? 즉, 상황이 진정한 도주나 싸움을 전혀 허용하지 않는다면 어떨까? 이 대목에서 거대한 도약을 감행해보자. 요컨대 처음으로 뱀과 마주친 석기 시대 아이 대신 컴퓨터 게임기 앞에 거의 몰아지경으로 앉아 있는 21세기의 청소년을 살펴보기로 하자. 소년은 "일인칭 슈터 first person shooter" 유형의 전투 게임을 하는 중이다. 소년의 뇌는 가상 전쟁터에 들어선다. 소년은 무기의 방아쇠에 손가락을 걸고 상상의 전쟁터를 누빈다. 언제 어느 방향에서나 총알이 날아올 수 있다. 적들이 건물 모퉁이에 숨어 있다. 죽거나 죽이거나, 둘 중 하나다. 몇 시간이 지나고, 며칠이 가고, 몇 달이 흐른다. 항상 똑같은 것은 게임뿐이다. 겉으로 보면 소년은 움직임이 없다. 심지어 멍하니 있는 듯한 인상마저 풍긴다. 그러나 소년의 내면은 지속적인 스트레스 상태에 처해 있다. 석기 시대의 뇌가 한 번도 경험하지 못한 일을 컴퓨터 게임을 하는 사람은 수백만 번 경험한다. 석기 시대에 위험은 죽음이나 간신히 살아남기를 의미했다. 적어도 전투 게임과 유사한 경험은 한순간이지 지속적인 상태가 아니었다. 그렇다면 오늘날 우리가 게임기 앞에서 벌이는 끝없는 전투는 감정 및 물질대사 학습과 관련해 어떤 의미를 가질까?

구체적인 사례를 들어보자. 데니스는 16세다. 한때 운동에 재능이 있다는 평가를 들었다. 장래가 촉망되는 축구 선수였고 오래달리기에 능했다. 그랬던 아이가 가상 전투 게임에 빠져든 것은 벌써 1년 반 전의 일이다. 그때 이후 그 게임과 게임 동호회가 데니스의 생활을 지배해왔다. 온라인 게임에서는 다른 사람과 겨룰 수 있다. 이런 형태의 게임은 제한이 없기 때문에 특히 문제가 많다. 로그인 상태인 사람들이 항상 있으므로, 내가 컴퓨터 앞에 앉아 있지 않을 때에도 게임은 계속 진행된다. 따라서 많은 참가자는 오프라인 상태에 있으면 왠지 허전함을 느낀다. 현재 데니스는 하루에 서너 시간 게임을 하므로 아직은 게임 시간이 극단적으로 긴 축에 들지 않는다. 어느새 그 아이는 과체중이 되었다. 스포츠는 포기했다. 학교에서 있었던 달리기 시합에서 말 그대로 뻗어 버린 적도 있다. 5000미터 경기에 출전했는데, 다리가 납덩이처럼 무거웠다. 내면에서 벽을 느꼈고, 그 벽에 도달하려 애썼다. 그 벽은 고통스럽게 신호를 보냈다. "여기까지만. 더는 안 돼." 데니스는 900미터를 달리고 완전히 탈진해서 주저앉았다.

1000미터도 달리지 못하는 16세 소년! 이를 어떻게 설명해야 할까? 청소년의 체력 저하 현상은 서로 밀접하게 연관된 감정 학습과 물질대사 학습의 어두운 면이라고 할 수 있다. 데니스가 가상 전쟁 지역의 거리에서 총질을 하는 동안, 그 애의 뇌는 내적인 문제 하나를 해결하기 위해 열을 올린다. 데니스가 처음으로 가상 특공대원 역할에 빠져들었을 때, 그 애는 지금과 다른 자아였다. 당시 그 애의 뇌가 위험이라는 스트레스 요인에 반응하는 방식은 10만 년 전 이래로 인간의 뇌가 반응해 온 방식과 같았다. 즉, 뱀과 마주쳤을 때와 똑같이 근육을 위한 에너지를 준비했다. 하지만 이 에너지는 전투 게임이라는 가상의 지속적 위기에서는 전혀 사용되지 않는다. 왜냐하면 데니스는 손가락과 안구를 움직이는 것 외에는 아무런 동작 없이 모니터 앞에 앉아 있기 때문이다. 그 애의 몸이 타고난 스트레스 에너지 프로그램은 가상 전투 상황에서 헛돈다. 그리고 이 공회전이 불러오는 결과가 있다.

데니스의 스트레스 시스템은 매일 여러 시간 동안 부하를 받았고, 그 결과 이제는 적응을 해서 처음 게임을 시작할 때만큼 심하게 호들갑을 떨지 않는다. 그 애의 스트레스 뇌-당김 축은 처음엔 가까스로 감지될 만큼 이동했고 어느새 약해졌다. 그럼에도 데니스가 온라인 적과 숨막히는 전투를 할 때 그 애의 뇌 에너지 수요는 여전히 높다. 따라서 한편으로는 컴퓨터에 붙어사는 수많은 아동에게 전형적인 과체중이 발생할 가능성이 높다. 다른 한편으로는 데니스의 경우에서 볼 수 있듯 실제 삶에서 스포츠 활동을 위한 에너지가 거의 마련되지 않는 상황도 발생할 수 있다. 데니스가 5000미터 달리기 도중에 이른 탈진 상태는 꾀병이 아니라 뇌의 부정적인 물질대사 학습 과정이 빚어낸 결과다. 이미 언급했듯 스포츠 활동 중에는 운동신경계(운동 담당)뿐 아니라 자율신경계와 신경내분비계(에너지 담당)도 함께 작동한다. 그런데 데니스의 경우에는 자율신경계의 반응이 거의 일어나지 않는다. 지금 달리기 시작하면, 그 애의 뇌-당김은 더 강해지지 않는다. 포도당은 근육 속에 정체되어 있고, 뇌는 충분한 에너지를 공급받지 못한다. 따라서 뇌는 운동 명령을 취소한다. "중추 피로", 곧 중추신경계에 에너지 고갈 상태가 발생하는 것이다.

데니스의 경우 뇌-당김의 경쟁력 부족은 두 가지 증상을 초래했다. 과체중과 신체 활동 부족이 그것이다. 통념에 따르면 이 두 증상은 뗄 수 없게끔 연결되어 있다. 신체 활동이 적고 운동을 아주 조금 하는 사람은 언젠가 뚱뚱해지고, 뚱뚱한 사람은 굼떠진다고들 한다. 하지만 이 쉬운 설명이 정말로 옳을까? 이 문제는 닭과 달걀 중에 무엇이 먼저냐 하는 문제와 약간 유사하다. 무엇이 먼저일까? 실제로 7~10세의 아동 200여 명을 대상으로 영국에서 실시한 "일찍 일어나는 새 연구Early Bird Study"에서 발견한 바에 따르면, 통념과 달리 먼저 과체중이 있은 연후에 비로소 활동 부족이 발생하지 활동 부족이 체중 증가에 선행하지는 않는다고 한다. 요컨대 데니스의 체중이 늘어난 것은 컴퓨터 앞에 앉아 오랜 시간을 보내 근육에서 칼로리를 너무 적게 소비했기 때문이 전혀 아니다! 오히려 과체중과 활동 부족은 공통의 원인이 빚어낸 증상이다. 그 원인은 뇌-당김의 변화, 즉 경쟁력 상실이다.

하지만 좋은 소식도 있다. 프랑스 연구팀에서 나온 이 소식은 물질대사 장애에 대한 실행 가능한 치료법이 가능하다는 것을 최초로 보여주었다. 이 연구팀은 과체중자가 신체 훈련을 통해 뇌-당김을 재강화할 수 있음을 입증했다. 꾸준히 운동을 하면 공복시 인슐린 수치와 식사 중의 인슐린 분비량이 낮아진다. 그러니 운동을 하는 사람은 칼로리를 태울 뿐 아니라 망가진 뇌-당김을 강화하는 일도 하는 셈이다.

거짓 신호

우리 뇌를 에너지 위기에 빠뜨리고 과체중을 초래하는 것은 큐와 스트레스 경험만이 아니다. 음식 자체도 에너지 대사의 프로그래밍 오류를 유발할 수 있다. 생리학적으로 볼 때 음식은 탄수화물, 단백질, 지방으로만(에너지로만) 이루어진 것이 아니라 뇌를 향한 중요한 메시지들로도 이루어졌다. 우리는 그 메시지들을 감각 지각을 통해 수용하고 해독한다. 그런데 이 정보를 인위적으로 생산하거나 왜곡하면, 뇌에서 소프트웨어 오류가 발생할 수 있다. 컴퓨터 바이러스가 하드디스크를 조작하는 것과 유사하게, 음식에서 유래한 거짓 신호는 뇌의 음식 인지와 에너지 분배를 위한 프로그램을 바꿔놓을 수 있다.

사과는 당 덩어리에 불과하지 않다. 사과는 빨갛고 고유한 향기와 더불어 맛을 낸다. 이런 정보는 뇌가 사과를 먹을 수 있는 과일로 인지하거나 재인지하는 것을 가능케 할뿐더러 사과를 먹을 때 사과의 가치를 최대한 활용하는 물질대사 과정이 진행되는 것도 가능케 한다. 소화 기관은 과일을 먹을 때와 육류를 먹을 때 각각 다르게 작동하는데, 이 작동 방식을 선택할 때 소화 기관은 미각 신경이 전달하는 정보를 신뢰한다. 이는 식당 주인이 주방장에게 점심때 20명 규모의 단체 손님이 올 예정이니 그에 맞게 음식을 준비하라고 이르면, 주방장이 그 말을 믿는 것과 마찬가지다.

우리 조상들은 수천 년 동안 미각이 제공하는 정보에 기대어 특정 과일의 식용 가능성에 대한 기초 지식을 획득하고 그 먹을거리를 최적으로 활용할 수 있게끔 물질대사를 프로그래밍했다. 그 시절에 새로운 먹을거리가 추가되는 일은 드물었다. 인간의 식단은 농사를 시작하면서, 특히 가축 사육을 시작하면서 비로소 확장되었다. 대략 8000년 전에 해당하는 당시 인류는 과거에는 없던 새로운 먹을거리에 익숙해지기 시작했다. 그것은 바로 우유였다. 우유는 영양이 풍부하고 맛도 좋았지만, 최초로 우유를 마신 인간은 젖당(락토스)을 잘 소화하지 못했다. 인간의 소화 기관은 세월이 흘러서야 비로소 천천히 그 새로운 먹을거리를 소화하는 법을 학습했다. 이 학습 과정은 사실 아직 완결되지 않았다. 그래서 지금도 유당불내증lactose intolerance은 가장 흔한 음식불내증특정 음식에 대한 신체의 부정적 반응—옮긴이의 하나로 꼽힌다.

유럽인은 근대가 시작되면서 처음으로 음식과 관련한 큰 과제에 직면했다. 뱃사람들이 새로운 세계에서 먹을거리를 가져왔다. 오늘날 우리가 필수 식품으로 여기는 토마토, 감자, 쌀, 바나나를 비롯한 수많은 먹을거리가 유럽에 들어왔다. 위대한 탐험가들의 시대는 미각 경험의 격동기이기도 했던 것이다.

어느 혁명에서나 새로운 것은 내면화하고 학습해야 한다. 미각 혁명에서는 그 내면화와 학습이 맛을 통해 이루어진다. 나쁜 맛, 예컨대 아주 쓴 맛은 많은 경우 과일이 식용에 적합하지 않음을 시사한다. 오늘날에도 독일어에서는 과일과 잎채소와 뿌리를 분류할 때 "먹을 수 있는^{essbar}" 것과 "먹을 수 없는$^{nicht\,essbar}$" 것으로 분류하는 대신 "맛있는^{genießbar}" 것과 "맛없는^{ungenießbar}" 것으로 분류한다. 이런 어법은 미각이 예로부터 먹을거리 선택에서 결정적 구실을 해왔음을 웅변한다. 그러나 아쉽게도 미각 검사는 독성이 매우 강한 몇몇 버섯과 식물에서는 효과가 없다. 아마도 많은 선구자들이 새로운 먹을거리를 맛보다가 희생되었을 것이다.

21세기가 시작된 지금, 우리는 새로운 미각 혁명을 겪는 중이다. 이 혁명은 인류 역사에서 유례가 없다. 현대 식품 산업에서는 어떤 제품에든지 임의의 정보를 실을 수 있다. 섬유질·단백질·지방을 결합할 수 있고, 방향 물질과 화학조미료로 제품에 원하는 맛을 부여할 수 있으며, 기타 첨가물로 바삭바삭하거나 부드러운 촉감과 매혹적인 색깔을 입힐 수 있다. 오늘날 우리가 예컨대 바나나 우유를 주문하면, 서로 전혀 다른 두 가지 음료가 나올 수 있다. 하나는 그냥 우유에 바나나를 넣고 믹서로 갈아서 만든 음료이고, 다른 하나는 물·분유·인공 바나나향·옥수수당이나 인공 감미료로 이루어진 영양 많은 액체이다.

바나나 맛이 나는데 바나나가 아닌 식품은 우리의 미각 중추에 어떤 영향을 끼칠까? 혹은 혀의 미각 신경은 단맛 신호를 보내는데, 정작 입속의 식품에는 당이 들어 있지 않다면 어떻게 될까? 이런 거짓 신호는 컴퓨터 하드디스크를 불법 점유하는 악성 소프트웨어 트로이 목마에 비유할 수 있다. 트로이 목마는 소프트웨어를 변화시키지만 처음에는 그 변화가 드러나지 않는다. 영양 섭취 분야의 트로이 목마인 거짓 신호는 우리가 의식하지 못하는 사이 우리의 뇌-당김과 물질대사를 재프로그래밍한다. 거짓 신호는 공업적으로 생산한 식품에만 들어 있는 것이 아니라 의약품, 불법 약물, 술에도 들어 있다. 그러므로 이 장에서는 거짓 신호가 어디어디로부터 나오고 뇌에서 정확히 어떤 작용을 하는지 살펴보기로 하자.

인공 감미료: 위조된 에너지 통보

인공 감미료는 식품에 가장 흔하게 들어가는 거짓 정보 운반체 중 하나다. 식품업계는 인공 감미료의 체중 감량 효과를 장담하면서, 인공 감미료를 첨가한 레모네이드는 설탕이 들어간 동량의 음료보다 칼로리 함량이 훨씬 더 적다는 (심지어 제로라는) 점을 강조한다. 그러니 각종 라이트^{light} 음료를 애용해 에너지 섭취를 줄임으로써 여분의 에너지가 체지방으로 변환되지 않게끔 해야 한다고 말이다. 라이트 음료는 칼로리 걱정 없이 실컷 마셔도 된다고 한다. 문제는 이 경사스러운 정보가 에너지 대사를 담당하는 뇌 부위에 전혀 도달하지 않는다는 점이다. 오히려 정반대로 사람이 예컨대 라이트 레모네이드를 마시면, 단맛이 신호 구실을 해서 뇌는 곧 포도당이 공급된다는 통보를 받는다. 그런데 정작 혈류에는 포도당이 유입되지 않는다. 따라서 뇌는 어리둥절해진다. 요컨대 그 거짓 단맛 신호를 해석하지 못한다. 에너지를 함유한 먹을거리에 대한 태고 이래의 지식이 영리한 식품화학자("푸드 디자이너$^{food\ designer}$")들에 의해 뒤집혀, '단맛=에너지'라는 등식이 '단맛=0칼로리'라는 새로운 등식으로 대체되었음을 뇌가 어찌 알겠는가? 또한 시스템에 이런 거짓 메시지를 입력하는 일이 잦을수록 혼란은 가중된다. 뇌는 이 불확실한 상황을 영양 위기로 해석하기 시작한다. 특히 포도당이 걸린 문제에 직면하면 뇌는 유난히 민감하고 신속하게 반응한다. 알다시피 포도당은 뇌의 연료다. 포도당 위기는 무슨 일이 있어도 막아야 한다. 거짓 신호에 거듭 속고 나면, 뇌는—달콤한 라이트 음료를 마셨음에도 불구하고—위기 경보를 발령한다. 그 내용은 "더 많은 영양분이 필요해!"이다. 이 대목에서 거대한 오해의 바퀴가 구르기 시작한다. 식품업계가 내놓는 각종 "절감" 제품의 바탕에 깔린 아이디어는 본질적으로 칼로리 제한과 자기 규율이다. 그런데 바로 여기에서 뇌가 우리를 방해한다. 왜냐하면 뇌는 당을 끊을 능력이나 의지가 결코 없기 때문이다.

과학자 테리 데이비슨Terry Davidson은 동물 실험을 통해 단맛 신호가 뇌와 몸을 얼마나 심하게 교란하는지 보여주었다. 이 실험에서 쥐들은 포도당을 공급받거나 오로지 (에너지가 없는) 인공 감미료만 공급받았다. 하지만 쥐들은 언제 진짜 에너지가 공급되고 언제 가짜 에너지가 공급되는지 몰랐다. 먹이는 항상 단맛이 났다. 쥐들은 물질대사가 불안정해졌고 자신의 감각을 믿지 못하게끔 되었다. 요컨대 단맛 신호를 해석할 수 없게끔 되었고, 체내 물질대사 흐름을 최적으로 조절할 수 없게끔 되었다. 이런 불확실한 상황에서 쥐들의 뇌가 채택한 반응 방식은 같은 상황에서 우리의 뇌가 채택할 법한 방식과 같았다. 즉, 쥐들의 뇌는 "불확실성 회피"를 위해 단맛 신호를 "아예 무시했다". 그리고 다음과 같은 새로운 명령을 내렸다. "확실한 에너지 조달을 위해 더 많이 먹어라!" 왜냐하면 어쨌거나 먹이 섭취량을 늘리면 뇌를 위한 에너지를 충분히 확보할 것이기 때문이다. 실제로 데이비슨의 실험동물은 먹이 활동 패턴을 바꿨고 장기적으로 몸무게가 늘었다. 최근에는 인간에 대한 연구 결과도 나왔다. 뤼베크 대학의 연구팀은 인간의 물질대사가 "에너지 없는 단맛", "단맛과 에너지", "단맛 없는 에너지"에 어떻게 반응하는지, 즉 인공 감미료·포도당·녹말에 어떻게 반응하는지 연구했다. 정상 체중을 가진 사람들에게서는 물질대사가 이 세 가지 물질에 각각 다르게 반응한다. 반면 과체중자들은 단맛 신호에 대해 "귀머거리"이며 에너지 흐름을 민감하게 조절하지 못한다는 것이 밝혀졌다.

코르티손: 인위적인 뇌-당김 브레이크

스트레스 호르몬인 코르티솔이 스트레스 시스템과 뇌-당김 및 에너지 대사에 미치는 영향에 대해서는 이미 어느 정도 언급한 바 있다. 코르티솔의 쌍둥이격인 합성 물질 코르티손도 코르티솔과 유사한 작용을 한다. 자연적인 스트레스 호르몬의 후예로 합성된 온갖 물질의 대표격인 코르티손은 의학에서 쓰이는 가장 효과적인 약물 중 하나이며, 알약이나 주사약의 형태로 사용되어 염증을 억제하고 스트레스 시스템을 제동한다. 특히 천식 환자와 류머티즘 환자는 코르티손을 몇 년 동안 정기적으로 사용하는 경우가 많다. 그러나 효과가 큰 만큼 부작용도 심각하다. 외래 코르티손은 인체 고유의 코르티솔과 똑같이 뇌의 시상하부에 위치한 코르티솔 수용체 GR에 작용한다. 그리하여 뇌-당김을 제동함으로써 우리가 익히 아는 뇌 에너지 부족 현상을 일으킨다. 코르티손은 스트레스 시스템에 중대하게 개입하기 때문에 거짓 신호 구실을 한다. 코르티솔 수용체는 인체 고유의 코르티솔과 외래 코르티손을 구분하지 못하고 양자 모두에 반응한다. 코르티손의 교란 작용은 스트레스 시스템의 유연성을 심하게 제약하고 뇌-당김을 약화하는 결과를 가져온다. 뇌-당김이 약할 때마다 뇌가 선택할 수 있는 대안은 단 하나, 에너지 주문 늘리기, 곧 영양 섭취 늘리기뿐이다. 따라서 장기적인 코르티손 투약의 전형적 부작용 중 하나는 과체중이다. 하지만 그나마 코르티손이 일으키는 에너지 문제는 뇌가 영양 섭취를 늘림으로써 해결할 수 있다. 그러나 뇌에게 대안을 허락하지 않는 거짓 신호도 있다.

술포닐우레아: 위조 에너지

다음은 노인들이 전형적으로 겪는 일이다. 80세 여성이 대퇴골 경부(넓적다리뼈 맨 윗부분) 골절상을 입고 응급실로 들어온다. 노인은 혼수상태여서 대화가 불가능하다. 신속한 검사를 통해 혼수상태는 부상의 결과가 아니라 원인임이 드러난다. 노인은 제2형 당뇨병 환자다. 심한 저혈당 상태에서 의식을 잃고("전반적 침묵") 쓰러지면서 골절상을 입은 것이다. 혈당 수치가 극적으로 낮고, 집중치료실에서 다량의 포도당을 정맥주사로 주입하는데도 거의 상승하지 않는다. 집중치료실 의료진은 노인을 (포도당 결핍으로 인한) 신경 당결핍성 혼수상태에서 회복시키는 데는 성공하지만, 혈당 수치는 사흘이 지나서야 안정된다. 하지만 그런 식으로 포도당을 공급하면, 실은 몇 분 안에 혈당 수치가 상승해야 마땅하다. 따라서 노인의 경우에는 혈액 속의 포도당이 뇌세포에 전혀 도달하지 않는 듯하다. 집중치료실 의료진은 노인이 높은 혈당 수치를 조절하는 약을 먹고 있음을 곧바로 깨닫는다. 이른바 '술포닐우레아'라는 약을 말이다. 이 물질은 흔히 인슐린 치료의 대안으로 채택된다. 인슐린을 사용할 때와 마찬가지로 술포닐우레아을 투여하는 목적은 혈당 수치를 낮추기 위함이다. 술포닐우레아는 체내의 에너지 센서에 직접 작용한다. 특히 뇌의 뉴런에 위치한 에너지 센서에 작용하는데, 이 센서는 가용한 ATP의 양을 측정하는 일을 한다. (거듭 설명하지만 ATP는 정제된 에너지원이며 모든 뉴런이 작동하는 데 필요하다.) 술포닐우레아는 뉴런으로 하여금 에너지 충만 정도가 실은 전혀 높지 않은데도 높다고 착각하게끔 만든다. 따라서 뉴런과 뇌-당김 중추는 충분한 에너지가 있는지 여부를 모른다. 뉴런이 에너지가 필요하다는 신호를 보내지 않으면, 뇌-당김은 가동되지 않는다. 따라서 뇌에 에너지 위기가 닥쳤음에도 몸의 저장소는 열린 상태를 유지하고, 포도당은 지방 조직으로 들어가고, 혈당 수치는 내려간다. 바로 이것이 술포닐우레아를 투여하는 본래 목적이다. 일반적으로 뇌-당김이 약하면 몸-당김이 가동되어 말하자면 영양을 요구하는 외침을 내지른다. 그러므로 이 노인 여성 환자가 술포닐우레아 알약을 복용해온 지난 5년 동안 몸무게가 몇 킬로그램 늘어난 것은 놀라운 일이 아니다. 하지만 이번에는 노인의 몸-당김이 호응을 얻지 못한 듯하다. 어쩌면 신경세포의 에너지 충만 수준이 아주 급격하게 떨어져 음식 섭취 따위의 대응 조치를 취할 겨를이 없었을 수도 있다. 노인의 뉴런들은 여전히 자신이 ATP로 꽉 찼다는 신호를 보낸다. 실제로는 ATP 탱크가 거의 텅 비었고, 약간의 여분에 의지해 작동하는 중인데도 말이다. 이제 뇌가 할 수 있는 일이라고는 신경세포를 보호하기 위해 갑자기 비상 브레이크를 밟는 것뿐이다. 다른 모든 활동을 통한 에너지 소비는 윤활유를 충분히 공급받지 못해 피스톤이 삐걱거리는 모터가 결국 파손되듯 뇌 신경세포가 파괴되는 결과를 초래할 것이다. 뉴런은 최후의 ATP 여분을 세포막을 안정화하는 데 쓰고 나서 스스로 작동을 멈춘다. 즉, 뇌가 혼수상태에 빠진다. 뇌 물질대사에 미치는 이러한 부작용을 논외로 하더라도, 이미 1970년대부터 의학자들은 술포닐우레아 치료가 심장에 심각한 문제를 일으키는지 여부를 놓고, 따라서 과연 안전한지를 놓고 토론을 벌여왔다.

항우울제: 거짓 위안

아이를 달랠 때 우리는 어깨를 다독이거나 등을 쓰다듬거나 안아준다. 이런 신체적 애정 표현은 거의 항상 효과를 발휘한다. 다정하고 부드러운 촉감은 신경계에 의해 곧장 뇌간으로 전달되고 거기에서 세로토닌으로 변환한다. 흔히 행복 호르몬으로 잘못 일컫는 이 신경 전달 물질은 마음을 진정시키는 작용을 한다. 또한 세로토닌은 뇌 속에서 위안을 일으키는 물질이기도 하다. 우리가 위안을 느끼면, 뇌의 모든 부분이 그 느낌을 공유할 것이다. 즉, 세로토닌이 뇌 곳곳에서 작용할 것이다.

그러므로 제약업계의 연구소들이 오래전부터 세로토닌에 관심을 기울여온 것은 놀라운 일이 아니다. 자신이 절망적이고 침울하고 무력하고 불행하다는 느낌은 우리 시대의 주요 질병으로 꼽히는 우울증의 증상이다. 제약업계의 연구소들은 뇌의 세로토닌 균형에 개입하는 우울증 치료제를 개발했다. 그 약을 통틀어 "선택적 세로토닌 재흡수 억제제Selective Serotonin Reuptake Inhibitor, SSRI"라고 한다. 꽤나 복잡한 명칭이지만 약의 작용 방식을 상당히 정확하게 알려주는 이름이다. 세로토닌은 마치 기쁜 소식처럼 잠깐 동안만 효과를 발휘한다. 일반적으로 세로토닌은 그것이 작용하는 곳인 시냅스 틈에서 신속하게 제거된다. 그러므로 세로토닌의 효과를 지속시키려면 인공 세로토닌을 뇌에 주입하는 방법도 있지만, SSRI는 다른 방법을 선택한다. 이 약은 세로토닌을 다시 신경세포 안으로 옮기는 운반체를 억제함으로써 시냅스 틈에서 세로토닌이 제거되는 과정을 지연시킨다. 따라서 세로토닌이 뇌에서 더 오래 효과를 발휘해 기분이 좋아지게끔 한다.

제약업계는 우울증이 세로토닌 부족 상태라는 견해를 부적절하다고 여기지 않는다. 그러나 뇌생리학적으로 보면, 적어도 위의 표현은 뇌에서 특정 물질을 생산하는 데 문제가 생긴 것이 우울증의 본질이라는 인상을 주기 때문에 부적절하다. 요컨대 이 견해는 더 깊은 원인이 존재할 가능성을 도외시하기 때문에 문제가 있다. 우리는 왜 슬프고 침울할까? 감정은 우리의 영혼이 우리에게 보내는 중요한 메시지다. 세로토닌 균형에 개입하는 약은—비록 일부 상황에서 논란의 여지 없이 치료 효과를 발휘한다 하더라도—바탕에 깔린 스트레스 요인에 관한 암시를 억누르고 그 대신 우리의 상태가 최선이라는 거짓 신호를 송출한다. 그러면 일시적으로 기분이 좋아지기는 하지만, 우리가 우울감의 원인에 다가갈 길은 봉쇄된다.

더 나아가 항우울제는 특히 강한 거짓 신호의 원천이라고 할 수 있다. 그래서 제약학에서는 SSRI와 기타 항우울제를 "지저분한 약$^{\text{dirty drug}}$"이라 일컫기도 한다. '지저분한'이라는 표현은 이 약들이 뇌 전역의 어디어디에서 효과와 다양한 부수 효과를 일으키는지 아무도 모르기 때문에 붙은 것이다. 일부 항우울제는 뇌-당김을 약화시켜 환자의 체중 증가를 가져오고, 다른 일부는 정반대의 효과를 일으킨다. 하지만 이것만큼은 확실하다. 즉 SSRI는 세로토닌 시스템에 그리고 뇌의 물질대사와 에너지 관리에 전면적으로 개입한다.

아편유사제: 이유 없는 보상

왜 우리 인간은 성공을 갈구할까? 왜 우리는 인정과 칭찬을 갈망할까? 왜 축구 선수들은 골을 넣은 직후의 감정을 이루 말할 수 없는 행복감이라고 칭할까? 대답은 간단하다. 성공 체험은 순도 100퍼센트의 아편이기 때문이다. 모르핀을 비롯한 아편유사제^{opioid}는 의학에서 매우 강력한 진통제이고 마약의 기본 성분일 뿐만 아니라 우리 몸에서도 생성된다. 다름 아니라 '엔도르핀'이라는 총칭으로 일컫는 여러 물질이 아편유사제다. 뇌는 행복감을 일으키는 물질인 엔도르핀을 자체적으로 분비할 수 있다. 하지만 엔도르핀은 인색하게 분비된다. 엔도르핀 분비는 우리가 애당초 성공을 확신할 수 없었던 어떤 일을 특별히 잘해냈을 때 그에 대한 일종의 보상으로서 이루어진다. 그 일은 예술 작품의 완성일 수도 있고, 운동 경기에서의 승리나 사업의 성공적인 마무리일 수도 있다.

하지만 흥미롭게도 엔도르핀 분비는 훌륭한 성취에 따라오는 보너스에 불과하지 않다. 왜냐하면 성취를 가져온 능력을 저장하는 과정을 동반하기 때문이다. 엔도르핀 분비는 그 직전에 분비되는 또 다른 신호물질인 도파민에 의해 촉발된다. 도파민이 한 시냅스에 고농도로 집중되면, 그 시냅스에서는 장기 학습을 위한 시냅스 프로그래밍(장기 증강, 곧 LTP)이 쉽게 일어난다. 우리가 도파민의 영향 아래에서 무언가를 경험하면, 뇌는 그것을 반복할 가치가 있는 성취로 평가하고 우리의 기억에 각인한다.

외부에서 들어온 모르핀이나 헤로인 등의 아편유사제도 엔도르핀 수용체와 결합해 보상감을 일으킨다. 하지만 바람직한 학습 과정은 당연히 일어나지 않는다. 이 경우에는 아무런 성취 없이 그저 약물 투여만 이루어진 상황이기 때문이다.

지금까지 거의 간과한 또 다른 효과도 있다. 모르핀 (또는 헤로인) 투여로 발생하는 거짓 신호는 뇌-당김도 약화한다. 왜냐하면 아편유사제는 스트레스 중추를 억제하기 때문이다. 그래서 알다시피 헤로인 중독자는 헤로인에 취해 있을 때 단것에 대한 식욕을 강렬하게 느낀다.

하지만 극단적인 경우 아편유사제는 스트레스 시스템을 극심하게 무력화해 생명이 위태로운 상황을 초래할 수 있다. 내가 아직 대학병원 임상의로 일하던 시절, 64세의 남성 환자가 응급실에 실려왔다. 그의 혈류는 멈추기 직전이었고 의식은 흐렸다. 혈액 검사를 해보니 보기 드문 이상이 발견되었다. 코르티솔 수치가 거의 제로였다. 이는 스트레스 시스템이 작동을 멈추기 직전이라는 것을 의미한다. 왜냐하면 최소한의 코르티솔 농도는 스트레스 시스템을 휴지 상태로 유지하는 데 필수적이기 때문이다. 앞서 언급했듯 이런 유지는 민감한 코르티솔 수용체^{MR}의 임무다. 요컨대 환자의 상태는 뇌-당김이 작동하지 못한다는 것을 의미했다. 환자는 급성 뇌 에너지 부족에 직면할 위험이 높았다. 그래서 대화하기가 불가능했던 것이다. 우리는 우선 주사로 코르티솔을 투여해 환자를 살린 다음, 주사를 알약으로 대체했다. 환자의 코르티솔 수치가 이례적으로 낮은 이유가 처음에는 불분명했다. 하지만 결국 환자가 극심한 만성 허리 통증 때문에 꽤 오래전부터 아편유사제 패치를 사용해왔음이 드러났다. 이 패치는 진통 기능이 있는 아편유사제를 피부를 통해 혈류로 공급하는 의약품이다. 나는 회진을 하며 시험 삼아 그 패치를 제거하기로 결정했다. 이는 통증의 재발을 의미하므로 환자에게는 쉬운 일이 아니었다. 내 진단은 옳은 것으로 판명되었다. 겨우 하루 만에 환자의 코르티솔 수치가 정상 수준으로 상승했다. 이는 뇌-당김과 뇌로의 에너지 공급이 정상화되었음을 의미한다. 그러나 아편유사제 패치를 장기간 사용하지 않는 것은 통증에 시달리는 환자에게 결코 쉬운 일이 아니다.

대마초: 스트레스를 간단히 없앤다?

아편유사제와 마찬가지로 카나비노이드(대마초유사제)도 우리 몸이 자력으로 생산해 분비할 수 있으며 스트레스 시스템을 억제하는 기능을 지닌 신호 물질이다. 그래서 카나비노이드 역시 마약으로 매우 선호된다. 왜냐하면 나쁜 기분과 부담감을 없애주기 때문이다. 하지만 이런 감정적 "부담 제거" 효과 때문에 카나비노이드는 매우 위험한 물질이기도 하다. 카나비노이드는 강력한 거짓 신호를 유발한다. 그 신호는 스트레스 시스템이 스트레스 요인에 대응해 작동을 개시하는 능력을 약화한다. 따라서 일반적으로 스트레스를 유발하는 진정한 문제를 해결하는 데 방해가 된다. 또한 카나비노이드 역시 뇌-당김을 억제한다. 대마초 사용 후의 공복감과 장기간 대마초를 사용한 사람의 체중 증가는 전형적으로 나타나는 부수 효과다.

알코올: 허울뿐인 안정과 행복

코르티솔, 세로토닌, 엔도르핀 및 카나비노이드 시스템과 더불어 또 하나의 작용체가 뇌를 진정시키는 기능을 한다고 알려져 있다. 그 작용체는 바로 GABA(감마아미노부티르산)이다. 코르티솔, 세로토닌, 아편유사제, 카나비노이드는 일차적으로 스트레스 시스템을 억제하는 반면, 가바는 우리를 실신시키는 물질이다. 거의 모든 마취제가 가바 수용체에 달라붙어 순식간에 의식을 꺼버린다. 알코올도 가바 수용체에 직접 작용한다. 그래서 마취제와 마찬가지로 알코올에 대해서도 사람으로 하여금 의식을 잃게 만들려면 얼마나 많은 양을 투여해야 하는지 꽤 정확하게 계산할 수 있다. 술에 취했을 때의 증상—어지러움, 언어 장애, 감각 장애—은 엄밀히 말하면 의식 상실에 이르는 중간 단계에 불과하다. 저혈당 쇼크에 빠진 당뇨병 환자에게서 나타나는 신경 당결핍 증상도 이와 유사하다. 뇌로 흘러드는 에너지가 줄어들면, 뇌는 임박한 에너지 부족의 치명적 결과를 피하기 위해 일부 구역을 끄기 시작하고 결국엔 의식을 잃는다. 뇌에서의 포도당 대사가 이렇게 극적으로 감소하는 일은 알코올에 의해서도 발생할 수 있다. 많은 당뇨병 환자가 나에게 설명한 바에 따르면, 신경 당결핍 증상은 술에 취한 징후와 구분되지 않는다. 요컨대 그들이 느끼기에 전자와 후자는 똑같다고 한다.

　알코올에 취하면 가바 수용체를 통해 뇌 기능이 전반적으로 억제될 뿐만 아니라 스트레스 시스템과 뇌-당김도 억제된다. 그러면 뇌가 몸에서 끌어다 쓰는 에너지가 줄어든다. 따라서 인슐린 분비는 증가하고, 몸의 저장소가 열린다. 결과적으로 알코올에 취하지만 않았어도 뇌에서 잘 사용할 에너지가 뇌 대신 몸의 저장소로 운반된다. 알코올과 마찬가지로 진정 작용을 하는 거짓 신호를 통해 물질대사를 에너지 저장 쪽으로 프로그래밍하는 다른 약물과 달리 알코올은 그 자체로 칼로리 덩어리다. 따라서 알코올에 취하면, 에너지 저장량이 훨씬 더 많아진다.

알코올이 유발하는 거짓 신호의 목록은 아직 끝나지 않았다. 술을 마시면 도파민도 분비된다. 즉, 이유 없는 보상이 이루어진다. 도파민의 영향 아래 있는 뇌는 도파민 분비를 촉발하는 상황을 긍정적으로 평가하고 기억한다. 그런데 적잖은 경우 그런 상황은 술과 결부되어 있다. 왜 대다수 사람은 술 없는 회식, 잔치, 댄스 클럽을 말도 안 된다고 여길까? 어쩌면 도파민의 영향 아래 이루어진 조건화에서 그 이유를 찾을 수 있을지도 모른다.

지금까지 언급한 모든 효과 때문에 알코올은 말하자면 다중 거짓 신호 유발 물질로서 전 지구적인 비만 유행에 상당한 원인을 제공한다. 사회적·직업적 실패는 흔히 다량의 음주를 불러온다. 그런데 알코올은 뇌-당김 억제에 기여하므로 술을 자주 많이 마시는 사람은 인슐린 수치가 대폭 높아진다. 따라서 알코올과 음식에서 비롯한 에너지의 많은 부분이 지방 조직의 저장소에 쌓인다. 그럼에도 뇌로의 에너지 공급량을 확보해야 하므로 음식 섭취는 증가한다. 따라서 음주량 증가는 과체중 문제로도 이어진다.

그렇다면 대체 무엇이 정상 신호일까? 실제로 우리 모두는 거짓 신호가 판치는 세상에서 산다. 거짓 신호는 공업적으로 생산한 식품, 우리가 습관적으로 마시는 음료·의약품·불법 마약에도 숨어 있다. 우리 모두는 각자 자신의 뇌에 거짓 신호를 먹인다. 단지 얼마나 많이 먹이느냐는 점에서만 차이가 있을 뿐이다. 우리는 뇌를 메시지로 폭격하고, 뇌는 그 메시지를 잘못 해석한다. 그 메시지는 그릇된 프로그래밍을 초래한다. 이에 맞서 우리는 무엇을 할 수 있을까? 물론 최선의 길은 거짓 신호를 멀리하는 것이다. 몇 가지 거짓 신호에 대해서는, 예컨대 감미료에 대해서는 쉽게 이 길을 선택할 수 있다. 식품 포장에서 감미료 첨가 여부와 양을 확인할 수 있으니 말이다. 하지만 어떤 거짓 신호에 대해서는 이 길을 선택하기가 쉽지 않다. 예컨대 극도로 강한 통증에 처방하는 아편 유사제를 멀리하기는 어렵다. 이 문제를 제쳐두더라도, 우리가 이제껏 열거한 화학 물질은 거짓 신호 목록의 일부일 뿐이다. 거짓 신호를 연구하는 화학 분야는 지금도 수요가 매우 높다. 그러므로 거짓 신호를 완전히 몰아낸다는 것은 환상이다. 현실적이고 바람직한 목표는 오히려 거짓 신호에 대해 잘 알고 그것을 비판적으로 다루는 것이다. 이는 우리 자신뿐 아니라 우리 아이들에게도 이로운 선택이다. 우리는 아이들에게 거짓 신호를 한층 지혜롭게 다루는 법을 가르칠 수 있다. 장기적으로는 이것이 유일한 길이다. 왜냐하면 거짓 신호는 뇌-당김의 유연성을 제한하기 때문이다. 거짓 신호에 자주 노출되는 뇌-당김은 일관적이지 않은 지시를 너무 많이 받는 노동자와 마찬가지로 자기 확신과 판단력을 잃는다. 그러면 뇌-당김의 성능은 불가피하게 떨어진다. 직장에서 이런 그릇된 노무 관리는 결국 기업 전체를 위태롭게 만든다. 뇌-당김이 약화하면, 몸과 뇌에 여러 악영향이 미친다. 그리고 과체중은 그 악영향 가운데 하나일 뿐이다.

과체중의 참된 원인을
알아내고 제거하기

호랑이는 몸 상태가 좋지 않아 숲 가장자리에 그냥 엎드려 있다. 친구인 곰이 호랑이를 부축해 집으로 데려가면서 이렇게 약속한다. "내가 너를 건강하게 만들어줄게." 곰은 호랑이에게 붕대를 감아주고 요리를 해준다. 호랑이의 상태가 나아지지 않자 거위 아줌마와 날개 신발을 신은 토끼가 찾아온다. 토끼가 호랑이에게 동물 병원에 가라고 조언한다. 이튿날 호랑이는 병원으로 실려가고, 친구들도 모두 따라간다. 개구리 박사는 호랑이의 줄무늬 하나가 비뚤어진 것을 발견한다. 호랑이는 수술을 마치고, 친구들은 호랑이를 집으로 데려간다.

야노슈Janosch: 독일의 그림책 작가—옮긴이가 지은 어린이 책 《내가 너를 건강하게 만들어줄게, 하고 곰이 말했어요》는 병에 걸린 호랑이 이야기다. 병원이 나오고, 의사와 진단, 수술과 치유가 등장한다. 배려와 돌봄, 친구들의 도움도 볼 수 있다. 친구들은 환자를 돌보고 말과 행동으로 도움을

줌으로써 감동을 자아낸다. 그러나 이 작은 이야기의 주인공은 병든 호랑이가 아니라 헌신적인 곰이다. 곰은 환자에게 정성을 쏟는다. 환자를 위해 무엇을 할 수 있는지 숙고한다. 환자가 무엇을 원하는지 묻고, 환자가 가장 좋아하는 음식을 만든다. 호랑이는 환자 역할을 거의 즐기는 듯하다. 또한 책은 비뚤어진 줄무늬와 수술을 사소한 것처럼 다룬다. 호랑이의 수동성과 호랑이를 건강하게 만들어주겠다는 곰의 약속은 우리의 현실을 반영한다. 예나 지금이나 환자와 의사는 호랑이와 곰의 태도를 취하니 말이다.

건강에 문제가 생겨 의사를 찾을 때 우리가 기대하는 것은 정확히 무엇일까? 당연히 도움이요, 최선의 경우는 치유다. 최소한 우리는 다시 건강해질 것이라는 약속을 기대한다. 환자는 증상을 설명하고 의사의 질문에 답하면서 진단, 치료법, 처방을 기대한다. 두 사람의 역할은 명확하게 구분된다. 의사는 능동적으로 치료에 나서는 반면, 환자는 수동적으로 기다린다. 이런 역할 분담은 언어에서도 확인할 수 있다. 독일어에서 환자를 뜻하는 "Patient"와 수동적이라는 뜻의 "passiv"는 둘 다 라틴어 "passio"에서 유래했는데, 이 라틴어의 뜻은 "겪다" 또는 "당하다"이다. 현대 의학의 많은 분야에서는 지금도 환자에게 기다리는 태도를 권장한다. 약에 의지하는 의학은 환자의 역할을 정기적으로 알약을 복용하고 가끔 검사를 받기 위해 병원을 방문하는 것으로 축소시킨다. 다른 한편, 외과의학은 개입을 통한 해결을 약속한다. 수술 한 번 그리고 회복기를 거치면 문제가 해결된다는 식이다. 약과 수술이 많은 병에 효과를 발휘한다는 데는 이론의 여지가 없다. 하지만 이 치료법으로 충분하지 않은 경우도 있지 않을까? 현대 약리학과 외과의학을 난감하게 만드는 듯한 병이 존재한다. 과체중도 그런 난감한 문제로 꼽힌다. 과체중 앞에서 약리학은 철저히 실패했고, 외과 수술은 해명되지 않은 위험과 부작용을 동반한다. 그렇다면 과체중을 다스리는 다른 길이 있을까? 비만 치료에서는 환자와 의사 또는 치료사가 어떻게 "역할을 분담해야" 진정으로 이로울까?

이기적인 뇌 이론에서 과체중을 다스리기 위한 새로운 치료 원리를 얻을 수 있다. 결정적으로 중요한 것은 뇌 에너지 항상성과 감정 항상성이 깨질 때 과체중이 발생한다는 인식이다. 우리가 감정 항상성을 유지할지 여부를 결정하는 주요 주체는 스트레스 시스템이므로, 성공적인 치료의 본질적 전제 조건은 우리의 스트레스 시스템이 안정적인 휴지 상태에 도달할 수 있다는 것이다. 더구나 영양 섭취를 늘리거나 약 또는 마약을 사용하는 등의 보조 수단에 의지하지 않아도 스트레스 시스템이 휴지 상태에 도달할 수 있어야 한다. 환자가 뇌 에너지 항상성과 감정 항상성을 (즉, 스트레스 시스템의 휴지 상태를) 회복하는 데 성공하면, 그 부수 효과로 환자의 몸무게는 정상화된다. 과체중을 다스리기 위한 이 치료법의 주요 목표는 일차적으로 체중 줄이기가 아니라 환자의 감정 항상성을 회복시키는 것이므로, 이런 치료 전략이 감정에 초점을 맞추는 것은 놀라운 일이 아니다.

로스앤젤레스의 서던캘리포니아 대학 캠퍼스 어느 건물의 수수하고 병실 분위기를 풍기는 방. 12~18세의 남녀 청소년 12명이 둥글게 앉아 있다. 다들 과체중이다. 과체중 치료를 위한 심리학 연구 프로젝트에 참가하기로 결심한 아이들이다. 연구를 진행하는 동안 참가자들은 각각 자신이 살아오면서 겪은 힘든 일들에 대해 이야기한다. 많은 참가자들은 자신의 고민과 곤경을 털어놓을 기회를 이제껏 한 번도 가져보지 못했다. 한 소녀는 여러 해 전부터 지속된 가족 내 갈등이 몹시 부담스럽고, 한 소년은 학교에서 집단 따돌림을 당해 자포자기 상태이며, 또 다른 소년은 몇 달 전부터 일상생활조차 감당하기 어려울 정도로 무기력감을 느끼고 있었다. 모임을 이끄는 가족치료사 로렐 멜린$^{Laurel\ Mellin}$은 질문을 던지고, 발언을 유도하고, 참가자가 스스로 자신을 돌아보게끔 이끈다. 내 감정은 어떠한가? 나는 슬픔이나 불안이나 죄책감을 느끼는 편인가? 내가 가진 나쁜 감정의 원인을 지목할 수 있을까?

멜린은 여러 해 전부터 이런 집단을 지도해왔다. 나는 2005년 그녀의 모임을 참관할 기회가 있었다. 멜린은 참가자들이 갈등을 정면으로 인지하고, 적극적으로 문제를 다루고, 해결의 길로 나아가는 데 도움이 된다고 여겨지는 훈련 프로그램을 펼리다. 멜린이 접하는 청소년 환자 대다수에서는 해결되지 않은 내면적 혹은 외면적 갈등과 연계된 스트레스가 이미 임상적인 문제로 발전한 상태다. 그들을 상대로 스트레스 검사에 이어 뷔페를 제공하는 실험을 한다면, 많은 피실험자에게서 전형적인 증상을 확인할 것이 뻔하다. 즉, 많은 피실험자의 코르티솔 수치는 실험 과정 내내 좀처럼 변화하지 않을 것이다. 이는 만성적인 혹은 과거의 스트레스 질환을 분명하게 암시하는 증거다. 이런 환자에게서는 뇌가 스트레스 요인에 거의 반응하지 않는다. 왜냐하면 이미 오래전부터 그것들에 익숙해져 있기 때문이다.

멜린은 스트레스 질환이 흔히 우울증과 과체중을 동반한다는 것을 여러 해 전부터 주목했다. 그 후 지금까지 다양한 연구를 통해 이들의 연관성이 입증되었고, 어느새 과체중이 스트레스 질환의 증상일 수도 있다는 인식이 널리 퍼졌다. 이미 22년 전에 멜린은 젊은이들의 스트레스성 과체중 문제를 원인 제거를 통해 해결하기 위한 치료법을 제시했다. 멜린이 중시하는 것은 식생활에 직접 영향을 끼치기 위한 행동 치료가 아니라 오히려 환자가 심리적 갈등을 스스로 해결할 수 있도록 돕는 전략이다. 해결되지 않은 갈등, 특히 오래 묵은 갈등은 스트레스학자들이 "위안용 음식 섭취"라 일컫는 행동을 유발할 수 있다. 위안용 음식 섭취의 목적은 감정 상태를 개선하는 것이다. 하지만 이 같은 위안용 음식 섭취 효과는 심리적 현상에 국한되지 않는다. 우리는 이 효과를 구체적이고 확실하게 설명할 수 있다. 만성 심리사회적 스트레스는 뇌의 물질대사 생리 기능을 변화시킨다. 스트레스 요인(예컨대 직장에서의 열등감, 학교에서의 집단 따돌림 등)에 지속적으로 노출되면, 우리의 뇌는 꾸준히 점점 더 많은 에너지를 소비하고 요구한다. 그러면 처음에는 뇌-당김이 더 강력하게 작동해 늘어난 뇌 에너지 수요를 주로 몸의 에너지 저장소에서 끌어낸 에너지로 충당한다. 이 때문에 많은 경우 만성 스트레스는 체중 감소를 가져온다.

그러나 일부 사람들의 스트레스 시스템은 감당하기 어려운 만성 스트레스 상황에 직면하면 그 상황에 적응하거나 심지어 혹사당해 손상된다. 높은 스트레스 수준이 장기간 지속되면 뇌-당김은 중기 또는 장기적으로 경쟁력을 잃는다. 마치 금속 용수철을 너무 많이 잡아당기면 늘어져버리는 것처럼 말이다.

그럼에도 스트레스 증후군은 뇌의 에너지 수요를 지속적으로 높인다. 따라서 뇌는 에너지 주문 전략을 뇌-당김 위주에서 몸-당김 위주로 바꾼다(118쪽 그림 3 참조). 만성 스트레스를 받는 사람이 자신의 스트레스 시스템과 함께 갈등 상황에 적응하고 극복 전략으로 "위안용 음식 섭취"를 채택하면, 늘어난 뇌의 에너지 수요는 늘어난 음식 섭취량에 의해 충당된다. 이렇게 행동하는 사람은 한편으로는 스트레스 시스템의 부담 완화(뇌-당김의 부하 감소)를 감지한다. 쉽게 말해서, 음식 섭취를 통해 위안을 얻는다! 그리고 다른 한편으로는 음식 섭취 증가의 결과, 곧 체중 증가를 감수해야 한다.

스트레스의학에서 입증되었듯 원인 구실을 하는 스트레스 요인(예컨대 위협적인 사장)과 그 결과 나타나는 스트레스 반응(직원의 혈압 상승)을 구분해야 한다. 일부 스트레스 상황은 갑자기 닥치고 신속하게 멀어진다. 예컨대 위험 상황이 그러하다. 하지만 우리는 신체의 안녕에는 위험이 전혀 없지만 스스로 큰 의미를 부여하는 상황에서도(예컨대 시험을 볼 때도) 스트레스 반응을 나타낸다. 우리는 스트레스 반응의 원인을 명확히 알 수도 있고, 전혀 모를 수도 있다. 생리학적으로 볼 때 스트레스 시스템의 임무는 뇌와 근육에 추가 에너지를 공급해 사고 능력과 행동 능력을 향상시킴으로써 우리로 하여금 스트레스 요인에 잘 대처하게끔 하는 것이다. 하지만 우리의 신경계가 스트레스 요인에 직면해 스트레스 반응을 나타낼 때, 정확히 어떤 일이 일어나는 것일까?

10만 년 전에 검치호랑이는 틀림없이 호모사피엔스 종이 맞닥뜨릴 수 있는 가장 큰 스트레스 요인 중 하나였다. 이 포식 동물의 모습은 우리 조상들의 뇌에서 경보 신호의 연쇄를 일으켰다. (요컨대 아드레날린과 노르아드레날린의 분비, 흥분, 각성 혹은 주의 집중 향상, 반응 시간 단축 등을 유발했다.) 하지만 지금과 마찬가지로 당시에도 급성 스트레스의 교란 작용은 신경과 호르몬에만 국한되지 않았다. 스트레스 요인은 뇌의 에너지 수요와 주문도 증가시킨다. 그 결과 연쇄 반응이 일어나고, 교감신경계가 최대 출력으로 작동한다. 부신에서 아드레날린이 분비된다. 간과 근육 및 지방 조직에 저장된 에너지를 동원하기 위해 뇌-당김을 강화한다. 외적인 위험이 사라지면, 부신에서 코르티솔이 분비되어 스트레스 반응을 종결한다.

검치호랑이는 멸종한 지 오래고, 우리 현대인이 목숨이 위태로운 상황에 맞닥뜨리는 일은 다행히 드물다. 오늘날에는 다른 요인들이 우리의 안정과 내적인 균형을 깨뜨린다. 이른바 심리사회적 스트레스 요인(몇 가지만 열거하자면 외로움, 학업이나 직업에서의 과도한 부담, 가정에서의 심리적 혹은 언어적 폭력 등)이 그것이다. 그리고 이런 스트레스 요인은 몇 초 동안 우리를 괴롭힌 다음에도 간단히 사라지지 않는 고약한 습성을 지녔다. 급성 위험 상황은 짧은 시간 동안만 지속한다는 "장점"이 있다. 이 경우에는 위험 이전, 위험 도중, 위험 이후가 명확히 구분된다. 따라서 내적인 스트레스 반응의 진행 곡선이 가파르게 상승했다가 하강한다. 반면 심리사회적 스트레스는 훨씬 더 미묘하다. 상사와 단 한 번 싸운 결과, 직장 생활이 꽤 오랫동안 고달플 수 있다. 느닷없이 분노를 터뜨리곤 하는 아버지는 가족으로 하여금 항상 심리적 압박을 느끼게끔 한다. 왜냐하면 아버지의 분노가 언제 다시 폭발할지 전혀 알 수 없기 때문이다. 교실에서의 반목도 장기간의 고통을 유발할 수 있다. 불확실성이 반복에 대한 두려움을 키우고 내면적·외면적 위축을 일으킨다. 요컨대 심리사회적 스트레스는 흔히 예측 불가능하며 감당하기 어려운 주변 상황으로 인해 발생한다.

반면 잘 돌아가는 심리사회적 집단의 핵심 특징은 명확한 규칙, 신뢰성, 진정성, 믿고 맡김, 투명성, 존중, 모든 구성원의 심리적 안정성 등이다. 인간은 사회적 존재이므로 집단에 소속하기를 원한다. 이 욕구는 우리 안에 깊게 뿌리내려 있다. 과거의 사냥 채집자들에게 집단에 소속하는 것은 필수였다. 외톨이는 장기적으로 살아남을 가망이 없었다. 집단이나 공동체에서 추방하는 것은 사실상 사형과 다름없는 가장 큰 벌로 꼽혔다. 오늘날에도 우리는 집단에서 배제되는 것을 상당히 큰 상처이자 모욕으로 느낀다. 이런 따돌림은 특히 아동과 청소년에게 고통을 안겨준다. 왜냐하면 이들은 따돌림에 대처하는 전략을 아직 마련하지 못했기 때문이다. 다른 한편, 일부 성인은 직장에서의 해고를 사회적 추방으로 느낀다. 일자리를 잃는 사람은 소득을 잃을 뿐만 아니라 직업적 인정, 곧 집단에서의 소속도 잃는다.

행복감에 관한 국제적 조사 결과를 보면, 놀랍게도 산업국들은 국민소득이 훨씬 더 적은 국가들보다 대개 더 나쁜 성적을 얻는다. 어쩌면 사회적 추락이 없는—또는 경미하게만 있는—사회에서 살면 스트레스를 덜 받기 때문에 이런 결과가 나오는 것일 수 있다. 수입 좋은 일자리, 자기 소유의 집, 신용으로 구매한 자동차가 애당초 없으면 그런 것들을 잃을까봐 걱정할 필요도 없다. 가족의 기본적인 생존만 보장되면 충분한 것이다. 심리사회적 스트레스를 받을 위험은 우리의 인간관계가 다층적이고 불명료할수록, 우리의 직업적·개인적 의무가 복잡하게 얽히고 설킬수록 더 높아진다. 자신의 삶에 만족하지 못하는 상황, 직업적인 부담이 늘어나는 상황, 전반적으로 장애가 너무 많은 상황, 비현실적인 기대와 거듭되는 실망, 불명확한 과제 분담, 공동의(예컨대 가족이나 친구 집단의) 목표에 반하는 외부 세력의 개입 등은 스트레스를 키우기에 완벽한 조건이다. 바꿔 말해, 심리사회적 스트레스 요인은 도처에 있고, 우리는 흔히 아무런 준비 없이 그것들과 맞닥뜨린다. 그럴 때 우리를 도울 수 있는 것은 심리사회적 스트레스를 감당하고 누그러뜨리는 행동 양식, 곧 대처 전략이다. 그런데 이 대목에서 꼭 짚어야 할 까다로운 문제는 우리가 다양하기 짝이 없는 스트레스 요인에 대처하는 방법을 부모로부터 배우는 것이 최선이라는 점이다. 만일 아이들 앞에서 부모가 자신의 스트레스에 능숙하게 대처하지 못한다면 어떻게 될까?

심리사회적 스트레스에 시달리는 아동은 실제로 자신의 내적인 균형을 공고하게 하는 대처 전략을 갖추지 못한 경우가 많다. 로렐 멜린은 이 소중한 능력을 "자기 돌봄$^{\text{Self nurturing}}$" 능력이라고 일컫는다. 성서의 명령 "네 이웃을 너 자신처럼 사랑하라"마태복음 22: 39—옮긴이에도 나오는 자기 사랑과 자존감 또한 자기 돌봄과 밀접한 관련이 있다. 따라서 멜린의 치료법은 참가자들의 의식을 훈련시키는 것을 기본으로 삼는다. 참가자는 자신의 욕구를 알아채고 진지하게 받아들이는 능력을 키우는 한편, 자신을 현실적으로 평가하고 자신의 한계를 설정하는 법도 배워야 한다. 멜린의 치료에서 이런 능력을 훈련하는 과정은 참가자들이 그것들을 완전히 익혀 능숙하게 활용할 때까지 계속된다. 멜린은 자기 프로그램의 효과에 관해 "이런 전략을 내면화하면, 참가자들의 감정적·사회적 행동이 안정된다"고 설명한다.

멜린은 서던캘리포니아 대학에서 장기적인 연구를 수행했다. 그 연구에서는 청소년뿐 아니라 성인도 1.3년에서 2.0년 동안 멜린의 치료 프로그램에 참가했다. 특히 참가자 19명은 총 6년에 걸친 사후 조사까지

받았다. 참가자들은 체중과 혈압을 다양한 방식으로 검사받았고, 스포츠 활동을 했으며, 우울증 검사도 받았다. 또한 대처 전략을 익히기 위한 두 시간짜리 모임을 일주일 간격으로 18회 가졌다. 더 나아가 그들은 그런 전략을 정기적으로 연습할 것을 약속했다. 그 연습이란 자기 돌봄과 관련 있는 질문을 던지는 것이었다. 내 감정은 어떠한가? 나는 압박감을 느끼는가? 만일 느낀다면, 구체적으로 어떤 압박감인가? 내 고통을 유발하는 원인은 무엇인가? 그 원인이 내게 전달하려는 메시지는 무엇인가? 그 원인을 극복하려면 어떻게 해야 할까? 누군가 혹은 무언가의 도움이 필요할까? 나 자신과 타인들에 대한 내 기대는 현실적인가? 내 생각은 긍정적이고 진취적인가? "이런 질문은 자기 내면을 더 잘 받아들이고 감정을 더 안정시키는 데 도움이 된다. 그리고 사람은 감정적으로 안정을 찾으면 극단적인 행동을 덜 하는 경향이 있다." 교수이기도 한 멜린은 이렇게 덧붙인다. "현대 세계의 심리사회적 스트레스와 개인적 실패 그리고 혼란스러운 생활 때문에 오늘날 우리 대부분은 우리 조상들에게 필요했던 것보다 더 발달된 내적 능력을 가질 필요가 있다. 그런 능력이 없으면 우리는 자기 내면에 접근할 통로를 잃고, 감정적으로 퇴화하고, 과도한 음식 섭취나 노동이나 음주에 빠져들 위험에 처한다."

자신의 욕구, 상태, 한계에 대한 간단한 질문을 통해 내면을 안정시키는 멜린의 방법은 놀라운 성과로 이어질 수 있다. 특히 이러한 성과는 지속적이라는 점에서 주목할 만하다.

• 과체중 청소년 참가자 37명의 비체중(body weight ratio, 몸무게^{kg}/키^m)은

평균 9.9퍼센트 감소한 반면, 멜린의 치료를 받지 않은 대조군 과체중 청소년 29명의 비체중은 변함이 없었다. (참고: 성장 중인 청소년에 대해서는 "비체중"을 기준으로 체중 변화를 판정한다.)
- 성인 프로그램 참가자들은 다이어트와 약의 도움 없이 2년 뒤 몸무게가 평균 7.9킬로그램 감소했다.
- 이들은 새로운 체중을 유지하거나 이후 6년 동안 더 줄일 수 있었다.
- 우울증 증상의 경우, 치료 중에는 60퍼센트 감소했고 6년 뒤에는 최대 80퍼센트 감소했다.
- 혈압은 치료 중에는 낮아졌다가 치료 후에는 다시 상승했다.
- 치료를 시작할 때 담배나 술 또는 불법 마약을 사용하던 참가자의 67퍼센트가 1년 뒤 사용을 중지하거나 사용량을 대폭 줄였다. 6년 뒤에는 이런 결과가 83퍼센트에 달했다.

멜린의 훈련 방법은 모범적인 성격을 띤다. 이와 유사한 방식으로 성공적인 뇌-당김 훈련을 실행할 수 있을 것이다. 심한 심리사회적 스트레스 때문에 스트레스 시스템이 혹사당해 뇌-당김이 약해지고 그 결과 식습관이 바뀌었다면, 오직 스트레스 시스템의 부담을 지속적으로 완화함으로써 뇌-당김 재강화의 전제 조건을 갖추는 치료법만이 성과를 낼 수 있다. 만성 스트레스 요인이 저절로 사라지는 일은 극히 드물다. 만성 스트레스 요인은 동화 속의 용과도 같다. 오로지 싸움을 감행하는 자만이 용을 이길 수 있다. 어떤 전략이 가장 효과적인지는 개인이 처한 상황에 달려 있다. 때로는 만성 스트레스 요인을 (예컨대 직장을 그만두거나 바꾸는 방법으로) 제거하는 것이 반드시 필요하다. 다른 경우에는 스트레스 요인을 (사회적 능력의 향상을 통해서, 혹은 자신의 욕구를 존중하고 한계를 더 명확하게 설정함으로써) 더 잘 다스리는 방법을 배우는 것이 바람직하다. 어느 쪽을 선택하든 기본적으로 명심해야 할 점은 이것이다. 즉 오로지 우리가 자신의 문제를 직시할 때만(노출), 외적인 상황뿐 아니라 내적인 감정도 지속 가능한 방식으로 변화한다. 새로운 갈등 및 문제 해결 전략은 우리를 스트레스 상황에서 무력해지거나 힘겨워하지 않게끔 해준다. 왜냐하면 그런 전략은 우리에게 상황을 어느 정도 통제할 기회를 되돌려주기 때문이다. 그 효과는 일시적인 갈등 해결과 해방감 제공에 그치지 않는다. 스트레스 시스템의 부담이 지속적으로 줄어들면, 스트레스에 적절하고 유연하게 반응하는 그 시스템의 능력을 재생시킬 수 있다. 또한 이런 식으로 뇌-당김 기능을 훈련하고 강화할 수 있다.

이기적인 뇌 이론에 대한 연구 결과는 뇌 에너지 대사와 만성 스트레스가 과체중 발생에 결정적인 구실을 한다는 점을 분명하게 보여준다. 이런 지식은 새로운 치료 방법과 기회를 가져다준다. 영양 섭취, 당뇨병, 식품가정경제학, 심리학, 심리 치료, 내과의학 분야의 전문가들이 함께 뇌-당김 훈련 프로그램을 개발하고 실행하는 것이 효과적이고 바람직할 것이다. 이 책이 그런 노력을 유도하고 기초적인 도움을 줄 수 있다면, 가장 중요한 목표 중 하나를 달성한 셈이다.

그러나 뇌-당김 훈련의 효과와 비용은 훈련 참가자의 나이와 기타 사정에 크게 좌우된다. 좋은 결과가 나올 가능성은 아동과 청소년 그리고 비교적 젊은 성인에서 가장 높다. 비교적 늙은 과체중자나 이미 당뇨병으로 약물 치료나 인슐린 치료를 받는 과체중자는 뇌-당김 훈련으로 치료하기가 가장 어려운 환자로 꼽힌다. 왜냐하면 이들은 대개 오랜 스트레스 이력이나 병력을 지닌 탓에 물질대사 조절이 여러 해 전부터 굳어진 상태이기 때문이다. 즉, 유연성을 잃은 뇌-당김 조절 프로그램이 습관의 형태로 이들의 물질대사 기억에 각인되어 있기 때문이다. 제2형 당뇨병 환자가 이미 오랫동안 높은 혈당 수치를 유지해 혈관 벽에 침착물이 끼었고 그 결과 뇌의 크고 작은 혈관이 좁아졌다면, 치료는 더 까다롭다. 이 경우에는 혈류를 부족하게 공급받는 뇌가 끊임없이 에너지를 갈구하기 때문이다. 뇌 혈류 장애는 스트레스 시스템의 고출력 작동과 코르티솔 수치의 상승을 가져온다는 것이 밝혀졌다. 이런 식으로 뇌-당김이 오랜 기간 과잉 작동하면 흔히 뇌-당김은 과부하에 시달리면서 점점 더 약해지고 유연성을 잃는다. 이런 상황에서는 뇌-당김 훈련이 매우 어렵고 성과를 거둘 전망도 불확실해진다. 그러므로 병이 계속 진행되어 임계선을 넘고 뇌-당김이 돌이킬 수 없을 만큼 손상되기 전에 개입하는 것이 더욱더 중요하다.

치료하기 어려운 환자에게는 더 많은 치료 비용을 들이는 것이 바람직하다. 치료자의 전문성이라는 측면에서뿐 아니라(예컨대 정신과 의사가 치료를 맡을 수 있다) 치료 방법(예컨대 행동 치료의 특수한 형태인 대화-행동 치료), 치료 기간(예컨대 통원 치료 2년이나 입원 치료 3개월), 치료 강도(개인 맞춤형 치료)라는 측면에서도 그렇다. 그리 심각하지 않은 환자에 대해서는 전화 상담도 실용적인 대안일 수 있다. 경미한 환자에게는 영양 섭취나 당뇨병 전문가가 여러 주에 걸쳐 집단 모임을 이끌며 비교적 짧고 체계적인(앞에서 간략하게 설명한 원리에 따라) 학습 프로그램을 제공하는 것으로 충분하다. 하지만 어느 경우에나 가장 중요한 것은 환자로 하여금 자신의 내면에 변화를 일으킬 힘이 있음을 의식하게끔 하는 것이다. 자신에게 부족한 것이 무엇이고 어떻게 하면 그것을 되찾을 수 있는지 환자가 이해하면, 치료에 성공할 전망은 매우 밝아진다. 그러나 가장 좋은 방법은 여기에서 제시한 행동 패턴과 치료 원리를 과체중 치료가 아니라 애당초 예방에 적용하는 것이다.

우리를 건강하게 만들어줄 사람이나 의학을 아무리 원한다 할지라도 많은 병 앞에서는 이런 바람이 비현실적이다. 멜린의 치료법에서 얻을 수 있는 중요한 교훈은 이렇다. 즉 건강은 상품이 아니라는 것이다. 건강은 누가 누구에게 제공할 수 있는 물건도 아니고, 단추 하나만 누르면 얻을 수 있는 제품도 아니다. 어떤 의사도, 어떤 병원도, 어떤 다이어트도 우리에게 건강을 줄 수는 없다. 건강은 각자가 적극적으로 나서서 불러들여야 한다. 특히 에너지를 불러들이는 뇌의 능력(뇌-당김)에 문제가 생겨서 건강을 잃었다면, 해결책은 당연히 건강을 불러들이는 것 아니겠는가. 멋진 몸매와 마찬가지로 건강한 뇌 물질대사를 얻기 위해서도 훈련이 필요하다. 바꿔 말해서, 건강을 얻고 유지하느냐 마느냐는 우리가 내적인 균형을 유지하고 회복할 수 있느냐에 달려 있다.

감정은 우리의 길잡이

그는 고집이 세고 반항적이었으며 아버지의 수공업 기술을 배우지 않으려 했다. 아니, 어떤 것도 배우려 하지 않았다. 부모는 아들을 자립의 길로 이끌기 위해 갖은 애를 썼지만 소용이 없었다. 결국 단념한 아버지는 아들을 그 자신의 운명에 내맡겼다. 그 직후 아버지는 갑자기 세상을 떴다. 아마도 절망한 심정으로 눈을 감았을 것이다. 어머니는 남편의 양복점을 팔아 마련한 돈으로 버릇없는 아들과 함께 생계를 꾸려가려 애썼다. 그러나 아들은 여전히 건달이었다. 일은 안 하고 친구들과 몰려다니기만 했다. 어머니가 말을 시키면 욕을 하고 위협했다. 어느 날, 낯선 사람이 아들에게 말을 걸었다. 그는 오래전에 죽은 줄 알았던 친척을 자처하면서 소년을 돌보고 그 어머니를 도와주었다. 15세 소년은 그 늙수그레한 남자의 지혜와 세상 경험과 겉으로 드러나는 부와 성공에 경탄했다. 인정 많은 듯한 그 남자가 소년에게 함께 여행을 떠나자고 요청했을 때, 소년은 지체 없이 따라나섰다. 두 사람이 외딴 계곡에 들어섰을 때, 소년은 차츰 두려움을 느꼈다. 하지만 실은 친척이 아니라 마법사인 그 남자는 소년을 보내주지 않았다. 대신 놋쇠 고리가 달린 대리석 판 하나를 힘차게 가리키면서 소년에게 그 남자의 이름을 부르며 고리를 잡아 대리석 판을 들어 올리라고 명령했다. 그러자 숨어 있던 동굴의 입구가 마법처럼 열렸다. 보물 창고의 입구였다. 남자는 소년에게 그곳으로 들어가서 허름한 기름 램프 하나를 가져오라고 했다…….

알라딘과 마술 램프에 관한 이야기는 중동의 전설적인 설화집 《천일야화》에 나오는 에피소드 가운데 매우 유명한 축에 든다. 램프를 발견해 불을 붙인 알라딘은 지하 세계에서 돌아오는 길에 한 정원으로 들어선다. 그런데 그곳의 나무들에는 평범한 열매가 아니라 값진 보석이 달려 있다. 알라딘은 다채로운 보물을 황홀하게 바라본다. 찬란한 오렌지색 석류석, 등나무꽃의 자주색을 띤 루비, 꽃에 둘러싸인 노란 돌처럼 보이는 다이아몬드, 아침 햇살처럼 반짝이는 황금 장신구, 녹색 사과를 닮은 에메랄드, 선명한 파란색 수레국화와 자주색 꽃대를 닮은 보석과 진주. 평생 그런 보화를 본 적도 없고 그 가치를 알지도 못하는 알라딘은 진기한 열매들을 유리 공예품으로 여기면서 주머니에 가득 채운다. 그가 보물 창고 입구에 다다르자, 마법사는 조바심을 내며 램프를 달라고 요구한다. 알라딘은 주머니를 뒤지지만 온갖 보석 사이에서 램프를 찾아내는 데 실패한다. 그때 동화에서나 있을 법한 반전이 일어나, 마법사는 램프를 단념하고 떠난다. 그 램프는 알라딘의 인생을 바꿔놓는다. 알라딘은 그 램프가 소원을 들어주는 놀라운 힘을 지녔다는 것을 발견한다. 램프 요정의 도움으로 모든 근심을 해소하고 어느 공주의 사랑을 얻은 그는 더 나은 인간이 된다.

오늘날 이 동화를 읽으면 첫 대목이 아주 현실적으로 다가온다. 부모는 교육을 위해 애쓰지만 실패하고 절망만 할 뿐 속수무책이다. 아들은 스스로의 성장과 책임을 거부한다. 무기력하고 안하무인이다. 그리고 홀로 자식을 키우는 어머니를 공격적으로 대한다. 이는 현대의 교육 드라마에 흔히 등장하는 이야기다. 갈등의 해결은 불가능해 보이고, 아들은 조만간 탈선할 것으로 예상된다. 하지만 뜻밖의 일이 일어난다. 알라딘이 보물을 발견하는 것이다. 이 동화를 심리학적으로 해석하면, 캄캄한 미지의 동굴에 들어가 보물을 발견하는 대목은 단지 물질적 풍요와 그에 따른 난관의 해결을 이야기하기 위해 꾸며낸 치장에 불과하다는 것을 금세 알 수 있다. 하지만 보물 동굴에서의 모험을 자아를 향한 여행으로 간주하면, 황금과 보석을 발견하는 것은 자신의 감정과 소망을 "깨닫는" 일이라고 볼 수 있다. 이 해석에 따르면, 아들은 그 동굴에서 자아의 변화를 겪고 돌아온다. 요컨대 성숙하고 성격이 안정되고 강해진다. 그 결과 교활한 마법사조차 그를 어찌할 수 없게 된다. 자아를 깨달은 이 새로운 젊은이를 상징하는 것은 보석이 아니라 허름한 램프다. 이 대목에서 램프 요정은 우리 내면에 깃든 힘, 우리가 길잡이로 활용할 수 있는 감정의 힘을 나타낸다. 하지만 실제로 많은 사람이 자신의 감정을 발설하거나 직시하기를 어려워한다. 감정은 위장되거나 억압당한다. 감정을 온전하게 지각하거나 평가하는 경우는 드물다. 특히 부정적인 감정을 다룰 때 우리는 어려움을 겪는다. 슬픔이 우리를 매력 없게 만들고, 우유부단과 걱정은 우리를 좀스럽게 만든다고 느낀다. 게다가 감정을 파악하는 것조차 쉽지 않다. 몇몇 감정은 마치 빙산처럼 수면 위에 떠 있지만, 우리는 그 감정의 깊이를 알지 못한다. 또한 감정의 원인을 알아내는 것은 흔히 불가능하다시피 하다.

감정 다루기는 이기적인 뇌 연구에서 중요한 구실을 한다. 이미 살펴보았듯 감정 항상성과 에너지 항상성은 아주 밀접하게 연관되어 있다. 이 두 항상성이 안정적으로 유지되면, 우리는 안락하다. 더 구체적으로 말해서, 뇌는 우선 자신의 에너지 균형을 추구하고, 그다음에 비로소 감정의 안정과 평형을 추구한다. 에너지 항상성과 감정 항상성이 유지되는 범위를 "안락 범위$^{comfort\ zone}$"라고 일컬을 수 있다. 이런 범위가 있다는 점에서 우리는 바다에 사는 짚신벌레의 친척과 유사하다. 녀석들은 항상 물속의 여러 층 가운데 최적의 조건을 갖춘 층에 머물기 위해 애쓴다. 그 층에 있을 때 녀석들은 안락함을 느낀다. 요컨대 단세포동물이나 인간이나 마찬가지로 두 가지 단순한 규칙을 따른다.

- 안락 범위를 벗어났고 거기로 복귀할 수 없다면, 행동을 바꿔라.
- 안락 범위 안에 있다면, 현재 행동을 유지하라.

짚신벌레가 안락 범위를 벗어났음을 추위 센서와 더위 센서가 알리면, 녀석은 "방향전환기"를 써서 운동 방향을 바꾼다. 반면 수온이 적당하면, 짚신벌레는 제자리에 머문다. 진화가 최초의 생물로 단세포생물을 창조한 이래 이 행동 패턴은 거의 변화하지 않았다. 물론 인간의 행동은 훨씬 더 다면적이고, 적당한 수온처럼 단순한 인자에 의해 결정되지 않는다. 하지만 기본 원리는 동일하다. 인간의 안락 센서는 뇌의 에너지 농도와 스트레스 반응을 측정한다. 사람이 안락 범위를 벗어나면, 코르티솔 수치가 높은 스트레스 범위에 있거나 코르티솔 부족 범위에 있다는 것을 두 가지 코르티솔 수용체(GR와 MR)가 알려준다.

물론 현실은 흔히 훨씬 더 복잡하지만, 직관적인 이해를 위해 간단한 예를 하나 들어보자. 한 학생이 신임 교사에게 부당한 대우를 받는다고 느낀다. 학생은 권위적인 강압을 느끼고, 성적은 떨어진다. 이로 인해 학생의 내면에서 분노, 짜증, 실망의 감정이 일어난다. 강압과 성적 하락의 결과, 학생의 스트레스 시스템은 동요 상태에 빠진다. 즉, 안락 범위 바깥에 놓인다. 따라서 이제 그는 짚신벌레처럼 방향을 바꾸는 것이 바람직하다. 알다시피 실패나 좌절 상황에서 스트레스 시스템의 작동은 두려움, 불안, 실망 따위의 부정적인 감정을 동반한다. 지금은 이 부정적인 감정이 중요하다. 왜냐하면 부정적인 감정 상태에서만 GR는 부적절한 행동과 불리한 생활 전략이 기억에 저장되는 것을 막기 때문이다. 우리가 실패에서 교훈을 얻는 것은 성공 전략을 습득하는 것 못지않게 중요하다. 요컨대 분노와 실망과 두려움이 지배할 때, GR는 행동 변화와 방향 전환을 위한 길을 열어놓는다. 앞서 예로 든 학생의 경우, 이 방향 전환은 교사와의 대화일 수도 있다. 어쩌면 단지 시작만 나쁜 것일지 모른다. 학생이 대화하려는 자세와 합리성을 보여주면 교사의 관점이 긍정적으로 바뀌고 둘 사이의 감정 또한 부드러워질 가능성이 높다. 즉, 학생과 교사가 다시 각자의 안락 범위로 이동할 가능성이 높다. 이런 적극적인 방향 전환이 이루어지면, 또 다른 코르티솔 수용체^{MR}는 스트레스 시스템이 다시 휴지 상태(낮은 코르티솔 범위)로 복귀했음을 알린다. 이 상태는 안도감, 자부심, 평온함 따위의 긍정적 감정을 허용한다. 우리는 예컨대 사랑하는 사람과 다투고 다시 화해했을 때에도 이런 감정을 느낀다.

MR는 우리로 하여금 이런 안락 상태의 도달을 가능케 한 모든 전략과 프로그램을 숙면 중에 확고히 기억하게끔 한다. 나중에 그 전략과 프로그램을 다시 불러낼 수 있도록 말이다. 물론 이 학습된 전략 덕분에 우리가 유사한 갈등 상황에 다시 빠지지 않는다는 보장은 없다. 그러나 이런 전략은 우리로 하여금 갈등 상황에 더욱 능숙하게 대처하게끔 해준다.

행복감

우리는 짚신벌레의 감정을 비록 모르지만, 안락 범위를 추구하는 것은 짚신벌레의 삶에서 최고 목표 중 하나라고 보는 것이 합리적이다. 우리 인간은 바라는 것이 훨씬 많다. 우리는 더 고차원적인 것을 열망한다. "단지" 편안한 것은 우리에게 충분하지 않다. 우리는 가능한 한 자주 행복을 느끼기를 원한다. 그런데 행복이란 감정은 과연 어떻게 발생하는 것일까? 또 우리는 행복감에서 무엇을 배울까?

우리의 보상 시스템은 두 가지 규칙에 따라 작동한다. 예상 밖의 성취에서는 태고 이래로 단세포생물도 따르는 옛 원리가 주도권을 쥔다. 그 원리란 바로 안락 범위를 추구하는 것이다. 예를 들어보자. M 부인은 이혼 후에 외로움을 느낀다. M 부인의 형편을 특히 고통스럽게 만드는 것은 대화할 만한 여자 친구가 없다는 사실이다. 사실 M 부인은 소녀일 때와 처녀일 때에도 깊은 우정을 맺기가 어려웠다. 가끔 진지한 마음가짐이 들 때면 자신이 여자 친구와 교제하는 법을 전혀 모른다는 점을 인정한다. M 부인은 고민에서 벗어나기 위해 혼자 휴가 여행을 떠나기로 결심한다. 그리고 예상치 못한 일이 벌어진다. M 부인은 호텔에서 같은 또래의 여자를 만난다. 두 사람은 관심사도 같고 살아온 이력도 비슷하다. M 부인은 그 여자와 우정을 맺고 행복감을 느낀다. 신경생물학적으로 말하면 M 부인의 편도체, 해마 그리고 또 다른 뇌 구역인 측좌핵 nucleus accumbens에서 성공 신호 물질인 도파민이 한층 많이 분비된다. 그 결과 우리 모두가 잘 아는—예컨대 친구가 생기면 일어나는—행복감이 발생한다. 그런데 이때에도 우리가 짚신벌레의 온도 센서와 코르티솔 수용체에 대해 논할 때 보았던 것과 유사한(우리를 안락 범위로 이끄는) 수용체 쌍, 곧 D1-도파민 수용체와 D2-도파민 수용체가 제 역할을 한다. 예상치 못한 새 친구가 생기면 도파민 농도가 높아야 비로소 켜지는 D1-도파민 수용체가 활성화하고 격앙된 행복감이 발생한다. 이때 중요한 것은 해마에서 이 안락한 상태를 가능케 한 모든 전략과 프로그램을 확고하게 기억한다는 점이다. (어느 식당에서 그 여자와 처음 만났지? 처음에 어떻게 눈이 마주쳤지? 주위 환경은 어땠지?)

이듬해에 두 여자는 똑같은 장소에서 다시 만난다. 그리고 다음 해에도 또 만나자고 약속한다. 그런데 그다음 해에 휴가지에 도착한 M 부인은 여자 친구가 호텔 예약을 느닷없이 취소했다는 것을 알고 크게 실망한다. 즉, 신경생물학적으로 다음과 같은 일이 일어난다. 매우 기대했던 일이 일어나지 않으면, 앞서 언급한 뇌 구역에서 평균보다 적은 도파민을 분비한다. 따라서 도파민 농도가 낮을 때 작동하는 D2-도파민 수용체만 활성화한다. 그러면 나쁜 감정(실망)이 일어난다. 흥미로운 것은 그다음 대목이다. 옛 행동 패턴대로라면 M 부인은 아마도 단념할 것이다. ("역시 어쩔 수 없군. 나는 행복한 우정을 맺은 적이 한 번도 없어.") 그러나 지난 2년 동안의 긍정적인 행복 경험이 뇌에 학습된 내용으로 자리 잡았기 때문에, M 부인은 실망 상태에서 오래 머물지 않는다. 짧은 실망에 이어 부인의 뇌는 "방향전환기"를 가동하고 제2의 전략을 동원한다. 즉, 나중에 다른 곳에서 그 여자 친구와 만나기 위해 대안을 모색한다. 혹은 호텔에 있는 다른 사람과 새로운 우정을 쌓을 수도 있다. 간단히 말해서, 실망스러운 경험에 아랑곳하지 않고 열린 마음으로 새 길을 모색한다. 이는 우리의 "방향전환기"로서 대안 구상에 참여하는 앞이마엽 피질 덕분이다.

요컨대 기본적으로 우리는 일찍이 단세포동물이 채택한 방침에 따라 살아간다. 상황과 기분이 나쁘면 행동을 바꾸는 것이 바람직하다. 그리고 이를 통해 상황과 기분이 좋아지면 새로운 행동을 유지하는 것이 바람직하다! 이때 최고의 길잡이는 우리의 감정이다. 만일 감정의 길잡이 기능을 이용할 수 없다면 문제가 발생한다. 어떤 사람은 자기감정을 알아채지 못하다시피 하고, 또 어떤 사람은 어렴풋이 알아채기만 할 뿐 세밀하게 분류하지 못한다. 이렇게 자기감정에 이르는 길이 막힌 원인은 교육 때문일 수도 있고, 스스로의 학습 경험 때문일 수도 있다. 일반적으로 우리는 내면의 감정 세계로 통하는 문이 잠겼다는 것을 전혀 의식하지 못한다. 혹은 우리 자신이 그 문을 잠갔다는 것, 어쩌면 그런 다음 그 문의 열쇠를 잃어버리기까지 했다는 것을 전혀 의식하지 못한다. 이제 그 열쇠를 찾아 나설 필요가 있다. 왜냐하면 자신의 참된 감정과 욕구에 접근할 수 없을 때 우리는 극단으로 치우칠 위험에 처하기 때문이다. 그럴 때 우리는 특정 행동을 너무 많이 하거나 등한시하는 경향이 있다. 예컨대 일을 너무 많이 하거나(행동 과잉), 사회적으로 움츠러들어

대인 관계를 회피한다(행동 부족). 원리적으로 이런 행동 패턴은 우리가 안정을 찾기 위해 채택하는 저급한 해결 전략(이른바 "2차 해결책")일 따름이다.

앞서 언급한 "위안용 음식 섭취"도 지속적이거나 반복적으로 압박을 느끼는 상황에서 많은 사람이 채택하는 저급한 행동 전략 중 하나다. 그런 상황은 급격한 기분 변화, 우울증, 스트레스성 뇌-당김 과부하를 전형적으로 동반할 수 있다. 부담스러운 상황에서 뇌의 에너지 소비가 급격히 증가할 수 있고, 그러면 몸에서 충분한 포도당을 끌어올려 뇌에 공급하는 것이 어려워진다. 이런 역동 항상성 부하를 받는 사람은 자신의 안락 범위를 벗어난다. 요컨대 기분이 나빠지고 흥분과 긴장을 느낀다. 이때 위안용 음식 섭취는 비록 최적의 해결책은 아니지만 그럴듯한 해결책이다. 절망감에 맞서 음식을 섭취하면, 뇌는 신속하게 외래 포도당을 공급받는다. 따라서 체내에 저장한 에너지를 동원하기 위한 스트레스 반응이 완화될 수 있고, 당사자는 거의 곧바로 기분이 좋아지고 심지어 위안을 느낀다.

뇌 훈련

로렐 멜린은 위안용 음식 섭취 때문에 불행해지고 체중이 과도하게 불어난 환자들을 여러 해 전부터 상대해왔다. 멜린의 치료법에서 핵심은 환자가 자신의 감정과 바람을 알아채고 "자신을 돌보는 법"을 배우는 것이다. 이 "자기 돌봄"이라는 개념을 접한 환자들은 무엇을 연상할까? 멜린의 환자들이 보이는 반응은 매우 흥미롭다. 린은 39세의 간호사로서 과체중이며 업무 부담이 더할 나위 없이 심하다. 멜린이 자기 돌봄이라는 개념을 소개하자, 린은 곧바로 이렇게 대꾸한다. "다시 즐기면서 살면 물론 좋겠죠. 여기저기 돌아다니며 쇼핑도 하고, 주말에는 여행도 하고요. 하지만 이젠 안 돼요. 내 남편 제이크가 직장을 잃었거든요." 여기서 린은 쇼핑과 주말여행을 생각한다. 하지만 이것들이 정말 린의 내면이 욕구하는 것일까? 멜린은 린이 이것들을 어떻게 평가하는지, 또한 이것들을 생각하면 어떤 느낌이 드는지 묻는다. 자신의 감정 세계를 발견하기 위한 린의 여행은 자기 돌봄이 돈으로 살 수 있는 물건이 아니라는 점, 또한 다른 누가 아니라 자기 자신이 해야 할 일이라는 점을 아는 것에서 시작된다. 스스로 자신을 돌볼 수 있다는 것은 자신의 내면에 귀를 기울이고, 자신의 감정을 알아채고, 자신의 참된 욕구를 구체적으로 표현할 수 있다는 것을 의미한다. 내 감정은 어떠한가? 나에게 정말로 필요한 것은 무엇인가? 누군가 혹은 무언가의 도움이 나에게 필요한가? 이때 결정적으로 중요한 것은 자기 내면의 소리를 듣고 인위적으로 생산된(예컨대 알코올, 약 또는 "감성 마케팅 기술"로 무장한 노련한 판매원이 제공하는) 감각에 이끌리지 않는 법을 배워야 한다는 점이다. 왜냐하면 내면에서 고유한 욕구를 거쳐 솟아나는 감정은 우리가 무엇을 바꿔야 옳은지 알려주지만, 외부에서 주입된 감각과 욕구는 전혀 그렇지 않기 때문이다. 오히려 정반대다.

멜린은 린에게 항상 자신의 감정을 직시하라고 격려한다. 이런 식으로 린은 차츰 새로운 통찰을 얻는다. 그리고 자신의 불만과 분노 중 일부가 시어머니에게 무시를 당한다는 느낌에서 비롯되었다는 것을 발견한다. 하지만 상황을 악화시키지 않으면서 이 문제를 털어놓을 방법을 모른다. 린은 남편 제이크가 더 다정하게 굴고 적어도 저녁 식사는 함께하기를 바란다. 하지만 부부는 이제껏 진지한 대화 없이 실망스러운 관계를 맺어왔다. 린은 상사 앞에서 항상 굴복하는 것이 얼마나 괴로운지도 분명하게 깨닫는다. 상사의 명령에 따라 야근을 하고 환자를 추가로 담당하면서도 해고될까봐 두려워 감히 싫다고 말하지 못했다. 이 모든 슬픔, 분노, 두려움, 막막함, 무력감 그리고 절망이 린의 삶에서 점차 다른 감각과 포개졌다. 그 감각은 바로 배고픔이다! 이기적인 뇌는 린이 직면한 여러 갈등을 해결할 전략을 짜는 데 실패했고, 오로지 충분한 에너지를 공급받는 것에만 주력했다. 시댁에 다녀오면 린은 아이스크림 1리터에 들어 있는 에너지를 위안으로 삼는다. 직장에서 스트레스가 너무 심할 때는 군것질거리 자동판매기에서 추가 에너지를 마련한다. 과부하, 스트레스, 위안용 음식 섭취로 이어지는 이 악순환을 어떻게 끊을 수 있을까? 이기적인 뇌 연구에서 얻은 지식에 기초한 치료용 "뇌 훈련" 방법으로 끊을 수 있다. 에너지 항상성과 감정 항상성은 뗄 수 없게끔 연결되어 있으므로 균형 잡힌 감정생활은 뇌-당김의 재정상화를 향한 결정적인 한 걸음이라고 할 수 있다. 뇌-당김을 다시 건강한 기본 설정으로 되돌릴 수 있을지는 여러 가지 요소에 의해 결정된다. 예컨대 환자의 나이와 의지, 또한 환자가 전문가의 도움을 요청하느냐 따위에 좌우된다. 분명하게 밝혀두지만, 감정 조절 및 사회적 경쟁력 훈련과 문제 해결 훈련에 기초한 치료 프로그램은 시간과 비용이 많이 든다. 전체 남성의 75.4퍼센트, 전체 여성의 58.9퍼센트에 달하는 과체중자에게 그런 치료를 제공할 수 있는 의료보험은 현재 독일에 없다. 안타깝게도 독일에는 효과를 입증한 과체중 자가 치료법 또한 아직 없다. 하지만 자신의 뇌 물질대사를 다시 균형 잡힌 상태로 이끄는 방법에 관한 단서는 존재한다. 이 장에서 나는 자신의 감정이 지닌 힘을 이용해보고 싶은 독자를 위해 일종의 점검 목록을 제시할 것이다. 그 목록이 독자로 하여금 원리를 명확히 이해하고, 자신의 감정을 다루고, 갈등을 해결하고, 원초적인 욕구를 구체적으로 진술하는 연습에 나설 의욕을 갖게 해주길 바란다. 다시 한 번 강조하지만, 영혼의 균형(감정 항상성=스트레스 시스템의 휴지 상태)은 우리 뇌의 물질대사 균형(에너지 항상성)과 밀접하게 연결되어 있다. 이 두 균형이 어떤 상태에 있느냐가 몸무게를 결정한다. 따라서 내면의 곤경은 불만과 불행을 가져올 뿐 아니라 몸의 에너지 경제에도 중대한 영향을 끼친다.

그러나 우리의 감정과 욕구에 이르는 길은 때때로 험난하다. 자신의 두려움을 직시하기는 어렵고 회피 전략의 유혹은 강력하다. 하지만 회피는 두려움을 잠깐 동안 완화해줄 뿐이다. 대부분의 경우 그 부정적인 감정은 갈등이 해결될 때까지 거듭해서 찾아온다. 그러므로 회피 전략은 장기적으로 불쾌한 감정을 불러일으킬뿐더러 비용이 많이 든다. 그리고 그 비용 대부분은 체중 증가나 혈당 수치 상승의 형태로 몸에 전가된다. 게다가 회피 전략에 의지하다 보면 우리 감정의 진정한 메시지를 무시하게 된다. 감정은 우리로 하여금 무언가를 바라보게 하려 한다. 해결할 필요가 있는 어떤 문제, 어떤 갈등을 가리키려 한다. 중요한 것이 하나 더 있다. 요컨대 부정적인 감정은 큰 힘을 지니고 있다. 그 힘은 적대적일 수도 있지만, 우리는 그것을 긍정적으로 이용할 수 있다. 부정적인 감정의 힘을 이용할 줄 알면, 그것을 어마어마한 변화의 힘으로 삼을 수 있다. 이런 심리학적 지식은 새로운 것이 아니다. 하지만 그럼에도 부정적 감정을 알아채고, 그 바탕에 깔린 상황을 새롭게 이해하고, 해묵은 행동 패턴에서 벗어나는 것은 여전히 어려운 일이다.

여기서 일단 부정적 감정의 목록을 한 번 살펴보자.

- 화
- 슬픔
- 병들었다는 느낌
- 실망
- 외로움
- 죄책감
- 불안
- 따분함

전부 익숙한 감정이다. 우리는 이런 감정을 참아내고 떨쳐버리고 도외시한다. 이런 감정의 참된 원인을 좀더 정확히 직시하려고 애쓰는 경우는 대다수 사람에게 극히 드물다. 그러나 이런 감정의 기원을 알아야 비로소 우리는 그것들을 제대로 다스리고 과거의 행동 패턴과 영구적으로 단절하기 위한 추진력을 얻을 수 있다.

아래에서 우리는 가능한 한 여러 가지 행동을 대표하는 몇 가지 사례를 살펴볼 것이다. 물론 현실은 한층 복잡하고 여러 감정이 동시에 일어나는 경우도 흔하기 때문에, 감정을 알아채고 평가하는 것은 쉽지 않다. 하지만 내가 강조하고자 하는 것은 특정한 감정이 일어날 때 그것에 적합한 행동으로 반응한다는 원리다. 개별 사례에 적합한 행동이 무엇인지는 각자 스스로 발견해야 한다. 어떤 사람에게는 활발한 대화가 유익할 수 있고, 어떤 사람은 혼자서 문제를 극복하려 할 것이다. 그러나 원칙적으로 우리는 이런 감정을 직시해야 한다.

부정적 감정 앞에서 우리는 흔히 엉뚱한 반응을 보인다. 무엇이 옳은지 알면서도 그릇되게 행동한다. 이를테면 졸음 때문에 짜증이 날 때, 잠을 더 자는 대신 정신을 차리려고 커피를 마신다. 그러면 우리의 뇌와 몸은 어떻게 될까? 못마땅한 감정에 올바르게 대처하는 방법은 없을까? 실은 놀랄 만큼 실용적인 해결책이 있다. 이제부터 부정적 감정의 목록을 다시 펼쳐놓고 무엇이 뇌의 관점에서 욕구에 충실한 행동인지 여러 사례를 통해 살펴보자.

- 화: 우리는 부당한 대접을 받거나 무시당했다고 느낀다. 혹은 누군가와의 싸움에 휘말린다. 화가 나면 뇌는 경보 모드로 전환한다. "해결책을 찾아라!"는 경보를 발령하는 것이다. 이와 동시에 뇌의 에너지 수요가 증가한다. 이때 실제로 해결책을 찾아낸다면, 뇌에 평소보다 많이 공급된 에너지를 갈등 극복을 위해 효과적으로 사용할 수 있다. 예컨대 당신이 어느 공무원을 상대하던 중 화가 났다면, 다음과 같은 해결책을 쓸 수 있다. 즉, 자신의 분노에 자꾸 빠져들지 말고(빠져들면 계속 에너지를 소모한다) 해당 사안에 관한 배경 정보를 수집해 신중한 편지를 쓰거나 철저한 준비를 갖춘 다음 대화를 시도한다. 그러면 화로 인해 뇌에 공급된 에너지를 긍정적으로 사용하고, 이것이 문제 해결의 주요 동력으로 작용한다.
- 슬픔: 사랑하는 사람의 죽음, 실연, 퇴직, 반려동물의 죽음은 우리에게

슬픔을 일으킨다. 이런 깊은 슬픔을 극복하려면 시간이 필요한데, 이것 역시 오래된 지혜다. 심리학자들은 심지어 슬픔을 극복하는 심리적 과정을 가리키기 위해 "슬픔 노동grief work"이라는 용어까지 사용한다. 이 용어의 바탕에 깔린 생각은 이렇다. 즉 슬픔이라는 감정 상태는 한동안 마취 없이 견뎌내야만 극복할 수 있다는 것이다. 이때의 '한동안'이 얼마나 긴 시간인지는 아무도 단언할 수 없다. 때로는 변화를 계기로 슬픔이 끝나기도 한다. 이를테면 직장, 반려동물, 애인을 새로 얻음으로써 말이다. 하지만 늘 그런 것은 아니다.

- **병들었다는 느낌:** 병든 사람은 일을 삼가고, 자리에 누워서 쉬고, 의사의 진료를 받고, 친구와 친척의 도움을 청해야 한다. 이는 모두 자연스러운 대처법이지만, 많은 사람들은 이렇게 행동하기를 어려워한다. 특히 자신을 우수한 인재로 여기는 이들이 그렇다. 결근은 경력과 이미지에 해가 되고, 의사는 신뢰할 수 없고, 친구의 도움이나 심지어 돌봄을 받는다는 것은 생각만으로도 견디기 힘들다. 우리는 타인에게 짐이 되는 것을 두려워한다. 하지만 예컨대 독감에 걸렸을 때 우리는 왜 그토록 힘이 빠지고, 피곤을 느끼고, 쉬고 싶은 것일까? 우리가 병들었을 때 뇌가 채택하는 에너지 절약 프로그램을 의학자들은 "앓는 행동sickness behavior"이라고 일컫는다. 우리가 병들면, 뇌로의 기본 에너지 공급과 면역계를 위한 충분한 에너지 마련이 가장 중요해진다. 불필요한—예컨대 운동, 사회적 접촉, 지적인 활동을 통한—에너지 소비를 모두 삼감으로써 치유 과정에 해가 되지 않도록 해야 한다. 우리가 몸의 신호를 진지하게 받아들인다면, 바람직한 행동은 자리에 누워 푹 자는 것이다.

- 실망: 직업적인 목표를 이루지 못했을 때, 몹시 보고 싶은 친구가 만남을 거절했을 때, 계획한 여행을 어쩔 수 없이 포기할 때 우리는 실망을 느낀다. 우리는 늘 다반사로 실망을 겪는다. 우리의 뇌는 실망 앞에서 스트레스와 에너지 수요 증가로 반응한다. 이때에도 우리는 실패했다거나 외면당했다는 부정적 감정을 음식 섭취로 해소하는 전략을 채택할 위험이 있다. 실망이라는 부정적 감정은 그것을 체험하고 처리하기를 바란다. 실망은 우리를 출발점으로 되돌려놓으려 한다. 이럴 경우 우리는 즉각적인 이익을 꾀하지 말고 출발점으로 돌아가서 누구에게 도움을 청할지 고민하거나, 예를 들어 직장을 옮길 때가 된 것은 아닌지 숙고해야 한다.

- 외로움: 외로움은 언제라도 우리를 덮칠 수 있다. 욕구에 충실한 행동은 이 경우에도 매우 실용적이다. 예컨대 친구에게 전화를 걸어 만나기로 약속할 수 있다. 다른 방식으로 외로움에 대처하는 것도 생각해 볼 수 있다. 아무튼 결정적으로 중요한 것은 자기 자신의 욕구를 알아채고 배려하는 것이다. 때로는 자신의 상태를 외로움이 아니라 '홀로 있음'으로 받아들이면서 적적함을 즐기는 것이 욕구에 충실한 행동일 수 있다.

- 죄책감: 누군가에게 해를 끼쳤을 때, 말실수를 했을 때, 혹은 부당한 행동을 했을 때 우리는 죄책감을 느낀다. 죄책감이란 외적인 갈등을 내면화하는 방식이며 우리 자신의 부당한 행동과 실수를 탐지하는 매우 소중한 지진계이다. 처리되지 않은 죄책감은 세월이 지나면 약해지기도 하지만 계속 존속한다. 그런 죄책감은 의식의 표면 아래로 가라앉지만 언제라도 다시 활성화할 수 있다. 일반적으로 죄책감은 능동적 행동을

통해서만 해소된다. 이를테면 사과하거나 해명하거나 책임을 지거나 보상을 하는 등의 행동을 통해서만 해소된다. 우리 뇌는 바로 이런 행동을 위해 더 많은 에너지를 확보해놓는다.

- 불안: 곤경에 처해 불안에 휩싸인 사람이 할 수 있는 최선의 행동은 자신의 가능성, 약점, 강점을 비판적으로 성찰하는 것이다. 돈 걱정은 사람을 무기력하게 만들 수 있다. 또한 일반적으로 저절로 사라지지 않는다. 하지만 불안이라는 감정을 긍정적으로 활용할 수 있다면, 거기에서 에너지를 끌어낼 수 있다. 예컨대 구체적인 재정 계획을 세우는 데 필요한 에너지가 그것이다. 나는 어디에서 수입을 늘리고 어디에서 지출을 줄일 수 있을까? 어쩌면 절약으로 인해 가족의 다른 구성원과 충돌할 수도 있다. 그러면 내 걱정과 계획을 이야기하고 그들의 동참을 끌어내야 한다. 이 절약 기간에 멋진 상품을 사는 즐거움을 일부 포기해야겠지만, 대신 장기적으로 내 안에서 평온하고 안정된 감정이 생겨날 것이다.

물론 다른 예도 얼마든지 댈 수 있다. 누구나 살면서 불안한 상황에 처할 때 자신이 채택하는 해결 전략을 이야기할 수 있을 것이다. 하지만 다음과 같은 원리는 분명히 해둘 필요가 있다. 즉 이 모든 행동 방식은 적어도 두 층에서 효과를 발휘한다. 객관적인 층(내가 집을 수리하면, 구체적인 문제가 사라진다)과 감정적인 층이 그것이다. 예컨대 수도꼭지에서 물이 뚝뚝 떨어지는 문제를 놔두면 우리는 오랫동안 감정적으로 부담을 느끼지만, 그것을 수리하고 나면 더는 고민할 필요가 없다. 불안한 시기에 구체적인 계획을 세우면, 우리의 스트레스 시스템이 받는 부하를 경감시킬 수 있다. 따라서 뇌-당김을 다시 정상화할 수 있는 가능성이 열린다.

- **따분함**: 이는 어쩌면 우리 시대의 대표적인 부정적 감정일 것이다. 오늘날의 미디어 시대는 따분함을 반드시 피해야 할 감정으로 취급한다. 많은 사람이 따분함을 거의 견디지 못한다. 텔레비전, 스마트폰, 인터넷, 컴퓨터는 따분함을 즉각 떨쳐낼 기회를 항상 제공한다. 하지만 주의를 딴 곳으로 돌려 시간을 죽이는 대신 따분함을 견디는 것이 유익할 수도 있다. 그러면 따분함의 진정한 원인을 발견할 기회가 생기기 때문이다. 따분함이라는 감정은 우리의 생활과 참된 내면적 욕구 사이에 간극이 생겼음을 알려주는 분명한 단서다. 미국의 스트레스학자 미하이 칙센트미하이$^{Mihály\ Csíkszentmihályi}$는 어떤 상황에서 사람들이 행복 및 만족과 더불어 따분하지 않음을 느끼는지 장기간 연구했다. 실험에 앞서 대부분의 피연구자는 "여가 시간에" 그렇게 느낀다고 대답했다. 칙센트미하이는 피연구자들에게 꽤 긴 시간 동안 일정한 간격으로 자신의 감정 상태를 기록할 것을 요청했다. 결과는 놀라웠다. 대다수 피연구자가 여가 활동이 아니라 일을 할 때 행복을 느낀다고 기록한 것이다. 하나의 과제에 집중하고 몰입한 상태를 칙센트미하이는 "흐름$^{flow:\ 우리\ 출판계에서는\ '몰입'으로\ 의역하는\ 경우가\ 많다—옮긴이}$"이라고 일컫는다. 이 상태에서 시간은 강물처럼 흐르기 시작하고, 우리는 우리가 하는 일과 융합한다. 이는 따분함과 반대이며 틀림없이 행복과 깊은 관련이 있는 것으로 보인다.

집중해서 일하는 기간은 또한 흥미롭게도 뇌-당김을 자극하는 효과를 발휘한다. 뇌가 어느 정도 부하를 받으면 대개 뇌의 에너지 확보 기능이 놀랄 만큼 효과적으로 작동한다. 거의 몰아 상태로 한 문제에 매달

러본 적이 있는 사람이라면, 시간을 잊을 뿐 아니라 배고픔도 느껴지지 않는 그 상태를 아마 알 것이다. 미국 수학자 노버트 위너$^{Norbert\ Wiener}$에 관한 일화는 이 현상을 생생하게 보여준다. 위너는 매사추세츠 공과대학^{MIT} 교정에서 어느 수학 문제에 관한 토론에 빠져들었다. 토론이 끝난 뒤 그는 자신이 어느 쪽에서 왔느냐고 물었다. 상대방이 수학과 건물을 가리키자, 위너는 이렇게 말했다. "그렇다면 내가 점심을 아직 안 먹었다는 뜻이군."

부정적 감정을 해석하고 긍정적으로 이용하는 것은 욕구에 충실한 행동으로 나아가는 올바른 길이다. 하지만 즉각적인 성공이 보장된 것은 아니다. 당신의 사과를 상대방이 물리칠 수도 있다. 상대방이 대화를 거부할 수도 있고, 업무 부담이 지나치다는 지적이 해고를 불러올 수도 있다. 이런 상황이 닥치면 우리 안에서 또다시 부정적 감정이 일어날 테지만, 그 감정 역시 욕구에 충실한 방식으로 다루는 것이 바람직하다. 대화를 거부하는 친구일 경우 어쩌면 애당초 우정을 유지할 가치가 없을 수도 있다. 업무 부담이 너무 심하고 존중받는다는 느낌이 없는 직장을 끝내 고수하는 것이 과연 이로울까? 깨어 있는 의식으로 부정적 감정을 다루면, 거의 반드시 긍정적 결과를 얻게 된다. 물론 첫 단계는 어쩌면 순조롭지 않겠지만, 결국엔 이로운 결과에 이르게 마련이다. 캘리포니아의 과체중 치료사 로렐 멜린은 이 길을 함께 갈 벗으로 아래와 같은 몇 개의 문장을 추천한다. 힘을 북돋는 생각을 담은 이 문장들은 그 여행의 목표를 항상 다시금 일깨워줄 것이다.

- 잘될 것이다.
- 나는 이 상황을 고수할 것이다.
- 지금은 힘들어도, 늘 이렇지는 않을 것이다.
- 내가 지금 체험하는 것에서 좋은 결과가 나올 것이다.
- 나는 경탄스러운 인물이 되기 위해 완벽해질 필요가 없다.
- 나는 내 최선을 다할 것이고, 그것으로 충분하다.

부정적 감정의 힘을 이용한다는 것은 부정적 감정을 긍정적 감정으로 변환한다는 뜻이다. 이 변환은 기적 같은 내면의 변신이다. 이 변신을 성취할 때 우리는 외로움 대신 사랑받는다는 느낌을 얻고, 불합격에 대한 두려움 대신 합격으로 인한 자부심을 얻는다. 병을 극복하고 나면 우리는 만족과 고마움과 행복과 평온을 느끼고 우리 자신이 안락하고 건강하다고 느낀다. 위태로운 상황을 잘 극복하고 나면 우리는 새로운 안정감을 얻는다. 용기를 내어 의사의 검진을 받고 이상 소견이 없다는 말을 들을 때, 우리는 두려움과 의심을 떨쳐낸다.

 욕구에 충실한 행동은 우리의 삶을 바꿀 뿐 아니라 뇌도 바꾼다. 뇌는 욕구에 충실하게 생각하고 행동하는 전략을 기억하고 강화한다. 하지만 이때 이루어지는 것은 감정적, 절차적procedural, 서술적declarative 학습—즉 감정을 다루는 능력, 행동 전략을 짜는 능력, 욕구를 더 잘 표현하는 능력의 향상—에 국한되지 않는다. 아울러 추가로 네 번째 형태의 학습이 이루어진다. 요컨대 뇌-당김을 최적으로 가동하는 방법을 배우는 일, 곧 물질대사 학습이 이루어진다.

물질대사 교육:
우리 아이들을 날씬하게 키우는 법

"우리는 모두 같은 길을 가지만, 각자 나름의 방식으로 간다." 영화 〈벤저민 버튼의 시간은 거꾸로 간다〉에 나오는 대사이다. 자신의 몸 안에서 무슨 일이 일어나는지 전혀 모른 채 벤저민은 삶의 법칙, 늙음과 죽음의 법칙을 정면으로 거스른다. 주위의 모든 사람은 늙어가지만, 그는 늙은 아기로 태어나 갈수록 더 젊어진다. 벤저민의 몸은 늘 그의 바람, 열망, 목표에 적합하지 않다. 그럼에도 자신의 삶을 능숙하게 살아간다. 왜냐하면 온갖 역경에도 불구하고 벤저민은 사실 자신에겐 전혀 낯선 사람들로부터 사랑과 호감, 포근함 그리고 신뢰의 힘을 경험하기 때문이다. 아무튼 삶(그리고 물질대사)의 기본 설정이 이루어질 당시 무엇이 잘못되었기에 그가 거꾸로 된 인생을 살게 되었는지는 수수께끼로 남는다.

모든 사람이 각각 일종의 기본 장비를 갖추고 태어난다는 생각은 의학 연구에서도 다루는 문제다. 실제로 모든 사람은 프로그래밍된 속성을 가지고 있다. 예컨대 홀로 있는 것에 대한 두려움, 치명적인 위험을 불러오는 사회적 고립에 대한 두려움을 선천적으로 가지고 있다. 만약 특정한 기본 프로그램이 없다면 우리의 뇌는 아예 기능할 수 없을 것이다. 물질대사도 마찬가지다. 우리의 스트레스 시스템이 수행하는 뇌-당김은 태어날 때 이미 설정되어 있다. 즉 스트레스 시스템은 발생할 때부터 미리 프로그래밍 휴지 상태를 갖추고 있지만, 이 휴지 상태 설정은 외적인 영향과 학습 과정에 의해 변화할 수 있다. 태아 시기부터 시작되는 이 학습 과정은 이른바 감정 학습과 밀접하게 연결되어 있다. 왜냐하면 편도체에 있는 동일한 세포 집단이 감정적 기억을 저장하고 뇌-당김을 규정하는 이중 역할을 하기 때문이다. 이 세포 집단의 활동에 힘입어 모든 사람은 각기 자신의 스트레스 이력서를 한 줄씩, 더 나아가 한 장씩 써나간다. 일부 사람의 경우에는 스트레스 경험과 반응을 수록한 이 이력서에 끔찍하고 충격적인 대목이 포함되고, 그 대목이 이력 전체를 규정한다. 예컨대 굶주림이 창궐한 겨울을 겪은 네덜란드 아이들의 경우가 그렇다. 반면 길고 고요한 강 같은 스트레스 이력을 가진 사람도 있다. 감정적인 스트레스 체험과 스트레스 요인에 대한 대처가 뇌의 에너지 조달과 뗄 수 없게끔 연결되어 있다면, 뇌가 하는 모든 스트레스 경험은 각각 뇌-당김의 설정에 영향을 미친다는 결론이 나온다. 따라서 스트레스 대처법을 학습하면 뇌의 에너지 조달 전략이 바뀌는 효과도 발생한다. 사람들은 이런 학습을 지금까지 거의 주목하지도 않고 연구하지도 않았다. 아동교육학, 행동학, 영양학은 이런 학습을 무시하다시피 했다.

    뇌의 에너지 조달 전략을 변화시키는 학습에 이름을 붙인다면 "물질대사 학습"이 가장 적합하다. 왜냐하면 뇌-당김을 최적화하는 이 학습 과정은 물질대사 신호등을 제어하는 소프트웨어에서 일어나기 때문이다. 거의 모든 사람은 이 뇌-당김 프로그램이 "정상으로" 설정된 상태에서 태어난다고 할 수 있다. (물론 예외도 있다. 예컨대 자궁 안에서 정신적 외상을 겪고 태어난 아기가 그렇다.) 하지만 삶을 살아가는 동안 우리의 물질대사 운영 시스템은 끊임없는 업데이트를 통해 새로운 환경에 적응한다. 이런 업데이트가 이루어지지 않거나—더 심각하게는—그릇된 프로그래밍이 이루어지면, 물질대사 운영 시스템의 성능이 떨어진다. 그러나 뇌-당김은 물질대사 조절을 위한 단순 계산 프로그램의 수준을 훨씬 뛰어넘는다. 뇌-당김은 일종의 재능이다. 우리는 음악성이나 운동 재능을 훈련하듯 뇌-당김을 훈련하고 육성할 수 있다. 음악성을 지닌 사람과 운동 재능을 지닌 사람은 훈련을 통해 비로소 음악가가 되고 운동선수가 된다. 이런 재능은 키워주지 않으면 쇠퇴한다. 물질대사 학습에서 우리는 뇌-당김을 훈련한다. 즉, 뇌가 스트레스 상황에서 음식 섭취 등의 보조 전략에 의지하지 않고도 에너지를 최적으로 확보하는 능력을 훈련한다. 그리고 음악성이나 운동 재능에 대한 훈련에서도 마찬가지지만, 어린 시절의 뇌-당김 훈련은 무엇으로도 대체할 수 없다.

다시 한 번 수렵 채집자들의 시대로, 다시 말해 10만 년 전의 세계로 돌아가보자. 당시에도 이미 지식은 생존에 득이 되는 기본 요소였다. 오직 지식을 풍부하게 갖춘 자만이 성공적으로 먹을거리를 구했다. 맛있는 딸기류는 어떤 색깔, 모양, 특징을 지녔을까? 맛이 없거나 독이 있는 딸기류와 얼핏 비슷한 것 같지만 자세히 뜯어보면 어디가 다를까? 영양 많은 곡물은 어떤 토양에서 자랄까? 식용 버섯은 어느 나무 밑에서 잘

날까? 지역과 식물에 대한 지식이 부족한 집단은 굶을 수밖에 없었고, 먹을거리를 구하는 과정에서 범한 실수의 대가는 병에 걸리거나 죽는 것이었다. 오로지 인근의 식물과 그것의 식용 가능성에 대해 아주 잘 아는 사람들만이 살아남을 수 있었다. 그런 지식은 최대한 확장하고 심화할 필요가 있었다. 먹을거리 구하기에서 예상 밖의 성공을 거두면, 예컨대 이제껏 모르던 장소에서 맛있고 영양 많은 과일을 발견하면, 뇌에 있는 보상 시스템이 활성화한다. 그러면 행복감이 일어날 뿐 아니라 그 성공에 기여한 모든 요소―예컨대 과일이 있는 장소, 과일의 특징, 과일이 있다는 단서―를 강렬하게 학습하고 저장한다. "다시 여기로 오라!"는 명령을 각인하는 것이다. 다른 한편 실패를 경험하면, 예컨대 식용으로 부적합한 버섯을 먹으면, 반대의 일이 벌어진다. 불쾌감과 메스꺼움이 일어남과 동시에 그 버섯의 색깔, 모양, 냄새, 맛 따위를 학습한다. 즉 신경과학에서 회피 학습, 또는 혐오 학습이라고 일컫는 과정이 일어나 미래에 이 불상사가 재발하는 것을 막는 데 기여한다.

이런 식으로 축적된 인류의 지식은 소중할 뿐만 아니라 다음 세대로 전해진다. 그리고 세월이 지나면서 새로운 지식을 추가한다. 곡물 재배·과일나무 재배·곡물 품종 개량·가축 기르기에 관한 지식을 추가하고, 끓이고 볶고 굽고 소금과 향신료를 첨가해 먹을거리를 더 맛있고 영양 많게 만드는 법에 관한 지식도 추가한다. 이 모든 지식을 수천 년에 걸쳐 획득하고 개량하고 실험을 통해 확장하고 보존하고 학습한다. 그리하여 현재까지 전해진다고 말할 수 있다면 참 좋을 것이다. 그러나 이 말은 제한적으로만 옳다. 식품 산업의 혁명으로 많은 변화가 일어났기 때문이다. 오늘날의 식품에는 질감, 색, 맛을 바꾸거나 보존성을 높이기 위한 화학 물질이 첨가된다. 그런 식품을 많이 먹을수록 우리는 그런 식품에 더 많이 의존하게끔 된다. 즉석 식품이 내세우는 핵심 장점은 간편함이다. 그 간편함에 대한 대가는 오랜 음식 섭취 (및 요리) 전통에 등을 돌리는 것이다. 이것이 얼마나 큰 상실인지 우리는 아직 제대로 가늠할 수 없다.

먹을거리 구하기라는 측면에서 우리와 석기 시대의 조상은 근본적으로 그다지 다르지 않다. 석기 시대 사람들은 숲과 초원을 누볐고, 오늘날의 우리는 슈퍼마켓 진열대를 샅샅이 훑는다. 하지만 언제나 탐색 목표는 먹을거리가 보내는 신호이다. 식품 산업은 우리의 석기 시대 음식 섭취 프로그램을 능숙하게 이용한다. 석기 시대에 숲의 딸기와 과일이 보내던 신호를 이제는 포장 용기의 크기, 색깔, 음식 사진, 방향성 물질이 대신 보낸다. 어떤 인위적 신호가 우리를 특히 강력하게 사로잡는지 식품업계는 큰 비용을 들여 연구한다. 신경 마케팅neuromarketing이라는 신생 분야에서는 어떤 뇌 구역이 다양한 자극(상품)에 반응해 결국 구매 충동을 일으키는지 연구한다. 한 예로 신경 마케팅 연구자 A. K. 프라딥A. K. Pradeep은 자신의 저서 《구매하는 뇌The Buying Brain》에서, 젊은 어머니의 뇌("엄마 뇌mommy brain")에 어떻게 감성적으로 접근해야 그녀로 하여금 상품을 구매하게끔 할 수 있는지 설명한다. 이른바 거울 뉴런을 작심하고 겨냥하는 광고 메시지도 있다. 거울 뉴런은 주로 이마엽 피질에 위치하며 얼굴 표정을 보고 감정을 알아채는 능력에 결정적으로 관여한다. 그런 광고는 이를테면 엄마가 아기와 다정하게 입 맞추는 장면을 보여줌으로써 쇼핑에 나선 어머니의 거울 뉴런을 자극한다.

우리는 먹을거리도 하나의 상품으로, 마케팅 대상으로 간주하는 것에 익숙해진 지 오래다. 유독 식품이라는 재화만이 자유 시장의 법칙을 벗어날 이유는 없지 않은가? 경제라는 관점에서 보면 반론의 여지가 없다. 그러나 물질대사 교육을 염두에 두면 이야기가 달라진다. 물질대사 교육의 주요 내용 중 하나는 위조된 신호를 최대한 배제한 먹을거리를 아동에게 제공하는 것이다. 지난 수십 년 동안 식품 산업은 말하자면 새로운 먹이사슬을 창조했다. 원환圓環 구조를 추구하는 이 먹이사슬에서 식품 기업은 맛의 독점을 열망한다. 그들은 조리법을 어마어마한 사업 비밀로 취급한다. 어떻게 하면 특별한 맛을 내는 햄버거를 만들 수 있을까? 정답은 적당한 향기와 맛을 내는 물질의 조합인데, 이는 비밀 화학식과도 같다. 그런 물질은 소비자를 햄버거에 옭아매서 최대한 자주 먹게끔 만들어야 한다. 요컨대 원리적으로 식품 기업은 소비자의 영양 섭취 프로그램을 재설정해 자사의 상품을 더 많이 소비하게끔 하는 일에 주력하고 있는 셈이다. 그 결과는 음식 문화의 획일화에 국한되지 않는다. 더 심각한 문제는 자연 식품에 대한 소비자의 판단력이 흐려지고 아동의 경우에는 그런 판단력이 아예 발달하지 못한다는 점이다. 또한 우리의 물질대사, 에너지 분배, 뇌-당김에 악영향을 끼친다. 요컨대 향기와 맛을 내는 인공 물질은 뇌를 겨냥한 큐의 구실을 한다.

그뿐만이 아니다. 간식거리, 음료, 각종 버거에 대한 모든 광고는 큐로서 시청자의 뇌-당김에 직접 영향을 미칠 수 있다. 이는 정확히 식품 기업이 바라는 것이기도 하다. 그 모든 광고의 최종 목표는 뇌-당김 조절 시스템을 무력화해 우리로 하여금 더 많이 먹게끔 하는 것이니 말이다. 그러므로 공업적으로 생산한 식품과 관련해 지혜로운 소비 생활을 이야기하려면, 식품업계가 소비자의 구매 충동을 의도적으로 일으키고 좌우한다는 점을 지적하는 것만으로는 부족하다. 더 나아가 다음과 같은 사실을 강조해야 한다. 즉 우리가 먹는 모든 것은 우리의 물질대사 성능에 직접 영향을 끼친다. 즉석 식품이 건강을 해칠 위험성에 대한 논의에서도 과다한 칼로리와 문제성 탄수화물 그리고 해로운 지방산 따위만 거론할 일이 아니다. 특히 아기와 아동에게서 정말로 중요한 문제는 그들의 미숙한 뇌-당김이 즉석 식품으로 인해 재설정되는 위험성이다. 그러므로 어른과 사회가, 또한 주요 당사자인 식품업계가 지금보다 훨씬 더 큰 책임감을 느껴야 한다.

경쟁력 상실

석기 시대의 수렵 채집자를 타임머신으로 납치해 21세기의 슈퍼마켓에 데려다놓으면 어떤 반응을 보일까? 그에게 온갖 상품은 도저히 감당할 수 없는 부담으로 다가오고, 시간이 지나면 수천 년을 이어온 그의 지식은 사라질 것이다. 이것은 토착민에 대한 연구에서 입증된 사실이다. 북극권의 이누이트든, 아프리카의 피그미족이든, 아마존의 야노마미^{yanomami} 인디언이든, 오스트레일리아 토착민이든 다 마찬가지다. 현대 식품 산업과의 접촉은 오랜 사냥과 채집과 요리의 전통이 몇 세대 안에 깡그리 사라지는 결과를 가져올 수 있다. 하지만 우리도 지식 상실의 과정은 겪는 중이다. 우리의 할머니와 중조할머니가 빤히 알고 활용하던, 자연적인 먹을거리에 대한 정보와 요리법이 21세기 초의 많은 가정에서 소멸하기 직전에 있다. 1936년에 태어난 스웨덴 시인 라르스 구스타프손^{Lars} $_{Gustafsson}$은 〈가을 부엌〉이라는 제목의 짧은 에세이에서, 자신이 아내와 함께 숲에서 버섯을 따다 말리고 직접 기른 토마토를 손질하고 손수 과일즙을 내고 정원에서 채취한 엉겅퀴로 수프를 만드는 과정을 묘사한다. 그리고 말미에 이렇게 묻는다. "우리는 어느 정도 파괴되지 않은 자연이 제공하는 모든 것을 이런 식으로 누릴 수 있는 마지막 세대, 혹은 마지막 바로 전의 세대가 아닐까?" 얼핏 꽤나 침울한 이별 노래처럼 들릴 수도 있겠지만 이것이 있는 그대로의 현실이다. 내 주위에는 스스로 텃밭을 가꾸거나, 과일과 채소로 저장 식품을 만들거나, 직접 채취한 나물로 수프를 끓이는 사람이 거의 없다. 날마다 신선한 재료로 요리를 하는 가족은 주위에서 찾아보기 어렵고, 심지어 가족이 함께 식사를 하는 경우도 드물다. 게다가 사회적 약자들의 식생활은 흔히 훨씬 더 문제가 많다는 점을 감안하면, 끔찍한 예상을 피할 수 없다. 여러 조사에서 드러났듯 사회경제적 지위가 낮은 가정의 5~7세 아이들은 소득과 교육 수준이 높은 가정의 아이들보다 패스트푸드, 과자, 단것을 훨씬 더 자주 먹는다.

구스타프손이 보기에 음식 문화의 획일화는 유기 농업도 위협한다. 아닌 게 아니라 간편 식품을 주식으로 삼는 사람들이 미래에 기초 작물의 유기농 재배를 고집할 가능성은 거의 없다. 또한 앞으로도 미국이 우리의 식습관에 영향을 끼칠 것이라고 전제하면, 몇 가지 문제가 추가된다. 미국에서는 부엌 없는 집에 세 들어 사는 사람이 점점 더 늘어나고 있다. 전자레인지 하나면 충분하다는 것이다. 그런 식으로 자연을 등진 식생활에 우리도 차츰 익숙해지고 있다.

이런 변화가 우리의 뇌-당김에 그리고 더 중요하게는 우리 아이들의 영양 섭취 관련 지식과 능력에 어떤 영향을 미칠까? 이기적인 뇌에 대한 연구에서는 다음과 같은 사실이 명확하게 밝혀졌다. 즉 뇌-당김이 우리의 식습관에 반응하고 적응하는 방식은 선천적으로 정해지는 것이 아니라 여러 해에 걸쳐, 심지어 수십 년에 걸쳐 형성된다. 몇 가지 기본 정보만 내장되어 있고 나머지는 학습해야 한다. 뇌-당김을 조절하는 주체들(가장 중요한 주체는 편도체)은 다양한 상황에서 최적의 물질대사를 실현하기 위해 경험을 필요로 한다. 또한 미각 신경과 뇌의 미각 중추들(역시 편도체가 가장 중요한 미각 중추이다)도 맛보기를 통해 얻은 지식에 의지해 먹을거리를 식별한다. 이런 경험이 부족하면, 나쁜 결과가 발생하게 마련이다.

영국의 스타 요리사 제이미 올리버$^{Jamie\ Oliver}$는 어렸을 때 부모가 운영하는 식당 주방에서 처음으로 요리를 접했다. 채소를 썰고 음식 준비를 돕다가 스스로 요리를 하기 시작한 것이다. 그렇게 일찌감치 기본 식재료를 다루는 일에 익숙해졌다. 현재 그는 영국과 미국에서 아동을 상대로 벌이는 계몽 프로젝트의 일환으로 자신의 경험을 전수하기 위해 애쓴다. 그의 노력은 텔레비전 다큐멘터리로도 방영되었다. 그중 한 다큐멘터리에서 올리버는 먹을거리가 가득 담긴 바구니를 들고 미국의 어느 초등학교를 방문한다. 그는 아이들에게 가지, 토마토, 감자를 보여주면서 그게 무엇이냐고 묻는다. 아이들은 그것들이 무엇인지 모른다. 아이들이 처음으로 알아본 먹을거리는 감자튀김과 햄버거다. 올리버의 계몽 캠페인은 "슬픈 표정의 기사" 돈키호테를 연상케 하는 구석이 있다. 제이미 올리버는 한 번도 요리해본 적 없이 자녀와 함께 오로지 즉석 식품으로만 연명하는 부모들에게 요리를 가르치려고 애쓴다. 그리고 학교 식당에서 손으로 집어먹는 음식만 제공받는 아이들에게 제대로 된 음식 문화를 경험할 기회를 주려고 애쓴다. (미국의 일부 학교에서는 부상 위험을 막는다는 이유로 포크와 칼의 사용을 금지하기도 한다.) 또한 올리버는 감자나 토마토를 보거나 먹은 적이 한 번도 없는 아이들에게 그 신선한 채소의 모양과 색, 냄새, 맛을 알려주려 한다. 하지만 제이미 올리버의 적극적인 참여 활동은 번번이 유보와 거부에 직면한다. 학부모, 교직원, 혹은 정치인이 그를 막는다. 예컨대 최근 영국 보건장관은 올리버가 학교를 찾아다니며 벌이는 요리 캠페인이 실패로 돌아갔다고 선언했다. 미디어의 속성을 잘 아는 요리사 올리버의 활동 방식을 비판할 수는 있겠지만, 그가 문제의 핵심을 직시했다는 것을 부정할 수는 없다. 그가 촉구하는 것은 다름 아니라 우리 아이들을 위한 물질대사 교육이다. 나는 여기에 덧붙여 물질대사 교육을 받을 권리를 주창하고 싶다. 우리 아이들이 모국어, 수학, 자연과학을 배우는 것과 마찬가지로 우리는 아이들에게 음식과 뇌-당김을 다루는 법도 가르쳐야 한다.

우리의 면역계나 신경계와 마찬가지로 물질대사는 도전에 직면하고 개량되고 진화한다. 우리는 어린 시절에 여러 가지 감염을 겪으면서 "면역 기억"을 형성해 저항력을 키운다. 우리가 힘들게 성취한 모든 것, 이해하고 알아낸 모든 것이 우리의 신경계를 훈련시킨다. 이런 어린 시절의 경험이 개인의 발달에 중요하다는 점을 부정할 사람은 없을 것이다. 더 나아가 물질대사와 관련한 경험도 마찬가지라면, 모든 사람이 사회적·지적·창조적·신체적 교육과 더불어 식생활에 관한 기초 지식을 배워야 옳다는 결론이 나온다. 물질대사 교육에서 중요한 것은 채소를 알아보고 그 이름을 대는 능력을 향상시키는 것뿐 아니라, 식생활과 관련 있는 "물질대사 지식"을 확장하는 것이다. 이런 지식은 뇌-당김의 프로그래밍에 반영된다. 이 같은 물질대사 교육은 영양 섭취에 대한 의식 및 뇌와 몸의 물질대사가 최적으로 발달하는 데 기여할 수 있다. 이런 식으로 우리는 아이들이 과체중과 그로 인한 질병의 멍에를 짊어질 위험을 줄일 수 있을 것이다.

부모는 자식에게 가장 좋은 것을 주고 싶어 한다. 과거에도 늘 그랬다. 무엇이 좋은 것이냐는 예나 지금이나 대답하기 어려운 문제다. "가장 좋은 것", 혹은 최소한 "옳은 것"은 무엇일까? 오늘날의 부모가 처한 상황은 단순하지 않다. 어떤 때는 마치 성서에 나오는 바빌론에서처럼 온갖 언어가 뒤범벅되어 들려오는 듯한 느낌마저 든다. 모든 방향에서 무수한 조언이 어지럽게 날아들고, 목소리마다 제각각 다른 메시지를 전한다. 부모가 자신의 진정한 과제를 파악하는 것이 점점 더 어려워지고 있다. 다른 다양한 교육 분야에서도 그렇지만, 어떤 형태의 식생활이 우리 아이들에게 옳은가라는 질문과 관련해서도 그렇다. 식품업계에 따르면, 필수 비타민이나 미네랄을 함유한 단것들이 있고, 제대로 된 식사를 대체할 즉석 식품들이 있다. 일부 전문의와 약품 연구자는 아동의 주의력 결핍을 향정신약으로 다스린다. 인터넷에 기초한 소통을 옹호하는 이들은 아동의 왕성한 PC 사용을 미래를 위한 결정적인 준비 작업으로 여긴다. 그러니 일찍 시작할수록 더 좋다고 말한다. 성공을 우선시하는 적잖은 부모들은 아이에게 얼마든지 과제를 부여해도 되고 자유시간은 "허비하는" 시간이라고 확신한다. 장난감업계는 멀티미디어 장난감이 취학 전 아동의 발달에 필수적이라고 집요하게 설득한다. 갈피를 못 잡는 부모는 학교에서 더 많은 교육을 담당하길 바라고, 혹사당하는 교사는 부모가 집에서 아이의 학습에 더 많은 지원을 해줄 것을 요구한다. 어떤 교육자는 칭찬을 중시하고, 어떤 부모는 자녀 교육에 자신이 미치는 영향보다 미디어가 미치는 영향이 더 크다는 것을 실감한다. 일부 부모는 굳세게 싸우지만, 다른 일부는 항복하거나 대충 버텨나간다. 이런 상황에서, 이 책 또한 이념과 조언의 싸움에 목소리를 하나 더 보탠다. 그 목소리의 요지는 물질대사 교육이다. 물질대사 교육은 올바른 영양 섭취라는 문제보다 훨씬 더 많은 것을 포괄하는 새로운 개념이다.

기초 연구에서 밝혀진 바에 따르면, 인슐린 분비는 조건화할 수 있고 따라서 학습할 수 있다. 그러나 사람을 대상으로 한 물질대사 교육에 대한 신뢰할 만한 연구나 심지어 프로그램은 없다시피 하다. 요컨대 이 분야는 스트레스학자, 식품영양학자, 심리학자, 교육자를 위한 새로운 연구의 터전이다. 하지만 기존 지식에만 입각해도 아동과 청소년을 위한 물질대사 교육에 관심이 있는 사람이라면 누구나 탐구할 수 있는 질문을 제시할 수 있다.

가장 중요한 과제는 자기 자신에 맞게, 또한 몸이 보내는 신호에 맞게 살면서 (또한 먹으면서) 이 조화를 깨는 모든 요소를 최대한 배제하는 것이다. 또 하나의 중요 과제는 심리적 스트레스 요인에 대처하는 법을 중기적으로 학습하는 것이다. 이것은 나이가 들수록—그리하여 스트레스 이력서가 길어질수록—점점 더 어려워지는 과제다. 이하에서 나는 완성된 물질대사 교육 프로그램을 제시할 수는 없지만, 내가 던지는 몇 가지 질문은 음식(그리고 음식에 담긴 메시지), 음식 섭취(몸-당김), 스트레스 시스템(뇌-당김)의 상호 작용에 대한 우리의 의식을 예리하게 벼리는 데 도움이 될 것이다.

아기에게는 어떤 음식 섭취 경험이 중요할까

내 아기에게 어떤 음식을 가장 먼저 먹여야 할까? 어떤 식으로 아기를 유도해 젖이나 분유를 떼고 이유식을 먹도록 해야 할까? 나는 아기의 이유식을 만드는 데 얼마나 많은 노력을 기울일 의향이 있을까? 신선한 식재료를 고집해야 할까, 아니면 병에 든 이유식을 신뢰해도 좋을까? 유기 농산물을 구입할까, 아니면 그냥 통상적인 방식으로 재배한 농산물로 만족할까? 이는 젊은 부모가 직면하는 질문 중 일부에 지나지 않는다. 대답은 당연히 가지각색이다. 하지만 많은 아기들이 최초의 음식 섭취 경험을 완성 식품으로 한다는 점만큼은 엄연한 사실이다. 그 완성 식품은 대개 다양한 과일과 채소와 우유로 만든 죽이나 음료의 형태이다. 이로써 아기의 뇌는 처음부터 혼합물, 혹은 다양한 영양 성분의 이질적 조합을 경험한다. 특히 문제가 되는 것은 그런 이유식이나 유아용 음료에 인공 감미료나 향신료가 포함되어 있는 경우다. 이미 설명했듯 그런 "거짓 신호", 예컨대 칼로리 없는 감미료는 뇌-당김 프로그래밍에 개입해 체중 증가를 일으킨다.

그렇다면 최초의 맛 교육은 어떤 식으로 하는 것이 이상적일까? 모든 교육은 단순하게 기초에서부터 시작하는 것이 바람직하다. 이를 음식 섭취에 적용하면, 최초의 맛 교육은 자연에서 나온 식재료를 단순하게 요리한 음식으로 하는 것이 바람직하다. 예컨대 으깬 바나나, 사과즙, 혹은 당근즙이 좋다. 이런 음식의 기본 성분은—특히 아무 조작 없이 순수하게 제공하는 것이 최선인데—아기에게 명료한 미각을 경험하고 기억할 기회를 준다. 따라서 아기의 물질대사 시스템에도 음식의 에너지를 처리하는 일에 관한 기본 지식을 제공한다.

아기가 이런 경험을 가장 먼저 부모와 함께하는 것이 바람직하다는 말은 언급할 필요도 없을 것이다. 하지만 앞으로는 유치원과 학교도 이와 관련해 중요한 교육적 임무를 맡을 수 있을 것이다. 예컨대 우리는 뤼베크 대학 소아의학과 및 전문대학과 함께 "음식 레슨"이라는 유치원 프로젝트를 시작했다. 이 프로젝트의 교육 목표 중 하나는 놀이를 통해 식재료에 관한 지식을 얻도록 하는 것이다. 유치원생은 이를테면 토마토 한 조각과 사과 한 조각을 오감으로 구분하는 법을 배운다. 이 교육은 일종의 미각 기억 형성을 가져오고, 음식을 맛으로 알아채고 구분하는 능력을 훈련시킨다. 이 프로젝트에 참여하는 한 여성 영양학자는 사회경제적 지위가 낮은 가정이 많은 구역에 위치한 유치원에 특히 관심을 기울인다. 이 여성 영양학자의 경험에 따르면, 사회경제적 지위가 낮은 가정은 신선한 과일과 채소를 먹기 위한 재정적 여건뿐 아니라 의식도 부족한 경우가 많다.

어떻게 하면 가정에서의 식생활을 더 개선할 수 있을까

우리 가족은 어떤 음식을 먹을까? 우리는 어떤 식사 예절을 갖출까? 가족이 제대로 모여서 식사하는 횟수는 얼마나 될까? 식사를 하면서 우리는 하루의 일에 대해 이야기할까, 아니면 텔레비전을 볼까? 우리는 가족과 함께하는 식사에 얼마나 많은 시간을 할애할까? 우리는 아이들에게 식사 중 어떤 규칙을 지키라고 가르칠까? 가족이 함께 식사하는 일이 아직 있기나 할까? 함께하는 식사는 아름답고 가족적인 광경일뿐더러 아이들에게 중요한 배움의 기회이기도 하다. 아이들이 배우는 것은 고풍스러운 식탁 예절만이 아니다. 더 중요한 것은 사회화, 곧 공동체 안에서 더 잘 어울리며 사는 능력이다. 식사 중의 사회성 교육과 물질대사 교육이 어떤 모습을 띠는지 다음과 같은 아프리카의 사례에서 분명하게 볼 수 있다. 니제르의 어느 학교 식당에서 다양한 나이의 여학생 13명이 기장 죽이 담긴 큰 사발을 가운데 놓고 둘러앉아 있다. 기장으로 만든 죽은 니제르 사람들의 주식이다. 여학생들은 조심스럽게 손끝으로 조금씩 죽을 떠서 천천히 입으로 가져간다. 유럽인에게는 특이하고 심지어 미개하기까지 한 식사 광경처럼 보일지 모르지만, 실은 엄격한 규칙이 이들의 식사를 지배한다. 이들은 오직 오른손으로만 죽을 먹는다. 위생상의 이유로 손가락은 죽에만 닿고 입에는 절대로 닿지 말아야 한다. 아무도 서둘지 않는다. 마지막 죽 한 줌을 집단의 허락 없이 자기 것으로 챙기거나 심지어 더 빠른 동작으로 더 많이 먹으려고 하는 사람은 없다. 어린 아이가 실수를 저지르면, 연상인 아이가 고쳐준다. 마주 앉은 상대를 정면으로 바라보는 것조차 허락하지 않는다. 그런 행동은 적개심이나 시기심을 연상시킬 수 있기 때문이다.

이 같은 공동 식사 및 나눔의 상황은 복잡한 교육 과정이기도 하다. 이 교육 과정에서 음식 섭취는 사회적 행동 규범과 직결된다. 한 명이나 다수의 타인과 음식을 나눈다는 결정은 높은 수준의 뇌 구역에서 이루어진다. 이런 결정에서 앞이마엽 피질과 더불어 편도체도 핵심적인 구실을 한다. 굶주린 사람이 타인을 식사에 참여시키기 위해 자기 몫의 음식을 포기하려면, 그 굶주린 사람의 뇌-당김을 가동해야 한다. 그래야만 뇌에 충분한 에너지를 공급할 수 있기 때문이다. 이 상황에서 뇌-당김 반응은 일차적으로 편도체가 지휘한다. 그리고 이때의 생리학적 반응 패턴―내가 나눠주고 사회적 피드백을 통해 보상받는다―역시 물질대사 기억의 형태로 학습되고 강화된다. 이런 식으로 아동의 뇌는 자신의 에너지만 챙기는 대신 에너지 확보 전략을 사회적 여건에 맞춰 유연하게 적응시키는 능력을 습득한다.

공동 식사와 음식 나누기는 아프리카뿐 아니라 모든 문화에서 아동이 거쳐야 할 중요한 사회화 과정이다. 이때 인지적 차원에서 배우는 예절 규범은 훗날 아동이 낯선 사람과 함께 식사하면서도 불안감을 느끼거나 상대에게 불쾌감을 주지 않게끔 해준다. 더 나아가 아동은 이런 식으로 겸양을, 배고픔을 느끼지만 자제력을 유지하는 법을 배운다. 각자가 타인이 불리해지지 않도록 주의할 때, 존중이 생겨나고 공감 능력을 습득한다. 또한 정의감과 타인의 환대에 대한 감각도 강화된다. 프랑스 철학자 마르틴 라퐁Martin Laffon은 음식 섭취를 통한 사회화를 논하면서 "음식과의 접촉은 한편으로는 공동의 식사에 참여한다는 기쁨과 다른 한편으로는 감각적 탐닉을 노골적으로 드러내지 말아야 한다는 금지 사이의 줄타기이다"고 말했다. 이 말을 염두에 두고 돌아보면, 이런 형태의 교육을 받지 못하는 아동이 우리 세계에 얼마나 많은지 생각하지 않을 수 없다. 걸으면서, 텔레비전 앞에서, 혹은 컴퓨터 앞에서 음식을 먹는 수많은 아이들. 이는 광고의 음식 큐에 노출될 위험이 가장 큰 상황이다. 도시의 거리에서 무수한 공급자들이 과자·아이스크림·버거 따위로 아이들을 유혹하면서 보내는 신호는 뇌-당김을 억누르고, 나아가 뇌-당김을 프로그래밍할 수 있다. 그런 큐들이 뇌 물질대사에 어떤 영향을 미치는지 우리는 이미 알고 있다. 그러므로 음식 섭취를 다시 공동의 경험으로 만들기 위해 반드시 노력해야 한다.

그릇된 위로도 있을까

실패, 병 혹은 신체적 통증은 어른보다 아이에게 더 큰 충격을 준다. 얼마나 많은 고통이나 슬픔이 아동의 성격 발달에 적당한지에 관한 일반적인 규칙은 없다. 하지만 이것만큼은 확실하다. 즉 우는 아이를 위로하고 싶은 마음은 언제나 옳다. 하지만 우리는 아이들을 어떻게, 무엇으로 위로할까? 다정함이나 약속 또는 선물로? 초콜릿 바는 적당한 위로의 수단일까? 힘든 상황에 처한 아이의 뇌에 당을 추가로 공급하면 상승한 뇌의 에너지 수요가 곧바로 충족된다. 그런데 어머니가 아이에게 더 많은 당을—말하자면 곱빼기에 또 곱빼기로—제공하고 아이가 그 많은 당을 실제로 섭취한다면, 아이는 자신의 스트레스 시스템에 가해지는 부담을 새로운 음식 섭취를 통해 완화하는 법을 배울 수도 있다. 즉, 음식을 통한 위로는 아이를 "위안용 음식 섭취"와 그에 따른 모든 결과로 이끌 수 있다. 이런 전략을 채택하면 비록 뇌-당김은 부담을 덜지만(따라서 기분은 나아지지만), 다른 한편 어린 시절에 이루어지는 이런 식의 보상성 음식 섭취는 일부 사람들에겐 평생 이어지는 고난의 역사—이를테면 좌절, 배고픔, 과체중, 더 큰 좌절, 더 큰 배고픔, 더 심한 과체중으로 이어지는 고난의 역사—의 출발점이 될 수도 있다.

혹시 우리가 달콤한 위로 수단을 즐겨 사용하는 것은 부모로서 아이의 고통을 바라보는 게 너무나 힘들기 때문 아닐까? 단것을 통한 신속한 위로는 아이의 고통을 완화할 뿐 아니라 우리의 마음을 안정시키기도 한다. 사실 고통스러운 상황은 부모와 자녀 사이의 유대를 새롭게 강화할 수 있는 좋은 기회다. 아이를 보듬어 안고 친밀감과 사랑과 보살피는 마음을 전해줌으로써 우리는 감정적 연대와 함께 어른에 대한 아이의 신뢰를 강화한다. 더 나아가 우호적인 말과 다정한 몸짓을 통한 위로는 또 다른 중요한 교훈을 전달한다. 즉 아이의 뇌는 고통과 슬픔을 자기 힘으로 극복하는 법을 배운다. 자녀를 사랑으로 위로하는 부모는 아이에게 위로를 느끼는 능력을 가르치는 것이기도 하다. 이 교육을 첫걸음 삼아 훗날 아이는 음식 섭취 없이 자기 자신을 위로할 줄 아는 사람으로 성장한다.

스포츠 활동으로 뇌-당김을 강화할 수 있을까

두말하면 잔소리다. 운동의 효과는 더 많은 칼로리를 태우는 것에 국한되지 않는다. 운동을 하고 나면 칼로리는 간단히 다시 보충된다(몸-당김 원리). 신체적인 노력은 뇌-당김도 자극한다. 즉, 스포츠 활동은 근육이 많은 에너지를 소비하는 상황에서도 뇌가 자신에게 필요한 에너지를 몸의 저장소에서 끌어올리는 능력을 강화한다. 그래서 스포츠 활동으로 체중을 줄일 수 있는 것이다. 스포츠의 감량 효과는 특히 청소년과 젊은 성인에게서 잘 나타난다.

부모는 미디어와 전쟁을 선포해야 할까

"부모는 반역자가 되어야 한다." 2003년 사망한 미국 사회학자 닐 포스트먼Neil Postman이 자녀를 교육할 권리를 지닌 모든 이에게 남긴 유언이다. 포스트먼은 1970년대부터 격렬한 미디어 비판자로 나섰다. 그의 저서 《죽도록 즐기기Amusing ourselves to death》는 텔레비전이 교육에 미치는 해악에 관한 전 세계적 논쟁에 처음으로 불을 지폈다. 포스트먼의 도발적인 핵심 주장은 이러하다. "텔레비전은 바보를 위해 발명된 것이 아니라 바보를 만들어낸다." 그 후 30년의 세월과 신경과학 및 사회학 분야의 수많은 연구 결과는 포트스먼의 미디어 비판이 원리적으로 옳다는 것을 보여주었다.

하지만 부모에게 반역자가 되라고 권고할 때 포스트먼은 정확히 무엇을 염두에 둔 것일까? 그는 현대 교육이 아이에 대한 영향력을 놓고 부모와 나머지 요소들이 벌이는 싸움을 점점 더 닮아갈 것이라고 짐작했다. 요컨대 부모 앞에는 점점 더 강한 경쟁자가 나타난다. 부모는 텔레비전, 인터넷, 컴퓨터 게임, 청소년 문화, 광고, 또래 집단—똑같이 미디어의 영향에 물들어 있는 비슷한 연령의 아이들—과 경쟁한다. 그럼에도 부모는 싸움을 벌여야 한다고, 아이를 미디어의 영향에 완전히 내맡기지 말아야 한다고 닐 포스트먼은 주장했다. 그가 권고한 싸움은 구체적으로 어떤 것일까? 아이를 미디어로부터 완전히 차단하는 것은 비현실적일뿐더러 바람직하지도 않은 듯싶다. 이런 맥락에서 미디어 해독력media literacy 교육을 촉구하는 목소리에 귀를 기울일 만하다. 하지만 미디어 해독력이란 과연 무엇일까? 물질대사 교육을 생각하면, 이런 질문이 떠오른다. 광고의 영향력을 어떻게 제한할 것인가? 영국 미디어학자들은 어린이 프로그램에 딸린 광고 전체에서 음식 광고가 차지하는 비중을 조사했다. 결과는 13퍼센트였다. 단것이나 과자를 선전하는 모든 광고는 각기 아이의 뇌를 겨냥한 큐다. 그 큐는 뇌-당김을 억누르고 음식 섭취를 증가시킬 수 있다. 광고 하나하나가 다 그렇다.

내 아이는 얼마나 오랫동안 텔레비전을 시청할까? 특히 폭력이나 공포처럼 스트레스를 유발하는 내용은 추가 음식 섭취를 유도하는 큐의 구실을 할 수 있다. 칼로리를 추가로 섭취하지 않고 공포 영화 한 편을 다 보는 것은 성인에게도 어려운 일이다. 하지만 더 심각한 문제도 있다. 뇌가 게임 장면에 나타나는 스트레스 요인을 자주 접한 결과 스트레스 시스템의 적응(약화)이 일어나면, 장기적으로 스트레스 시스템과 운동 시스템이 분리될 수 있다. 그러면 운동량이 점점 더 줄어든다. 아이는 갈수록 덜 움직이고, 모든 동작이 점점 더 힘들어진다. 많은 청소년들의 운동 능력이 눈에 띄게 떨어진 것은 부분적으로 이런 현상 때문인 것으로 추정된다.

아이들의 교과 과정에 새로운 과목을 추가할 필요가 있을까

독일에서는 영양학을 정식 과목으로 채택하는 학교가 점점 더 늘어나고 있다. 이는 좋은 첫걸음이다. 아이들에게 정신적이거나 심리적인 과부하를 극복하고 또래나 부모와의 갈등을 해결하는 전략을 가르치는 과목도 필요한데, 그 과목의 명칭은 아마도 "문제 해결"이 적당할 듯싶다. 미국에서 로렐 멜린은 자신의 치료법을 통해 갈등을 극복하는 것이 여러모로 얼마나 중요한지 보여주었다. 갈등 극복은 스트레스에 대한 대처, 극단적인 행동의 억제, 신체적 건강을 위해 결정적으로 중요하다. 학교는 아동과 청소년에게 지식을 제공할 뿐만 아니라 자신의 욕구를 알아채고 그것을 정확하게 표현하는 능력도 가르쳐야 옳다. 사회적 연결망을 구성하고, 심리사회적 스트레스를 다스리고, 타인에게 접근하는 방법을 학교에서 가르칠 필요가 있다. 이런 교육은 내면의 갈등을 해소하고 실망을 극복하는 새로운 길을 가르침으로써 아이들을 위안용 음식 섭취에 덜 의존하는 강한 사람으로 성장시킬 것이다.

알코올과 마약은 어떤 역할을 할까

아동과 청소년은 어떤 계기로 알코올과 마약을 접할까? 왜 어떤 아이들은 중독자가 되고, 어떤 아이들은 그렇지 않을까? 아이들은 대개 호기심이나 집단의 압력 때문에 술을 마시거나 처음으로 마약을 경험한다. 다행히도 알코올성 혼수상태나 중독(의존증) 같은 극적인 귀결은 대부분의 경우 발생하지 않는다. 하지만 한 번의 마약 경험, 한 모금의 술도 뇌에 곧장 영향을 미친다. 마약이 물질대사 조절 능력의 발달에 얼마나 큰 해악을 미칠 수 있는지에 대해서는 이미 설명했다. 이런 설명은 불법 마약뿐 아니라 커피, 카페인 함유 에너지 음료, 니코틴, 술에도 원리적으로 타당하다. 이 모든 물질은 한 가지 공통점을 지녔다. 요컨대 자극제나 억제제로서 뇌 물질대사와 뇌-당김에 직접 작용한다. 대마초, 엑스터시, 심지어 헤로인 같은 불법 마약에 대해서는 부모와 사회의 경각심이 높다. 마땅히 그래야 한다. 하지만 다른 한편, 우리는 그 밖의 약물에 대해서는 무해성을 강조하고 그 증거로 때로는 의심스러운 사례까지 즐겨 내놓곤 한다. 아동과 청소년이 보는 앞에서 어른인 우리가 술을 마시는 것을 어떻게 생각하는가? 피곤할 때 에너지 음료를 마시는 것은 어떤가? 커피와 에너지 음료가 잠에 관여하는 뇌 구역에 직접 작용한다는 것을 알고 있는가? 자녀의 흡연을 나무라면서 자신은 담배를 피워 무는 아버지나 어머니는 얼마나 신뢰를 받을까? 더 중요한 질문은 이것이다. 우리 자신은 과연 어떤 상황에서 알코올이나 니코틴 같은 약물에 의지할까? 우리는 흔히 스트레스나 부담이 심한 상황에서 알코올이나 니코틴에 의존한다. 청소년이 호기심 때문에 마약에 한 번 손을 대는 것은 있을 수 있는 일이다. 그러나 마약 중독의 배후에 특별한 이유가 없는 경우는 드물다. 오히려 심각한 문제들이 도사리고 있는 경우가 많다. 이를테면 갈등 해결 능력의 부족, 너무나 압도적인 스트레스가 그 배후에 있는 경우가 많다. 불법 마약이나 술을 스트레스 시스템을 진정시키는 효과적인 수단으로 여기는 것은 흔히 그런 엄청난 스트레스를 느끼기 때문이다.

그렇다면 우리는 부모나 교사로서 아이들을 중독으로부터 보호하기 위해 무엇을 해야 할까? 아이들의 근심과 곤경을 진지하게 받아들여야 할까, 아니면 필요할 경우 아이들 내면의 균형을 성과주의의 제단에 바쳐야 할까? 우리는 아이들에게 갈등 해결 능력을 전수하고 있는가? 혹시 우리 자신도 갈등을 부끄러워하고 숨겨서 아이들에게 유익한 모범이 되지 못하는 것은 아닐까? 우리는 아이들에게 내면의 소리에 귀를 기울이고 자신의 욕구를 알아채는 능력을 키워주고 있는가? 혹시 예리하게 날 선 마케팅 전략이 아이들의 이마엽 피질에 자리 잡은 거울 뉴런에 도달해 인공적인 가짜 욕구를 일으키는 것을 그냥 방치하고 있는 것은 아닐까? 우리는 부정적 감정이 우리 안과 주변의 무언가를 변화시키는 힘이라는 것을 아이들에게 보여주고 있는가? 혹시 부정적 감정을 술과 담배, 약물 따위의 보조 수단으로 마비시켜 변화의 힘을 아예 꺾어버리는 방법을 몸소 보여주고 있는 것은 아닐까? 우리는 아이의 가능성뿐 아니라 한계조차 기꺼이 인정하고 존중할 용의가 있는가? 우리는 실패한 아이에게 용기를 심어주고 있는가? 혹시 아이의 실패 앞에서 조급하게 반응하고 있지는 않은가? 우리는 심리사회적 스트레스가 만성화된 상태가 발생하지 않도록 가정생활이나 학교생활을 꾸려가고 있는가?

쉬는 시간과 잠자는 시간이 아이에게 얼마나 많이 필요할까

우리는 가정에서 저녁을 어떻게 보내는가? 우리 자신의 수면 욕구를 어떻게 처리하고 있는가? 내 아이는 어떻게 하루를 마무리하는가? 잠들기 전에 텔레비전을 보는가, 아니면 책을 읽는가? 내 아이의 일정 계획은 어떠한가? 아이가 스스로 결정해서 활용하는 자유 시간은 얼마나 많은가? 내 아이의 하루 일정 중 휴식 시간은 있는가? 나는 아이의 생활에 얼마나 자주 개입하는가? 나는 얼마나 많은 것을 아이의 책임 아래 맡기는가?

이미 많은 질문을 던졌지만 더 많은 질문을 얼마든지 추가할 수 있을 것이다. 하지만 질문의 핵심은 아이의 휴식 욕구와 자기 결정권으로 정리할 수 있다. 이 두 가지는 밀접하게 연결되어 있다. 중요한 것은 신뢰와 책임이다. 또한 우리가 우리 자신의 삶을 통해 보여주는 태도이다. 왜냐하면 아이는 어른을 모범으로 삼아 따르기 때문이다. 대부분의 부모들이 흔히 경험하는 일이지만, 아이는 부모가 말하고 요구하는 대로 행동하지 않는다. 그러나 이것만큼은 확실하다. 즉 우리는 우리 자신의 행동과 아이에 대한 우리의 평가로 아이에게 영향을 미친다. 아이는 아주 예민한 안테나처럼 우리의 행동과 자신에 대한 평가를 포착한다. 혹시 우리는 아이에게 스스로 책임지는 능력을 키울 기회를 주지 않고 아이의 삶을 점점 더 강하게 통제하고 관리하고 계획하려 하는 것은 아닐까?

이 모든 논점은 또 다른 질문을 불러온다. 교육 정책 분야에서 오래전부터 다음과 같은 질문을 논의해왔다. 아이가 성인으로서 자신의 삶을 살도록 준비시키려면 어떻게 해야 할까? 우리는 아이에게 얼마나 많은 것을 요구하고 얼마나 많은 것을 진정으로 일임할까? 많은 아이들은 "정상적인" 유년기를 보낸다. 그 아이들은 평범한 실수와 방황을 거치면서 성공적으로 사춘기를 보내고 성인이 된다. 그러나 문제의 조짐이 점점 더 많아지고 있다. 한편으로는 제대로 돌봐주는 사람 없는 아이들이 있다. 그 아이들은 텔레비전과 게임기 앞의 외톨이다. 다른 한편으로는 과도한 요구를 받는 아이들이 있다. 스포츠 클럽 활동, 보충 학습, 체스 클럽 활동, 발레 교습, 음악 교습으로 바쁜 그 아이들에겐 자유 시간이 거의 없다. 이런 아이들에게 정상적인 유년기라는 게 조금이라도 있기는 할까? 두 사례는 극적으로 다르지만 공통점이 있다. 양 극단 모두에서 아이들은 기본 욕구를 무시당한다. 예컨대 우리는 아이들의 휴식 욕구를 무시한다.

휴식 시간—이를테면 방과 후—에 뇌는 부하를 내려놓고 휴지 모드를 취할 수 있다. 애쓰는 시간과 휴식하는 시간이 균형을 이룬 아이들은 겉으로 보기에도 대체로 평온한 인상을 준다. 심지어 사춘기에도 그러하다.

그런 아이들은 뇌-당김의 성능도 높다는 것이 임상 관찰과 (건강한 사람과 다양한 생리적·심리적 병에 걸린 환자에 대한) 오랜 스트레스 연구 경험을 통해 확인되었다. 그런 아이들의 뇌-당김은 대단히 역동적이고 유연하다. 예컨대 학습 요구가 높아지면, 이들의 뇌-당김은 신속하고 강력하게 작동하기 시작한다. 사회적 갈등을 비롯한 다양한 급성 스트레스 상황에서도 마찬가지다. 이들은 스트레스 반응의 강도를 개별 상황에 맞게 조절하는 법을 성공을 통해서도 배우고 실패를 통해서도 배운다. 위험이나 갈등을 극복하고 휴식 시간이 찾아오면, 이들의 뇌-당김은 신속하게 휴지 상태로 복귀한다. 따라서 밤에 숙면을 취한다.

휴식 시간이 없으면, 부하 모드가 지속된다. 밤낮으로 말이다. 그 결과는 나쁜 기분, 우울, 불면이다. 더 나아가 휴식이 부족한 아이는 자신의 스트레스 시스템을 다른 방식으로 정지시키기 위해 대안을 모색할 수도 있다. 이를테면 위안용 음식 섭취나 알코올 소비를 시도하는 식으로 말이다. 이런 대안은 둘 다 단기적으로 기분을 밝게 하고 긴장을 풀어주는 효과가 있다.

당연한 말이지만, 휴식을 처방하는 것은 효과적이지 않고 심지어 강제하는 것은 터무니없다. 또한 특히 아이들은 하던 일을 스스로 중단하고 쉬는 경우가 없다시피 하다. 하지만 우리는 휴식 시간을 적절히 운용할 수 있다. 힘든 학교생활을 마치고 지쳐서 귀가했거나 꽤 오랫동안 집중해서 숙제를 하고 난 아이에게는 예컨대 가족과 함께하는 식사 시간이 적절한 휴식이다. 함께 밥을 먹으면서 아이는 자신이 겪은 일을 이야기하고 털어낼 수 있다. 아이의 말을 귀담아 들어주는 사람, 그 사람이 바로 아이의 휴식이다. 아이의 휴식은 누군가와 대화하면서 산책하는 것일 수도 있다. 아이를 위한 최고의 진정제는 관심, 존중, 지원이다.

부모들에게 하루 중 가장 힘들 때가 언제냐고 물으면, 흔히 아이를 재울 때라고 대답한다. 아이에게 잠이 반드시 필요하다는 점을 확실히 인식시키는 일은 지속적인 전쟁이고, 대부분의 부모는 늦어도 아이가 사춘기일 때 이 전쟁에서 패하거나 포기하고 철수한다. 이런 상황을 빚어내는 결정적 원인은 아이들이 왕성한 미디어 소비를 통해 끊임없는 자극의 홍수 속에서 살기 때문이다. 다양한 스크린 앞에서 보내는 시간이 많은 아이일수록 더 늦게, 더 조금 잔다. 앞서 살펴보았듯 아이가 만성 스트레스와 심리적 과부하에 자신의 스트레스 반응을 적응시키는 것은 뇌-당김이 약화된다는 것을 뜻한다. 그리고 뇌-당김 약화의 전형적인 증상은 수면 장애다. 왜냐하면 뇌의 에너지 수요를 몸-당김으로 충당하려면 반드시 깨어 있어야 하기 때문이다. 또한 스트레스 반응을 만성 과부하에 적응시키지 못한 아이도 수면 장애를 겪는다. 높은 코르티솔 수치가 수면 중추의 기능을 방해하기 때문이다.

아무튼 아이의 수면 부족을 해결하는 특효약은 없을까? 수면-깨어 있음 리듬을 더 잘 관리할 필요가 있음을 아이한테 설득해야 하는 모든 부모에게 다음과 같은 사실은 효과적인 논거일 것이다. 키 성장, 뇌의 성숙, 기억 형성은 주로 잠자는 동안에 일어난다. 하지만 더 중요한 사실은 이것이다. 즉, 잠은 스트레스 시스템을 휴지 상태로 복귀시킨다. 깊이 잠든 아이는 마치 바닷속의 섬모류 동물처럼 자신의 절대적 안락 범위 안에 머문다. 그곳은 포근한 기억의 정원이다. 오늘날 우리가 잠, 기억, 해마, 편도체에 관한 최신 뇌과학에서 새롭게 발견했다고 믿는 것을 인간 영혼의 예리한 관찰자 마르셀 프루스트는 이미 100년 전에 다음과 같이 멋지게 표현했다. "정원 깊은 곳에 창문 열린 수도원이 있고, 그 안에서 강의 소리가 흘러나온다. 아이는 그 내용을 잠들기 전에 배우지만 깨어날 때 비로소 암기할 수 있다."

맺음말

우리가 진입한 시대를 특징짓는 대표적인 단어는 통신이다. 정보 교환의 가능성이 무한히 열린 듯하다. 우리는 실시간 월드 와이드 웹 시대에 산다. 과거에는 편지가 목적지에 도달하는 데 여러 날이 걸렸지만, 지금은 컴퓨터로 작성한 이메일이 지구 반대편까지 도달하는 데 몇 초밖에 걸리지 않는다. 우리는 지구 반대편에 사는 사람과도 마치 곁에 있는 사람과 하듯이 신속하게 소통할 수 있다. 그것도 거의 언제 어디서나. 이처럼 우리가 일반적으로 이해하는 통신은 외부를 향해 있는 지구적인 통신이다. 그렇다면 우리 내부에서의 통신은 어떤 상황일까? 우리 몸 안에 갖춰져 있는 통신 시스템은 복잡성과 속도라는 측면에서 월드 와이드 웹에 전혀 뒤지지 않는다. 물론 통신 거리는 훨씬 더 짧지만 말이다. 어쨌거나 체내 통신망의 중심인 뇌도 실시간으로 정보를 주고받는다. 뇌는 신경계를 통해 몸의 모든 부위와 통신하면서 다른 여러 가지 일과 더불어 뇌 자신에게 에너지를 공급하는 일을 한다. 하지만 한 인간으로서 나는 내 몸 안에서 일어나는 이 거대한 정보 교환을 자각할 수 있을까? 우리는 단지 그 일부만 자각할 수 있을 뿐이며, 의식 속에 들어온 메시지조차 해독하기 어렵다. 그 메시지란 다름 아닌 우리의 감정이다. 감정은 뇌가 우리를 향해 하는 말이다. 그러나 우리는 그 메시지를 흔히 잘못 해석한다. 감정을 무시하고 억누르며, 그 감정이 말하려는 것에 귀를 닫아버린다. 이는 감정을 대면하고 다루기가 불편하기 때문이거나, 감정을 포착하는 안테나를 이미 상실했기 때문이다. 알라딘이 마술 램프를 발견한 것처럼 우리가 우리의 감정과 욕구에 다시금 도달하게 된다면 삶이 더욱 풍요로워질 것이다. 그러므로 자신의 감정 항상성 범위를 벗어난 사람에게 중요한 일은 자기의 감정이 하는 말을 해석하는 법을 다시금 배우는 것이다. 이 배움에 성공하면, 갈등을 근본적으로 해결하는 것이 한층 수월해진다. 반대로 이 배움에 실패하면, 갈등은 가라앉더라도 수면 아래에 고스란히 머문다. 우리의 감정 항상성과 에너지 항상성에 도달할 때 비로소 우리는 짚신벌레의 바닷속 친척처럼 우리의 안락 범위 안에 머무를 수 있다. 어딘가 다른 곳이 아닌 우리 자신 안에 있는 우리의 안락 범위 안에 말이다.

    기억은 감정의 은밀한 메시지를 해독하는 주요 도구 역할을 할 수 있다. 기억이 없으면 감정을 바닥까지 파헤치는 것이 불가능하다. 그런데 소설가 마르셀 프루스트의 말마따나 흔히 "모든 어려운 과제와 모든 커다란 성취로부터 우리를 멀리 떼어놓으려 하는 우리의 게으름"이 훼방을 놓는다. 프루스트는 자신의 대표작 《잃어버린 시간을 찾아서》를 오롯이 감정적 기억에 바친다. 40세가량의 일인칭 화자가 어린 시절 '콩브레'라는 마을에서 본 광경은 그의 삶이 결정적인 전환점에 이를 때까지 흐리고 어둑했다. 어렴풋한 슬픔과 두려움과 죄책감이 베일처럼 그의 과거를 덮고 있었다. 하지만 전환점에 이르자 소설의 화자인 '나'에게 이제껏 겪어보지 못한 일이 일어난다. 어느 춥고 음산한 겨울날에 벌어진 사소한 듯한 사건이 '내' 기억이라는 보물에 이르는 "열려라, 참깨!"가 된다. 마들렌 과자의 맛과 어머니가 가져다준 보리수 차의 향기가 합쳐지는 순간, 화자는 불분명하지만 깊은 행복감을 느낀다. 처음에 그는 지능을 동원한 의식적인 회상으로 그 행복감의 근원을 알아내려 하지만 실패한다. 무의식적인 감정적 기억을 되살렸을 때에야 비로소 그는―콩브레의 고모 집에서 맞은 어느 부활절로 되돌아가―보리수 차를 곁들여 마들렌을 먹는 것과 결부된, 잊어버렸던 어린 시절의 행복감을 재발견한다. 소설에서 이 강렬한 체험의 순간은 화자가 오랜 내면적 발전을 거친 끝에 도달한 획기적인 치유의 순간이다. 그 오랜 발전 과정이 프루스트의 은유적 묘사에서 한순간으로 응축된다. 불현듯 온통 잿빛뿐인 화자의 삶과 어둑한 어린 시절의 기억이 찬란한 색과 다양한 가능성으로 가득 찬 세계로 돌변한다. 삶의 여정이 거꾸로 뒤집히는 셈이다. 더없이 솔직하고 온갖 행동에 반응하고 유머와 감수성과 기쁨과 호의로 가득 찼던 아이는 고통과 실망과 죄책감으로 얼룩진 세월을 거치면서 폐쇄적이고 슬픈 남자가 되었다. 그 남자의 체험과 행위의 지평은 갈수록 좁아졌다. 그러던 어느 날, 마들렌 맛과 보리수 차의 향기가 유발한 한순간의 감정적 체험이 그의 풍요로운 기억으로 통하는 문에 그날까지도 질러져 있던 빗장을 단칼에 베어버린다. 요컨대 《잃어버린 시간을 찾아서》는 미각 기억의 본질과 감정 세계의 힘과 다양성 및 강렬함을 찾아가는 과정이기도 하다. 소설의 화자는 자신의 과거와 현재를 잇는 다리를 놓는 데 성공한다.

프루스트의 작품은 독자에게 감각의 교향곡을 들려준다. 프리즘 너머의 영롱한 색깔, 미묘하기 그지없는 차이, 강렬한 광경으로 이루어진 그 교향곡을 소설의 화자는 자기 주변에서 발견한다. 그것은 그의 세계, 그의 사랑, 그의 삶이다. 이 같은 감정적 회상 활동은 우리 내면세계를 새롭게 정비하는 힘 가운데 가장 강력한 축에 든다. 그러나 우리가 경험으로 알고 있듯 기억에 이르는 길은 전혀 순탄하지 않다. 그럼에도 용기를 내어 시도하라고 프루스트는 말한다. 우리가 정말로 노력한다면 경이로운 기억을 상으로 받게 될 것이라고 약속한다. 그저 종이 뭉치처럼 보이지만 물 대접에 담그면 비로소 펼쳐져 아름다운 형태를 드러내는 일본의 정교한 종이접기 작품과도 같은 기억을 말이다.

마르셀 프루스트는 감정적 기억에 관한 현대 신경과학의 많은 지식을 말 그대로 선취했다. 그래서 나는 마무리 발언을 그에게 맡기고 싶다. 그의 소설 속 어른 화자가 자신을 행복한 아이로 재발견하는 대목이다.

> 그때 그 마들렌, 고모가 나에게 보리수 차에 적셔 건네곤 했던 그 마들렌의 맛을 다시 알아채자마자(비록 나는 그 맛의 기억이 나를 그토록 행복하게 만드는 이유를 여전히 몰랐고 나중에야 알아내게 되지만) 그 회색 집과 고모의 방이 있던 그 집의 앞면이 마치 무대 장식처럼, 정원 가에 부모님을 위해 지어놓은 작은 별채의 뒷면에(그러니까 그때까지 내 눈앞에 유일하게 보이던 그 불완전한 광경에) 덧붙었다. 또한 그 집과 함께 그 도시가, 내가 점심을 먹기 전에 심부름을 하러 가던 광장이, 내가 아침부터 저녁까지 날씨가 궂으나 좋으나 꿋꿋하게 오가던 거리들이, 날씨가 좋을 때 우리가 다니던 골목길들이 나타났다. 처음엔 조그맣고 참으로 보잘것없는 종이 뭉치를 물이 담긴 도자기 대접에 집어넣으면, 그 종이 뭉치가 물에 흠뻑 젖자마자 펼쳐지고 구부러지고 색깔과 세부 구조를 얻으면서 꽃도 되고, 집

도 되고, 일관성 있고 무엇인지 알아볼 수 있는 형체가 되는 일본인들의 놀이에서처럼, 그 순간 정말 그 놀이에서와 똑같이 우리 정원의 모든 꽃과 스완 씨네 정원에서 가져온 꽃, 비본느 강의 수련, 마을 사람들, 그들의 작은 집과 교회와 콩브레 전체와 그 주변, 모든 것이 만져질 것처럼 또렷하게, 그 도시와 그 정원이 내 찻잔에서 떠올랐다.

용어 설명

- **교감신경계** 뇌는 교감신경계를 통해 내부 장기와 통신한다. 교감신경계가 활성화되면 심장 박동수 증가·혈압 상승·췌장에서의 인슐린 분비 억제가 일어나고, 따라서 뇌에 공급하는 에너지가 증가한다.

- **뇌-당김** 뇌-당김이란 뇌가 에너지를 필요로 할 때 능동적으로 몸에서 에너지를 끌어당기는 힘을 뜻한다. 이 기능을 담당하는 것은 스트레스 시스템, 특히 자율신경계와 스트레스 호르몬인 아드레날린과 코르티솔이다. 뇌에 에너지가 필요하면 뇌는 스트레스 시스템을 가동하고, 이 시스템은 뇌-당김 기능을 수행해 몸에 있는 에너지를 뇌로 끌어당긴다.

- **렙틴** 지방 조직의 에너지 충만 상태를 알려주는 호르몬. 지방 세포에서 혈류 속으로 분비되어 뇌(특히 복내측 시상하부)에 지방 조직의 에너지 충만 수준을 보고한다.

- **몸-당김** 몸-당김이란 인체가 필요한 에너지를 환경에서 끌어당기는 (영양 섭취를 늘리는) 힘을 뜻한다. 인체에 에너지가 필요하면—혈당 수치가 낮아지거나 저장소(지방 조직, 간 등)에 쌓인 에너지가 줄어들면—현재의 결여를 메우기 위해 몸-당김을 가동한다.

- **복내측 시상하부**^{VMH} 뇌간 상부의 한 구역으로, 이곳에서 교감신경계가 (따라서 뇌-당김도) 활성화한다. 복내측 시상하부는 뇌와 몸의 에너지 충만 상태에 관한 정보를 수용하고 처리하며, 그 결과에 기초해 향후 인체 내 에너지 분배를 조절한다.

- **스트레스 시스템** 한편으로는 교감신경계, 다른 한편으로는 호르몬(아드레날린, 코르티솔)을 분비하는 신경계로 구성되어 있다.

- **아드레날린** 부신에서 분비되는 스트레스 호르몬. 스트레스 상황에 대한 반응으로 인체는 혈류 속으로 아드레날린을 분비한다. 이 호르몬의 주요 임무 중 하나는 몸으로 향하던 에너지의 흐름을 뇌로 향하도록 바꾸는 것이다.

- **앞이마엽 피질** 대뇌피질의 한 구역으로, 편도체 및 해마와 밀접하게 연결되어 있다. 행동과 감정을 통제하는 중추이다.

- **역동 항상성** 생물학적 시스템에서 흔히 나타나는 "변화를 통한 안정

화"의 원리. (예컨대 체온에 대한) 역동 항상성 조절은 유연한 목표치(= setpoint, 설정값)를 추구한다. 체온의 목표치는 일반적으로 섭씨 37도이지만, 심한 감염 상황에서는 40도이다. 역동 항상성 조절은 유기체 전체의 생존 확률을 최적화한다. 감염이라는 스트레스 조건에서는 높은 체온(예컨대 박테리아로부터 유기체를 보호하는 데)이 유리하다. 역동 항상성 조절은 이런 장점을 얻기 위해 때로는 몸에 해로운 단점을 감수하기도 한다. 역동 항상성 조절의 예로는 혈당 조절, 혈압 조절, 체중 조절을 들 수 있다.

- **역동 항상성 부하** 만성 스트레스를 받으면 인체는 장기적인 스트레스 반응을 나타낸다. 교감신경계가 활성화하고, 스트레스 호르몬인 아드레날린과 코르티솔을 분비한다. 스트레스 반응의 본래 임무는 스트레스 상황에서 인체를 보호하고 스트레스 요인을 물리치는 것이다. 그러나 스트레스 반응 메커니즘이 지속적으로 활성화되면, 역동 항상성 적응이 일어난다. (예컨대 인체가 혈당이나 혈압이 지속적으로 높은 상태에 적응하게 된다.) 이런 적응을 유발하는 지속적인 부하를 일컬어 역동 항상성 부하라고 한다. 역동 항상성 부하는 장기적인 비용을 발생시켜(예컨대 근육과 뼈를 위축시켜) 병을 유발한다.

- **외측 시상하부**[lh] 뇌간 상부의 한 구역으로, 음식 섭취 행동(몸-당김 기능), 각성 상태, 보상 추구 행동을 조절한다.

- **인슐린** 몸의 에너지 저장소(지방 조직, 근육 조직)로 들어가는 에너지를 증가시키는 호르몬. 인슐린은 혈당 수치와 상관없이 췌장에서 혈류 속으로 분비된다.

- **인지**[cognition] 인지란 뇌가 정보를 수용하고 알아채고 처리하는 능력을

말한다.

- **장기 저하**^{LTD} 시냅스에서 기억이 형성되는 분자적 메커니즘. 장기 저하가 일어나면, 시냅스의 정보 전달 능력 약화 상태가 오래 유지된다.
- **장기 증강**^{LTP} 시냅스에서 기억이 형성되는 분자적 메커니즘. 장기 증강이 일어나면, 시냅스의 정보 전달 능력 강화 상태가 오래 유지된다.
- **젖산** 포도당의 대체물로서 뇌 에너지 대사에 관여하는 또 다른 에너지원. 젖산은 주로 근육 조직에서, 특히 스트레스 시스템이 활성화했을 때 형성된다. 심리사회적 스트레스를 받거나 신체 운동이 활발하거나 심한 병에 걸렸을 때, 젖산은 뇌에 충분한 에너지를 공급하는 데 기여한다.

- **코르티솔** 부신에서 나오는 스트레스 호르몬. 스트레스 상황에서 인체는 코르티솔을 혈류 속으로 분비한다. 그러면 코르티솔은 몸과 뇌의 모든 조직에 도달한다. 코르티솔은 에너지의 흐름을 몸 방향에서 뇌 방향으로 돌리는 기능도 한다. 또한 중추신경계에도 영향을 미쳐 스트레스 시스템을 휴지 상태로 복귀시킨다. 더 나아가 해마와 편도체에서 기억을 형성하는 데도 결정적인 구실을 한다.

- **편도체** 대뇌 관자엽에 속한 구역. 이 구역에서 감정적 기억을 형성할

뿐더러 스트레스 시스템과 뇌-당김도 설정하고 조절한다.
- **포도당** 인체에서, 특히 뇌 에너지 대사에서 주요 에너지원 구실을 하는 탄수화물.

- **항상성** 생물학적 시스템에서 흔히 등장하는 "불변을 통한 안정화"의 원리. 항상성 조절은 확정된 목표치(설정값)를 추구한다. 항상성 조절의 예로는 뇌의 에너지 보유량 조절을 들 수 있다.
- **해마** 대뇌의 한 구역. (이름, 장소, 사건에 대한) 기억 형성에서 결정적인 구실을 하지만 뇌-당김의 설정과 조절에서도, 즉 뇌의 에너지 경제에서도 중요한 구실을 한다.

참고문헌

1부 뇌는 어떻게 물질대사를 조절하는가

과체중: 모든 것은 의지의 문제?
- "무절제한 음식 섭취"를 죽을죄로 묘사한 문헌: 단테 알리기에리,《신곡》, 지옥 편.
- 유럽연합에서는 독일이 과체중 1위 국가: Adult overweight and obesity in the European Union (EU25); International Association for the Study of Obesity, London, April 2007: www.iotf.org/documents/Europeandatatable_000.pdf.
- 현재 독일 아동과 청소년의 14.8퍼센트, 즉 170만 명이 과체중이다: Kurth, B. M. and Schaffrath, R. A. (2007). The prevalence of overweight and obese children and adolescents living in Germany. Results of the German Health Interview and Examination Survey for Children and Adolescents (KiGGS). Bundesgesundheitsblatt. Gesundheitsforschung. Gesundheitsschutz. 50, 736-743.
- 과체중 유아의 증가: Ogden, C. L., Carroll, M. D., Curtin, L. R., McDowell, M. A., Tabak, C. J. and Flegal, K. M. (2006). Prevalence of overweight and obesity in the United States, 1999-2004. JAMA 295, 1549-1555.
- 진 메이어의 동료이자 친구가 쓴 그의 일대기: Gershoff, S. N. (2001). Jean Mayer 1920-1993. J. Nutr. 131, 1651-1654.
- 진 메이어가 자기 아버지의 일생에 대해 쓴 글: Mayer, J. (1969). Andre Mayer—a biographical sketch (1875-956). J. Nutr 99, 3-8.
- 진 메이어의 자전적인 글: Mayer, J. (1977). My Life as a Physiologist and Nutritionist—

Jean Mayer. In: Discovery processes in modern biology: people and processes in biological discovery. W. R. Klemm, ed. (Huntington, New York: Robert E. Krieger Publishing Company), 172-195.
- 과체중을 둘러싼 논쟁에서 벌어지는 책임 떠넘기기: Lustig, R. H. (2006). The 'skinny' on childhood obesity: how our western environment starves kids' brains. Pediatr. Ann. 35, 898-907.
- Krieger, M. (1921). Über die Atrophie der menschlichen Organe bei Inanition. Z. Angew. Anat. Konstitutionsl. 7, 87-134.
- 마리 크리거가 관찰한 사실들은 첫째, 거식증 환자를 촬영한 현대적인 자기공명영상에서 확인할 수 있다: Muhlau, M., Gaser, C., Ilg, R., Conrad, B., Leibl, C., Cebulla, M. H., Backmund, H., Gerlinghoff, M., Lommer, P., Schnebel, A., Wohlschlager, A. M., Zimmer, C. and Nunnemann, S. (2007). Gray matter decrease of the anterior cingulate cortex in anorexia nervosa. Am. J. Psychiatry 164, 1850-1857.
- 둘째, 저칼로리 다이어트를 하는 사람들에게서도 확인할 수 있다: Bosy-Westphal, A., Kossel, E., Goele, K., Later, W., Hitze, B., Settler, U., Heller, M., Gluer, C. C., Heymsfield, S. B. and Müller, M. J. (2009). Contribution of individual organ mass loss to weight loss-associated decline in resting energy expenditure. Am. J. Clin. Nutr. 90, 993-1001.
- 셋째, 발육이 비정상적인 태아에게서도 확인할 수 있다: Gong, Q. Y., Roberts, N., Garden, A. S. and Whitehouse, G. H. (1998). Fetal brain volume estimation in the third trimester of human pregnancy using gradient echo MR imaging. Magn. Reson. Imaging 16, 235-240.
- 스트레스 연구 분야의 "선도자" 브루스 매큐언은 피터 스털링(Peter Sterling)의 "역동 항상성" 개념을 더욱 발전시키고 정착시켰다: McEwen, B. S. (2007). Physiology and neurobiology of stress and adaptation: central role of the brain. Physiol. Rev. 87, 873-904.
- 조절 이론에 관한 표준 참고서: DiStefano, J. J., Stubberud, A. R. and Williams, I. J. (1967). Theory and Problems of Feedback and Control Systems (New York: McGraw-Hill).
- 뉴런의 적극적 에너지 주문에 관한 획기적인 논문: Pellerin, L. and Magistretti, P. J.

(1994). Glutamate uptake into astrocytes stimulates aerobic glycolysis: a mechanism coupling neuronal activity to glucose utilization. Proc. Natl. Acad. Sci. USA 91, 10625-10629.
- 렙틴 발견에 주춧돌을 놓은 획기적인 논문: Zhang, Y., Proenca, R., Maffei, M., Barone, M., Leopold, L. and Friedman, J. M. (1994). Positional cloning of the mouse obese gene and its human homologue. Nature 372, 425-432.
- 시상하부에서의 신호등 조절 장치 발견: Spanswick, D., Smith, M. A., Groppi, V. E., Logan, S. D. and Ashford, M. L. (1997). Leptin inhibits hypothalamic neurons by activation of ATP-sensitive potassium channels. Nature 390, 521-525.
- 이기적인 뇌 이론에 관한 기초 논문: Peters, A., Schweiger, U., Pellerin, L., Hubold, C., Oltmanns, K. M., Conrad, M., Schultes, B., Born, J. and Fehm, H. L. (2004). The selfish brain: competition for energy resources. Neurosci. Biobehav. Rev. 28, 143-180.
- '2차 이기적인 뇌 학회: 섭식 행동의 신경생물학에 관한 새로운 연구'(2010년 5월 27-28일, 독일 뤼베크)에 참여한 강연자들과 강연문 초록: www.frontiersin.org/events/2nd_Selfish_Brain_Conference_N/810/neuroscience.

뇌가 주문하는 에너지: 하루에 설탕 한 잔
- 케티와 슈미트는 인간의 뇌 물질대사를 측정하는 표준 방법을 개발하는 중이다: Kety, S. S. and Schmidt, C. F. (1948). The nitrous oxide method for the quantitative determination of cerebral blood flow in man: theory, procedure and normal values. J. Clin. Invest 27, 476-483.
- 뇌 전체의 포도당 수용에 대한 정량적 측정: Kety, S. S. (1957). The general metabolism of the brain in vivo. In: Metabolism of the nervous system, Richter (ed.) (London: Pergamon Press), 221-237.
- 같은 주제를 다룬 또 다른 논문: Reinmuth, O. M., Scheinberg, P. and Bourne, B. (1965). Total Cerebral Blood Flow and Metabolism. Arch. Neurol. 12, 49-66.
- GLUT1의 ATP 의존성: Blodgett, D. M., De Zutter, J. K., Levine, K. B., Karim, P. and Carruthers, A. (2007). Structural basis of GLUT1 inhibition by cytoplasmic ATP.

- J. Gen. Physiol. 130, 157-168.
- "수요 맞춤형 에너지" 개념에 대한 개관: Magistretti, P. J., Pellerin, L., Rothman, D. L. and Shulman, R. G. (1999). Energy on demand. Science 283, 496-497.
- 만델브로트가 발견한 자기 닮음의 원리: Mandelbrot, B. B. (1983). The fractal geometry of nature (New York: W. H. Freeman and Co.).
- 자기 닮음의 원리는 스트레스 시스템에서도 발견할 수 있다. 개별 피부 세포(세포 수준)의 스트레스 방어 메커니즘은 뇌의 스트레스 방어 시스템(유기체 수준)에서도 나타난다: Peters, A. (2005). The self-similarity of the melanocortin system. Endocrinology 146, 529-531.
- 마리 크리거의 실험 데이터를 설명하려면 뇌-당김이라는 요소를 반드시 고려해야 한다는 증명: Peters, A. and Langemann, D. (2009). Build-ups in the supply chain of the brain: on the neuroenergetic cause of obesity and type 2 diabetes mellitus. Frontiers in Neuroenergetics 1:2, doi:10.3389/neuro.14.002.2009.
- 뤼베크 대학 연구진의 스트레스 실험: Hitze, B., Hubold, C., van Dyken, R., Schlichting, K., Lehnert, H., Entringer, S. and Peters, A. (2010). How the Selfish Brain Organizes its 'Supply and Demand.' Front Neuroenergetics 2. doi: 10.3389/fnene.2010.00007.

진화와 이기적인 뇌

- Franciscus, R. G. and Churchill, S. E. (2002). The costal skeleton of Shanidar 3 and a reappraisal of Neandertal thoracic morphology. J. Hum. Evol. 42, 303-356.
- 스트레스 조건 아래에서 하등 척추동물의 "몸 크기 줄이기": Edeline, E., Haugen, T. O., Weltzien, F. A., Claessen, D., Winfield, I. J., Stenseth, N. C. and Vollestad, L. A. (2009). Body-Downsizing caused by non-consumptive social stress severely depresses population growth rate. Proc. Biol. Sci. doi: 10.1098/rspb.2009.1724.
- 몸-뇌 균형과 체질량지수의 의미: Peters, A., Hitze, B., Langemann, D., Bosy-Westphal, A. and Müller, M. J. Brain size, body size, and longevity. International Journal of Obesity (2010).
- 몸 크기 줄이기의 에너지 절약 효과: Peters, A. and Langemann, D. (2009). Build-ups in the supply chain of the brain: on the neuroenergetic cause of obesity and

type 2 diabetes mellitus. Frontiers in Neuroenergetics 1:2, doi:10.3389/neuro. 14.002.2009.
- 지난 5만 년 동안 진행된 호미니드(Hominid: 똑바로 서서 걸은 영장류로, 현생 인류의 직계 조상―옮긴이)의 몸 크기 줄이기: Ruff, C. (2002). Variation in Human Body Size and Shape. Annual Reviews Anthropology 31, 211-232.
- 마지막 빙하기에 일어난 네안데르탈인의 멸종: Van Andel, T. H. and Davies, W. (2003). Neanderthals and Modern Humans in the European Landscape During the Last Glaciation (Cambridge, UK: McDonald Institute for Archaeological Research), 1-278.

뇌의 에너지 관리
- "이기적인 뇌의 에너지 공급 사슬"을 보여주는 모형은 2011년 '모터보트 사이언스(Motorschiff Wissenschaft)' 전시회에 출품되어 독일과 오스트리아의 여러 도시에서 대중과 만났다.
- 물류 공급 사슬의 수학적 기초: Slack, N., Chambers, S. and Johnston, R. (2004). Operations Management (Harlow: FT Prentice Hall).
- 스트레스 시스템의 생리학적 및 해부학적 구조에 대한 개관: McEwen, B. S. (2007). Physiology and neurobiology of stress and adaptation: central role of the brain. Physiol. Rev. 87, 873-904.
- 편도체에서 뇌간 상부의 조절 중추(VMH, LH 등)로 내려가는 신경 경로에 대한 상세한 분석: Petrovich, G. D., Canteras, N. S. and Swanson, L. W. (2001). Combinatorial amygdalar inputs to hippocampal domains and hypothalamic behavior systems. Brain Res. Rev. 38, 247-289.
- 오랜 과거의 자전적이고 특히 감정적인 기억이 감각 자극을 통해 떠오르는 것을 현대 신경과학에서는 "프루스트 현상"이라고 한다: Chu, S. and Downes, J. J. (2000). Long live Proust: the odour-cued autobiographical memory bump. Cognition 75, B41-B50.

이기적인 뇌의 탄생

- 영양 부족을 겪는 임신부의 태아에서 "뇌 절약"이 나타난다는 증명: Kind, K. L., Roberts, C. T., Sohlstrom, A. I., Katsman, A., Clifton, P. M., Robinson, J. S. and Owens, J. A. (2005). Chronic maternal feed restriction impairs growth but increases adiposity of the fetal guinea pig. Am. J. Physiol. Regul. Integr. Comp. Physiol. 288, R119-R126.
- 위와 같은 취지의 논문: Miller, S. L., Green, L. R., Peebles, D. M., Hanson, M. A. and Blanco, C. E. (2002). Effects of chronic hypoxia and protein malnutrition on growth in the developing chick. Am. J. Obstet. Gynecol. 186, 261-267.
- 태반이 부실한 경우에도 태아에서 "뇌 절약"이 나타난다: Simmons, R. A., Gounis, A. S., Bangalore, S. A. and Ogata, E. S. (1992). Intrauterine growth retardation: fetal glucose transport is diminished in lung but spared in brain. Pediatr. Res. 31, 59-63.
- 태반의 통신 센터 기능에 대한 개관: Petraglia, F., Florio, P., Nappi, C. and Genazzani, A. R. (1996). Peptide signaling in human placenta and membranes: autocrine, paracrine, and endocrine mechanisms. Endocr. Rev. 17, 156-186.
- 임신부의 스트레스 반응 감소에 관한 논문: Entringer, S., Buss, C., Shirtcliff, E. A., Cammack, A. L., Yim, I. S., Chicz-DeMet, A., Sandman, C. A. and Wadhwa, P. D. (2010). Attenuation of maternal psychophysiological stress responses and the maternal cortisol awakening response over the course of human pregnancy. Stress. 13, 258-268.
- 같은 주제의 논문: Kammerer, M., Adams, D., Castelberg, B. V. and Glover, V. (2002). Pregnant women become insensitive to cold stress. BMC. Pregnancy. Childbirth. 2, 8.
- 태아의 코르티솔 수치 상승이 출산 과정을 촉발한다는 것을 보여주는 논문: Karalis, K., Goodwin, G. and Majzoub, J. A. (1996). Cortisol blockade of progesterone: a possible molecular mechanism involved in the initiation of human labor. Nat. Med. 2, 556-560.
- 같은 취지의 논문: Yang, R., You, X., Tang, X., Gao, L. and Ni, X. (2006). Corticotropin-releasing hormone inhibits progesterone production in cultured human placental trophoblasts. J. Mol. Endocrinol. 37, 533-540.

운동선수의 성공이 머리에서 비롯되는 이유

- 래리 스완슨은 대단한 종합 능력을 발휘해 운동 시스템을 체성신경계, 자율신경계, 신경내분비계로 구분하고 비유를 들어 설명하는 논문 수백 편을 썼다. 다음은 그 결과를 요약한 논문이다. Swanson, L. W. (2000). Cerebral hemisphere regulation of motivated behavior. Brain Res. 886, 113-64. 스완슨은 대뇌 반구를 피질, 선조체(striatum), 담창구(pallidum=globus pallidus)로 구분하고, 시상하부를 기능적-해부학적으로 뇌간 상부로 분류한다.
- "중추 피로" 개념은 N. H. 세셰르(N. H. Secher)가 이끄는 덴마크 연구팀이 고안했다: Nybo, L. and Secher, N. H. (2004). Cerebral perturbations provoked by prolonged exercise. Prog. Neuro biol. 72, 223-261.
- 물질대사에서 젖산의 구실에 대한 이해는 "산소가 부족할 때 발생하는 폐기물"에서 중요한 "뇌의 연료"로 근본적으로 바뀌었다: Gladden, L. B. (2004). Lactate metabolism—a new paradigm for the third millennium. J. Physiol. 558, 5-30.
- 뇌, 근육, 지방 조직의 정교한 협동을 밝혀내는 실험을 소개하는 논문: Peters, A., Pellerin, L., Dallman, M. F., Oltmanns, K. M., Schweiger, U., Born, J. and Fehm, H. L. (2007). Causes of obesity: looking beyond the hypothalamus. Prog. Neurobiol. 81, 61-88.

한밤의 발작적 배고픔

- 숙면 중에는 뇌의 에너지 소비가 대폭 줄어든다: Boyle, P. J., Scott, J. C., Krentz, A. J., Nagy, R. J., Comstock, E. and Hoffman, C. (1994). Diminished brain glucose metabolism is a significant determinant for falling rates of systemic glucose utilization during sleep in normal humans. J. Clin. Invest. 93, 529-535.
- Fundamental Neuroscience. Squires, L. R., Bloom, F. E., McConnell, S. K., Roberts, J. L., Spitzer, N. C. and Zigmond, M. J. (eds.) (2003). (Amsterdam: Elsevier Science).
- 데니스 버다코프(Denis Burdakov)의 획기적인 발견은 포도당이 세포 외부의 결합 부위를 통해 오렉신-뉴런을 억제한다는 것을 보여준다: Burdakov, D., Jensen, L. T., Alexopoulos, H., Williams, R. H., Fearon, I. M., O'Kelly, I., Gerasimenko, O., Fugger, L. and Verkhratsky, A. (2006). Tandem-pore K+ channels mediate

inhibition of orexin neurons by glucose. Neuron 50, 711-722.
- 우리 연구진은 건강한 사람과 제1형 당뇨병 환자의 혈당 수치가 얼마까지 떨어지면 잠에서 깨어나는지 알아냈다: Schultes, B., Jauch-Chara, K., Gais, S., Hallschmid, M., Reiprich, E., Kern, W., Oltmanns, K. M., Peters, A., Fehm, H. L. and Born, J. (2007). Defective awakening response to nocturnal hypoglycemia in patients with type 1 diabetes mellitus. PLoS. Med. 4, e69.
- 다양한 형태의 배고픔은 원리적으로 일정한 방향성이 없다: Volkow, N. D. and Wise, R. A. (2005). How can drug addiction help us understand obesity? Nat. Neurosci. 8, 555-560.
- 흡연은 혈중 아드레날린과 코르티솔의 농도를 대폭 상승시킨다: Mendelson, J. H., Sholar, M. B., Goletiani, N., Siegel, A. J. and Mello, N. K. (2005). Effects of low- and high-nicotine cigarette smoking on mood states and the HPA axis in men. Neuropsychopharmacology 30, 1751-1763.
- 단맛 선호를 병의 증상으로 해석하는 논문: Mennella, J. A., Pepino, M. Y., Lehmann-Castor, S. M. and Yourshaw, L. M. (2010). Sweet preferences and analgesia during childhood: effects of family history of alcoholism and depression. Addiction 105, 666-675.
- 기대가 작고 성취가 클수록 보상 중추에서 더 많은 도파민이 분비된다: Schultz, W. (2007). Behavioral dopamine signals. Trends Neurosci. 30, 203-210.
- 음식 섭취, 각성 상태, 보상의 상호 작용에 대한 체계적인 개관: Kelley, A. E., Baldo, B. A. and Pratt, W. E. (2005). A proposed hypothalamic-thalamic-striatal axis for the integration of energy balance, arousal, and food reward. J. Comp. Neurol. 493, 72-85.
- 시상하부에서 렙틴 신호의 처리: Morton, G. J., Cummings, D. E., Baskin, D. G., Barsh, G. S. and Schwartz, M. W. (2006). Central nervous system control of food intake and body weight. Nature 443, 289-295.
- 이른바 POMC 뉴런이 시상하부에서 중계 기능을 담당한다. POMC 뉴런에는 일종의 ATP "퓨즈"가 장착되어 있다. 뇌에 ATP가 부족하면, 그 퓨즈가 끊어져 렙틴 신호의 전달이 멈춘다: Plum, L., Ma, X., Hampel, B., Balthasar, N., Coppari, R., Munzberg, H., Shanabrough, M., Burdakov, D., Rother, E., Janoschek, R., Alber,

J., Belgardt, B. F., Koch, L., Seibler, J., Schwenk, F., Fekete, C., Suzuki, A., Mak, T. W., Krone, W., Horvath, T. L., Ashcroft, F. M. and Bruning, J. C. (2006). Enhanced PIP3 signaling in POMC neurons causes KATP channel activation and leads to diet-sensitive obesity. J. Clin. Invest. 116, 1886-1901.
- 흥미롭게도 뇌에는 오렉신의 세 가지 기능을 모두 할 수 있는 다른 신호 물질이 존재한다. 요컨대 뇌 시스템은 몇 중으로 보호받고 아주 정밀하게 조절된다. 바꿔 말해서, 뇌는 "과잉으로", 즉 다중 트랙으로 작동한다. 물론 이 책에서 나는 단순명료한 논의를 위해 매번 한 기능에 대해 오직 한 메커니즘만 언급한다. 물론 이는 내가 보기에 가장 중요한 메커니즘이다. 그러나 몇 년 안에 문제의 기능을 담당하는 더 중요하고 강력한 물질을 발견할 가능성을 배제할 수는 없다. 그럴 경우에는 새로운 지식이 옛 지식을 밀어내는 것이 마땅하다. 하지만 이 책에서 나는 세부 사항보다는 바탕에 깔린 원리와 체계적이고 종합적인 이해에 초점을 맞췄다. 따라서 뇌과학과 물질대사 연구에서 이루어진 매우 다양한 발견에 대해 서술하는 것은 단념했다.

우리 안의 짚신벌레

- 짚신벌레가 더위 센서와 추위 센서에 의지해 운동 방향을 바꿈으로써 항상 최적의 온도 구역에 머무르는 것을 예로 들며 "항상성 원리"(두 가지 센서에 의지한 안정화)를 생생하게 설명하는 논문: Imada, C. and Oosawa, Y. (1999). Thermoreception of Paramecium: different Ca2+ channels were activated by heating and cooling. J. Membr. Biol. 168, 283-287.
- "항상성 원리"가 뇌의 ATP 보유량 조절에도 적용된다는 사실이 실험을 통해 밝혀짐으로써 이기적인 뇌 이론의 첫째 원리—뇌는 우선 자기 자신의 에너지 충만 상태를 조절한다—는 확고한 실험적 근거를 얻었다: Steinkamp, M., Li, T., Fuellgraf, H. and Moser, A. (2007). K(ATP)-dependent neurotransmitter release in the neuronal network of the rat caudate nucleus. Neurochem. Int. 50, 159-163.
- 이기적인 뇌 이론의 첫째 원리가 말하는 뇌의 우선성은 뇌로의 에너지 할당이 신속하게 이루어진다는 실험 결과에서도 확인할 수 있다: Oltmanns, K. M., Melchert, U. H., Scholand-Engler, H. G., Howitz, M. C., Schultes, B., Schweiger, U., Hohagen, F., Born, J., Peters, A. and Pellerin, L. (2008). Differential energetic

response of brain vs. skeletal muscle upon glycemic variations in healthy humans. Am. J. Physiol. Regul. Integr. Comp. Physiol. 294, R12-R16.
- 이기적인 뇌 이론의 둘째 원리가 타당하다는 점은 "항상성 원리"가 스트레스 시스템의 휴지 상태에도 적용된다는 것을 실험적으로 증명함으로써 밝혀졌다: Peters, A., Conrad, M., Hubold, C., Schweiger, U., Fischer, B. and Fehm, H.L. (2007). The Principle of Homeostasis in the Hypothalamus-Pituitary-Adrenal System: New Insight from Positive Feedback. Am. J. Physiol. Regul. Integr. Comp. Physiol. 293, 83-98.
- 브루스 매큐언은 1968년 획기적인 논문을 통해 해마에서 MR을 발견했다고 발표했다: McEwen, B. S., Weiss, J. M. and Schwartz, L. S. (1968). Selective retention of corticosterone by limbic structures in rat brain. Nature 220, 911-912.
- 건강한 사람과 병든 사람에서 MR-GR 균형의 의미에 대한 개관: de Kloet, E. R., Vreugdenhil, E., Oitzl, M. S. and Joels, M. (1998). Brain corticosteroid receptor balance in health and disease. Endocr. Rev. 19, 269-301.
- MR와 GR가 기억 형성 메커니즘에서 상반된 작용을 한다는 사실에 대한 입증: Pavlides, C., Watanabe, Y., Magarinos, A. M. and McEwen, B. S. (1995). Opposing roles of type I and type II adrenal steroid receptors in hippocampal long-term potentiation. Neuroscience 68, 387-394.
- 감정적 학습과 "공포 조건화"의 원리 및 메커니즘 요약: LeDoux, J. E. (2000). Emotion circuits in the brain. Annu. Rev. Neurosci. 23, 155-184.

2부 뇌는 어떻게 몸을 희생해 에너지 위기를 해결하는가

전반적 침묵: 뇌 속의 고요

- "전반적 침묵"이란 에너지 부족으로 인해 뇌 반구 전역의 뉴런 활동이 멈추는 현상을 말한다. 전반적 침묵에 빠진 뇌는 다시 원상회복할 수 있다: Mobbs, C. V., Kow, L. M. and Yang, X. J. (2001). Brain glucose-sensing mechanisms: ubiquitous silencing by aglycemia vs. hypothalamic neuroendocrine responses. Am. J. Physiol. Endocrinol. Metab. 281, E649-E654.

- 1970년대에 개발된, 인슐린의 분비와 작용을 측정하는 표준 방법: DeFronzo, R. A., Tobin, J. D. and Andres, R. (1979). Glucose clamp technique: a method for quantifying insulin secretion and resistance. Am. J. Physiol. 237, E214-E223.
- 스트레스 반응과 혈당이 밀접하게 연관되어 있음을 보여주는 뤼베크 대학 연구팀의 수많은 클램프 연구 논문 중 하나: Fruehwald-Schultes, B., Kern, W., Deininger, E., Wellhoener, P., Kerner, W., Born, J., Fehm, H. L. and Peters, A. (1999). Protective effect of insulin against hypoglycemia-associated counterregulatory failure. J. Clin. Endocrinol. Metab. 84, 1551-1557.
- 급성 저혈당으로 인한 "극심한 발작적 배고픔" 혹은 "음식 갈망"은 제1형 당뇨병 환자들에게서 전형적으로 나타난다: Strachan, M. W., Ewing, F. M., Frier, B. M., Harper, A. and Deary, I. J. (2004). Food cravings during acute hypoglycaemia in adults with Type 1 diabetes. Physiol. Behav. 80, 675-682.
- 세이노 스스무(清野進)가 이끄는 연구팀의 논문은 에너지 부족 상황에서 신경세포 보호 메커니즘이 시작되는 위치가 흑질이라는 것을 보여준다: Yamada, K., Ji, J. J., Yuan, H., Miki, T., Sato, S., Horimoto, N., Shimizu, T., Seino, S. and Inagaki, N. (2001). Protective role of ATP-sensitive potassium channels in hypoxia-induced generalized seizure. Science 292, 1543-1546.
- 저혈당 상태에서 교감신경부신계(sympathoadrenal system)의 반응(뇌-당김)이 약화된다는 점에 대한 심층적 개관: Gerich, J. E., Mokan, M., Veneman, T., Korytkowski, M. and Mitrakou, A. (1991). Hypoglycemia unawareness. Endocr. Rev. 12, 356-371.
- 생리학자 대니얼 콕스는 1980년대에 BGAT를 개발했다: Cox, D. J., Gonder Frederick, L. A., Lee, J. H., Julian, D. M., Carter, W. R. and Clarke, W. L. (1989). Effects and correlates of blood glucose awareness training among patients with IDDM. Diabetes Care 12, 313-318.
- 독일에서 특허를 받은 BGAT 매뉴얼: Fehm-Wolfsdorf, G., Kerner, W. and Peters, A. (1997). Blood Glucose Awareness Training, BGAT Training Manual—Deutsche Version (Kiel).
- BGAT가 저혈당 상태에서 약화된 교감신경부신계 반응(뇌-당김)을 다시 강화할 수 있다는 실험적 증명: Kinsley, B. T., Weinger, K., Bajaj, M., Levy, C. J., Simonson,

D. C., Quigley, M., Cox, D. J. and Jacobson, A. M. (1999). Blood glucose awareness training and epinephrine response to hypoglycemia during intensive treatment in type 1 diabetes. Diabetes Care 22, 1022-1028.

뇌-당김의 경쟁력 부족: 비상 대책으로서 음식 섭취
- 경제 분야의 공급 과정에서 공급 사슬의 장애가 역방향으로 확산된다는 사실에 대한 증명: Sterman, J. D. (1989). Modeling managerial behavior: misperceptions of feedback in a dynamic decision making experiment. Management Science 35, 321-339.
- "역동 항상성 부하"에 대한 기초적인 개관: McEwen, B. S. (1998). Protective and damaging effects of stress mediators. N. Engl. J. Med. 338, 171-179.
- 스트레스 검사에서 피검사자의 아드레날린 반응에 근거해 18년 뒤 피검사자의 체중 증가 여부를 높은 확률로 예측할 수 있음을 보여준 중요한 장기 연구: Flaa, A., Sandvik, L., Kjeldsen, S. E., Eide, I. K. and Rostrup, M. (2008). Does sympathoadrenal activity predict changes in body fat? An 18-y follow-up study. Am. J. Clin. Nutr. 87, 1596-1601.
- 과체중 저항성을 지닌 쥐는 저혈당 상태에서 강한 스트레스 반응을 나타낸다: Tkacs, N. C. and Levin, B. E. (2004). Obesity- prone rats have preexisting defects in their counterregulatory response to insulin-induced hypoglycemia. Am. J. Physiol. Regul. Integr. Comp. Physiol. 287, R1110-R1115.
- 예측 불가능한 만성 스트레스 상황에서도 마찬가지다: Levin, B. E., Richard, D., Michel, C. and Servatius, R. (2000). Differential stress responsivity in diet-induced obese and resistant rats. Am. J. Physiol. Regul. Integr. Comp. Physiol. 279, R1357-R1364.
- 과체중 저항성을 지닌 쥐는 먹이를 과다하게 먹으면 강한 스트레스 반응을 보이는 반면, 과체중 성향을 지닌 쥐는 그렇지 않다: Shin, A. C., MohanKumar, S. M., Sirivelu, M. P., Claycombe, K. J., Haywood, J. R., Fink, G. D. and MohanKumar, P. S. (2010). Chronic exposure to a high-fat diet affects stress axis function differentially in diet-induced obese and diet-resistant rats. Int. J. Obes. (London) 37,

1218-1226.
- 인간의 비만에 대한 "버몬트 감옥 실험": Sims, E. A. (1976). Experimental obesity, dietary-induced thermogenesis, and their clinical implications. Clin. Endocrinol. Metab. 5, 377-395.
- 뇌 에너지 공급 사슬에서 뇌-당김의 효율과 몸무게 사이에 엄밀한 반비례 관계가 성립한다는 것을 수학적으로 증명할 수 있다: Peters, A. and Langemann, D. (2009). Build-ups in the supply chain of the brain: on the neuroenergetic cause of obesity and type 2 diabetes mellitus. Front Neuroenergetics 1, 2; doi:10.3389/neuro.14.002.2009.
- 다음의 장기 연구 두 건은 공복시 혈장 인슐린 수치에서 미래의 체중 증가를 높은 확률로 예측할 수 있음을 보여준다. 첫째 논문: Odeleye, O. E., de Courten, M., Pettitt, D. J. and Ravussin, E. (1997). Fasting hyperinsulinemia is a predictor of increased body weight gain and obesity in Pima Indian children. Diabetes 48, 1341-1345.
- 둘째 논문: Sigal, R. J., el Hashimy, M., Martin, B. C., Soeldner, J. S., Krolewski, A. S. and Warram, J. H. (1997). Acute postchallenge hyperinsulinemia predicts weight gain: a prospective study. Diabetes 46, 1025-1029.

시험대에 오른 당뇨병의학
- 토마스 슐리히(Thomas Schlich)는 플뤼거와 민코프스키가 벌인 싸움을 의학적·역사학적으로 탁월하게 분석했다. 나는 그의 분석을 이번 장의 바탕으로 삼았다: Schlich, T. (1993). Making mistakes in science: Eduard Pflüger, his scientific and professional concept of physiology, and his unsuccessful theory of diabetes (1903-910). Stud. Hist Philos. Sci. 24, 411-441.
- 플뤼거는 처음에 민코프스키의 발견을 더 큰 생리학적 맥락 안에 통합했다: Pflüger, E. (1903). Glykogen. Pflügers Archiv European Journal of Physiology 96, 1-394.
- 클로드 베르나르의 선구적인 실험[특히 이른바 "당 중추 찌르기(Zuckerstich)"]에 대한 설명: Mani, N. (1964). Die Entdeckung des Glykogens durch Claude Bernard. Zeitschrift für Klinische Chemie 2, 97-128.

- 절대적 혈청 인슐린 농도가 점점 더 높아지면 결국 당뇨병 진단을 받게 된다: Tabak, A. G., Jokela, M., Akbaraly, T. N., Brunner, E. J., Kivimaki, M. and Witte, D. R. (2009). Trajectories of glycaemia, insulin sensitivity, and insulin secretion before diagnosis of type 2 diabetes: an analysis from the Whitehall II study. Lancet 373, 2215-2221.
- 체질량지수의 잔여 수명 예측력에 대한 현재까지의 최대 규모 연구: de Berrington, G. A., Hartge, P., Cerhan, J. R., Flint, A. J., Hannan, L., MacInnis, R. J., Moore, S. C., Tobias, G. S., Anton-Culver, H., Freeman, L. B., Beeson, W. L., Clipp, S. L., English, D. R., Folsom, A. R., Freedman, D. M., Giles, G., Hakansson, N., Henderson, K. D., Hoffman-Bolton, J., Hoppin, J. A., Koenig, K. L., Lee, I. M., Linet, M. S., Park, Y., Pocobelli, G., Schatzkin, A., Sesso, H. D., Weiderpass, E., Willcox, B. J., Wolk, A., Zeleniuch-Jacquotte, A., Willett, W. C. and Thun, M. J. (2010). Body-mass index and mortality among 1.46 million white adults. N. Engl. J. Med. 363, 2211-2219.
- 제2형 당뇨병 환자에 대한 "공격적" 혈당 강하 치료를 옹호하는 글: Niswender, K. (2009). Early and Agressive Initiation of Insulin Therapy for Type 2 Diabetes: What is the Evidence? Clincial Diabetes 27, 60-68.
- 피마족 인디언의 50년간 체중 변화: Looker, H. C., Knowler, W. C. and Hanson, R. L.(2001). Changes in BMI and Weight Before and After the Development of Type 2 Diabetes. Diabetes Care 24, 1917-1922.
- 피마족 인디언은 긴 세월 동안 혈당 조절 장애를 겪지만 심혈관계 질환으로 인한 사망률은 일반인과 다를 바 없다: Kim, N. H., Pavkov, M. E., Looker, H. C., Nelson, R. G., Bennett, P. H., Hanson, R. L., Curtis, J. M., Sievers, M. L. and Knowler, W. C.(2008). Plasma glucose regulation and mortality in pima Indians. Diabetes Care 31, 488-492.
- 혈당 강하 치료의 효과에 대한 제1차 NIH 연구(우선 제1형 당뇨병 환자를 대상으로 실시함): The DCCT Research Group (1993). The effect of intensive treatment of diabetes on the development and progression of long-term complications in insulin-dependent diabetes mellitus. N. Engl. J. Med. 329, 977-986.
- 제2형 당뇨병 환자의 혈당 강하 치료 효과에 대한 제2차 NIH 연구: The ACCORD

Study Group (2008). Effects of Intensive Glucose Lowering in Type 2 Diabetes. N. Engl. J. Med. 358, 2545-2559.
- 과학 저널 〈사이언스〉는 인식론적 관점에서 당뇨병학의 기초적 근거를 의문시한다: Couzin, J. (2008). Deaths in diabetes trial challenge a long-held theory. Science 319, 884-885.
- 당뇨병 유형에 대한 새로운 명칭: Anonymus. Report of the expert committee on the diagnosis and classification of diabetes mellitus. Diabetes Care 20, 1183-1197.
- "역동 항상성" 개념에 대한 최신 설명: McEwen, B. S. and Gianaros, P. J. (2010). Central role of the brain in stress and adaptation: links to socioeconomic status, health, and disease. Ann. N. Y. Acad. Sci. 1186, 190-222.
- 비만을 유발할 위험이 있는 요인으로서 만성 스트레스: Brunner, E. J., Chandola, T. and Marmot, M. G. (2007). Prospective effect of job strain on general and central obesity in the Whitehall II Study. Am. J. Epidemiol. 165, 828-837.
- 제2형 당뇨병을 유발할 위험이 있는 요인으로서 스트레스: Heraclides, A., Chandola, T., Witte, D.R. and Brunner, E. J. (2009). Psychosocial stress at work doubles the risk of type 2 diabetes in middle-aged women: evidence from the Whitehall II study. Diabetes Care 32, 2230-2235.
- 제2형 당뇨병 환자가 인슐린 부족을 겪는다는 사실을 직접 증명하려는 시도를 여러 번 했으나 실패했다. 오히려 안드레스와 데프론조가 개발한 표준적인 클램프 측정법으로 혈중 인슐린 농도를 재보면, 제2형 당뇨병 환자는 건강한 대조군보다 그 농도가 두 배나 높다. 제2형 당뇨병 환자에 대한 클램프 연구: Bacha, F., Gungor, N., Lee, S. and Arslanian, S. A. (2009). In vivo insulin sensitivity and secretion in obese youth: what are the differences between normal glucose tolerance, impaired glucose tolerance, and type 2 diabetes? Diabetes Care 32, 100-105.
- 마찬가지 연구: Weiss, R., Caprio, S., Trombetta, M., Taksali, S. E., Tamborlane, W. V. and Bonadonna, R. (2005). Beta-cell function across the spectrum of glucose tolerance in obese youth. Diabetes 54, 1735-1743.
- 건강한 사람에 대한 클램프 연구: Emerson, P., Van Haeften, T. W., Pimenta, W., Plummer, E., Woerle, H. J., Mitrakou, A., Szoke, E., Gerich, J. and Meyer, C. (2009). Different pathophysiology of impaired glucose tolerance in first-degree relatives of

individuals with type 2 diabetes mellitus. Metabolism 58, 602-607.
- 마찬가지 연구: Szoke, E., Shrayyef, M. Z., Messing, S., Woerle, H. J., Van Haeften, T. W., Meyer, C., Mitrakou, A., Pimenta, W. and Gerich, J. E. (2008). Effect of aging on glucose homeostasis: accelerated deterioration of beta-cell function in individuals with impaired glucose tolerance. Diabetes Care 31, 539-543.
- 제2형 당뇨병 환자에게서는 절대적인 혈중 인슐린 수치가 높은데도 대부분의 논문은 특정한 계산용 "인슐린 분비 지표"가 낮다는 점만 강조한다. 예컨대 다음과 같은 논문 8편이 그러하다: 첫째, Cnop, M., Vidal, J., Hull, R. L., Utzschneider, K. M., Carr, D. B., Schraw, T., Scherer, P. E., Boyko, E. J., Fujimoto, W. Y. and Kahn, S. E. (2007). Progressive loss of beta-cell function leads to worsening glucose tolerance in first-degree relatives of subjects with type 2 diabetes. Diabetes Care 30, 677-682.
- 둘째, Ferrannini, E., Gastaldelli, A., Miyazaki, Y., Matsuda, M., Mari, A. and DeFronzo, R. A. (2005). Beta-cell function in subjects spanning the range from normal glucose tolerance to overt diabetes: a new analysis. J. Clin. Endocrinol. Metab. 90, 493-500.
- 셋째, Festa, A., Williams, K., D'Agostino, R. (Jr.), Wagenknecht, L. E. and Haffner, S. M. (2006). The natural course of beta-cell function in nondiabetic and diabetic individuals: the Insulin Resistance Atherosclerosis Study. Diabetes 55, 1114-1120.
- 넷째, Lyssenko, V., Almgren, P., Anevski, D., Perfekt, R., Lahti, K., Nissen, M., Isomaa, B., Forsen, B., Homstrom, N., Saloranta, C., Taskinen, M. R., Groop, L. and Tuomi, T. (2005). Predictors of and longitudinal changes in insulin sensitivity and secretion preceding onset of type 2 diabetes. Diabetes 54, 166-174.
- 다섯째, Tripathy, D., Carlsson, M., Almgren, P., Isomaa, B., Taskinen, M. R., Tuomi, T. and Groop, L. C. (2000). Insulin secretion and insulin sensitivity in relation to glucose tolerance: lessons from the Botnia Study. Diabetes 49, 975-980.
- 여섯째, Xiang, A. H., Wang, C., Peters, R. K., Trigo, E., Kjos, S. L. and Buchanan, T. A. (2006). Coordinate changes in plasma glucose and pancreatic beta-cell function in Latino women at high risk for type 2 diabetes. Diabetes 55, 1074-1079.
- 일곱째, Weyer, C., Bogardus, C., Mott, D. M. and Pratley, R. E. (1999). The natural history of insulin secretory dysfunction and insulin resistance in the pathogenesis of

- type 2 diabetes mellitus. J. Clin. Invest. 104, 787-794.
- 여덟째: Guerrero-Romero, F. and Rodriguez-Moran, M. (2006). Assessing progression to impaired glucose tolerance and type 2 diabetes mellitus. Eur. J. Clin. Invest. 36, 796-802.
- 위 논문들에서 사용한 계산용 지표는 다소 자의적이다. 어떤 지표도 뇌 물질대사를 충분히 고려하지 않는다. 이런 사실은 예컨대 다음 논문에서 분명하게 지적한다: Wallace, T. M., Levy, J. C. and Matthews, D. R. (2004). Use and abuse of HOMA modeling. Diabetes Care 27, 1487-1495.
- 인슐린의 효과를 기술할 때에도 유사한 보정 과정을 거친다. 클램프 실험에서 과체중자는 정상 체중자보다 절대적으로 많은 포도당을 조직 내로 받아들인다: Swinburn, B. A., Nyomba, B. L., Saad, M. F., Zurlo, F., Raz, I., Knowler, W. C., Lillioja, S., Bogardus, C. and Ravussin, E. (1991). Insulin resistance associated with lower rates of weight gain in Pima Indians. J. Clin. Invest. 88, 168-173. 그러나 클램프 실험에서 수용된 포도당의 양을 체중으로 나누는 보정을 거치면 줄어든 포도당 양을 얻을 수 있고, 이 양을 근거로 삼으면 이른바 "비만 환자의 인슐린 저항성"을 이야기할 수 있다(위 논문 참조).
- 1970년대에 새로운 측정 방법을 개발함으로써 췌장 내분비선을 뇌가 통제한다는 사실이 입증되었다: Woods, S. C. and Porte, D. (Jr.) (1974). Neural control of the endocrine pancreas. Physiol. Rev. 54, 596-619.

다이어트가 부질없는 이유

- 의도적인 체중 감량이 수명 단축을 가져온다는 것을 보여주는 수많은 연구 중 하나: Sorensen, T. I., Rissanen, A., Korkeila, M. and Kaprio, J. (2005). Intention to lose weight, weight changes, and 18-y mortality in overweight individuals without co-morbidities. PLoS. Med. 2, e171.
- 무작위로 선택한 피실험자를 대상으로 한 통제된 실험을 통해 의도적 체중 감량과 사망률의 상관성을 연구한 유일한 사례. 이 연구는 노쇠한 피실험자 집단에서 복합적인(칼로리 섭취 감축, 신체 운동 등을 아우른) 처방이 수명 연장 효과를 발휘한다는 것을 보여준다. 따라서 다이어트만의 효과에 대해서는 정확히 알려주는 바가 없

다: Shea, M. K., Houston, D. K., Nicklas, B. J., Messier, S. P., Davis, C. C., Miller, M. E., Harris, T. B., Kitzman, D. W., Kennedy, K. and Kritchevsky, S. B. (2010). The effect of randomization to weight loss on total mortality in older overweight and obese adults: the ADAPT Study. J. Gerontol. Biol. Sci. Med. Sci. 65, 519-525.
- 체중 감량을 위한 저칼로리 다이어트를 하는 중에는 코르티솔 수치가 확실히 상승한다: Tomiyama, A. J., Mann, T., Vinas, D., Hunger, J. M., Dejager, J. and Taylor, S. E. (2010). Low calorie dieting increases cortisol. Psychosom. Med. 72, 357-364.
- 동물 실험에서도 저칼로리 다이어트는 스트레스 부하 검사 전과 검사 중에 코르티솔 수치가 상승하는 결과를 가져온다: Pankevich, D. E., Teegarden, S. L., Hedin, A. D., Jensen, C. L. and Bale, T. L. (2010). Caloric restriction experience reprograms stress and orexigenic pathways and promotes binge eating. J. Neurosci. 30, 16399-16407.
- 체중 감량을 위한 저칼로리 다이어트 중인 환자는 평소보다 더 음식에 대해 많이 생각한다: Chaput, J. P., Drapeau, V., Hetherington, M., Lemieux, S., Provencher, V. and Tremblay, A. (2007). Psychobiological effects observed in obese men experiencing body weight loss plateau. Depress. Anxiety. 24, 518-521.
- 체중 감량을 위한 저칼로리 다이어트 중에는 골밀도가 감소한다: Villareal, D. T., Fontana, L., Weiss, E. P., Racette, S. B., Steger-May, K., Schechtman, K. B., Klein, S. and Holloszy, J. O. (2006). Bone mineral density response to caloric restriction-induced weight loss or exercise-induced weight loss: a randomized controlled trial. Arch. Intern. Med. 166, 2502-2510.
- "식사 제한자들"에서 코르티솔 수치 상승: Rutters, F., Nieuwenhuizen, A. G., Lemmens, S. G., Born, J. M. and Westerterp-Plantenga, M. S. (2009). Hyperactivity of the HPA axis is related to dietary restraint in normal weight women. Physiol. Behav. 96, 315-319.

살빼기를 하면 우울증이 생길까
- 저칼로리 다이어트는 우울증 증상을 악화한다: Chaput, J. P., Arguin, H., Gagnon, C. and Tremblay, A. (2008). Increase in depression symptoms with weight loss:

association with glucose homeostasis and thyroid function. Appl Physiol Nutr Metab 33, 86-92.
- 혈중 코르티솔 농도 상승은 우울증의 전형적 증상: Gold, P. W. and Chrousos, G. P. (2002). Organization of the stress system and its dysregulation in melancholic and atypical depression: high vs low CRH/NE states. Mol. Psychiatry 7, 254-275.
- 비만 치료용 위 수술로 인한 코르티솔 수치 상승: Manco, M., Fernandez-Real, J. M., Valera-Mora, M. E., Dechaud, H., Nanni, G., Tondolo, V., Calvani, M., Castagneto, M., Pugeat, M. and Mingrone, G. (2007). Massive weight loss decreases corticosteroid-binding globulin levels and increases free cortisol in healthy obese patients: an adaptive phenomenon? Diabetes Care 30, 1494-1500.
- 비만 치료용 위 수술과 자살률 상승의 연관성: Omalu, B. I., Ives, D. G., Buhari, A. M., Lindner, J. L., Schauer, P. R., Wecht, C. H. and Kuller, L. H. (2007). Death rates and causes of death after bariatric surgery for Pennsylvania residents, 1995 to 2004. Arch. Surg. 142, 923-928.
- 위 수술을 통한 비만 치료가 한편으로는 수명 연장을 가져오지만 다른 한편으로는 자살률 상승을 가져온다는 것을 보여주는 사후 집단 조사: Adams, T. D., Gress, R. E., Smith, S. C., Halverson, R. C., Simper, S. C., Rosamond, W. D., LaMonte, M. J., Stroup, A. M. and Hunt, S. C. (2007). Long-term mortality after gastric bypass surgery. N. Engl. J. Med. 357, 753-761.
- 위 수술을 통한 비만 치료의 긍정적 효과를 보여주는, 피연구자들의 무작위성을 담보하지 못한 연구: Sjostrom, L., Narbro, K., Sjostrom, C. D., Karason, K., Larsson, B., Wedel, H., Lystig, T., Sullivan, M., Bouchard, C., Carlsson, B., Bengtsson, C., Dahlgren, S., Gummesson, A., Jacobson, P., Karlsson, J., Lindroos, A. K., Lonroth, H., Naslund, I., Olbers, T., Stenlof, K., Torgerson, J., Agren, G. and Carlsson, L. M. (2007). Effects of bariatric surgery on mortality in Swedish obese subjects. N. Engl. J. Med. 357, 741-752.
- 바로 위에서 언급한 두 연구를 시작한 1980년대에는 연구의 질을 최고로 높이기 위해 필수적인 이른바 "무작위화(randomization)"가 환자들에 대한 연구에서는 불가능하다고 여겨졌다. 하지만 당시에는 위 수술을 통한 비만 치료가 우울증이나 자살을 가져올 수도 있다는 위험이 알려져 있지 않았다. 오늘날에는 무작위성을 담보한

연구의 실행 가능성에 대해 과거와 다른 윤리적 판단을 내릴 수 있을 것이다.
- 만성 스트레스에 대한 적응(습관화)에서 카나비노이드 시스템의 구실을 설명하는 논문: Hill, M. N., McLaughlin, R. J., Bingham, B., Shrestha, L., Lee, T. T., Gray, J. M., Hillard, C. J., Gorzalka, B. B. and Viau, V. (2010). Endogenous cannabinoid signaling is essential for stress adaptation. Proc. Natl. Acad. Sci. USA 107, 9406-9411.
- 리모나반트 치료의 생리적 부작용: Despres, J. P., Golay, A., Sjostrom, L. and Rimonabant in Obesity-Lipids Study Group (2005). Effects of rimonabant on metabolic risk factors in overweight patients with dyslipidemia. N. Engl. J. Med. 353, 2121-2134.
- 리모나반트 치료의 심각한 심리적 부작용: Christensen, R., Kristensen, P. K., Bartels, E. M., Bliddal, H. and Astrup, A. (2007). Efficacy and safety of the weight-loss drug rimonabant: a meta-analysis of randomised trials. Lancet 370, 1706-1713.
- 토피라메이트 치료에 따른 심각한 인지 장애: Bray, G. A., Hollander, P., Klein, S., Kushner, R., Levy, B., Fitchet, M. and Perry, B. H. (2003). A 6-month randomized, placebo-controlled, dose-ranging trial of topiramate for weight loss in obesity. Obes. Res. 11, 722-733.
- 토피라메이트를 비롯한 새로운 뇌전증 치료제는 자살률을 높일 위험이 있다: Andersohn, F., Schade, R., Willich, S. N. and Garbe, E. (2010). Use of antiepileptic drugs in epilepsy and the risk of self-harm or suicidal behavior. Neurology 75, 335-340.
- 비만 치료용으로 도입하려 했으나 자살 충동을 일으킨다는 이유로 허가받지 못한 여러 약물 중 하나로 D1/D5 안타고니스트 에코피팜이 있다: Astrup, A., Greenway, F. L., Ling, W., Pedicone, L., Lachowicz, J., Strader, C. D. and Kwan, R. (2007). Randomized controlled trials of the D1/D5 antagonist ecopipam for weight loss in obese subjects. Obesity (Silver Spring) 15, 1717-1731.
- 역시 스트레스 시스템을 활성화하는 약인 "시버트라민"은 심혈관계에 심각한 부작용을 일으키기 때문에 시장에서 퇴출되었다: James, P., Caterson, I. D., Coutinho, W., Finer, N., Van Gaal, L., Maggioni, A., Torp-Pedersen, C., Sharma, A., Shepherd, G., Rode, R. and Renz, C. for the SCOUT Investigators (2010). Effect of Sibutramine

on Cardiovascular Outcomes in Overweight and Obese Subjects. N. Engl. J. Med. 363, 905-917.
- "쾌락주의적" 음식 섭취 충동에 대한 개관: Berridge, K. C., Ho, C. Y., Richard, J. M. and DiFeliceantonio, A. G. (2010). The tempted brain eats: pleasure and desire circuits in obesity and eating disorders. Brain Res. 1350, 43-64.
- 인용한 프루스트의 글— "치유하지 말아야 할 아픔들이 있다. 왜냐하면 그것들은 우리를 훨씬 더 큰 아픔으로부터 보호하는 유일한 장치이기 때문이다." 출처: 《잃어버린 시간을 찾아서》 3권. 독일어판: *Auf der Suche nach der verlorenen Zeit 3, Guermantes*, Frankfurter Ausgabe, 3. Auflage (Suhrkamp Verlag, Frankfurt am Main, 2003), S. 407.

3부 과체중과 당뇨병의 진짜 원인: 예방과 출구

손상된 기억 유전자

- 머리 부상 이후 뇌하수체에서 성장 호르몬 분비에 장애가 생기는 경우를 흔히 볼 수 있다: Popovic, V., Aimaretti, G., Casanueva, F. F. and Ghigo, E. (2005). Hypopituitarism following traumatic brain injury. Growth Horm. IGF. Res 15, 177-184.
- 복내측 시상하부나 편도체의 손상이 극심한 비만을 가져온다: Grundmann, S. J., Pankey, E. A., Cook, M. M., Wood, A. L., Rollins, B. L. and King, B. M. (2005). Combination unilateral amygdaloid and ventromedial hypothalamic lesions: evidence for a feeding pathway. Am. J. Physiol. Regul. Integr. Comp. Physiol. 288, R702-R707.
- 시상하부에서 렙틴은 췌장으로 내려가는 교감신경 경로로 하여금 인슐린 분비를 억제하게끔 하는 작용을 한다: Mizuno, A., Murakami, T., Otani, S., Kuwajima, M. and Shima, K. (1998). Leptin affects pancreatic endocrine functions through the sympathetic nervous system. Endocrinology 139, 3863-3870.
- 복내측 시상하부가 정상적인 에너지 항상성에 필수적임을 보여주는 획기적인 논문: Dhillon, H., Zigman, J. M., Ye, C., Lee, C. E., McGovern, R. A., Tang, V., Kenny, C. D., Christiansen, L. M., White, R. D. and Edelstein, E. A. (2006). Leptin Directly

Activates SF1 Neurons in the VMH, and This Action by Leptin Is Required for Normal Body-Weight Homeostasis. Neuron 49, 191-203.
- 렙틴 수용체가 없는 유전자 조작 쥐는 과체중이 되며 뇌의 크기가 정상보다 25퍼센트 작다: Vannucci, S. J., Gibbs, E. M. and Simpson, I. A. (1997). Glucose utilization and glucose transporter proteins GLUT-1 and GLUT-3 in brains of diabetic (db/db) mice. Am. J. Physiol. 272, E267-E274.
- 뇌 혈류 부족의 결과, 뇌의 인슐린 억제가 일어난다: Harada, S., Fujita, W. H., Shichi, K. and Tokuyama, S. (2009). The development of glucose intolerance after focal cerebral ischemia participates in subsequent neuronal damage. Brain Res. 1279, 174-181.
- 뇌 혈류 부족으로 인한 뇌의 인슐린 억제는 시상하부 부신 시스템을 통해 매개된다: McPherson, R. J., Mascher-Denen, M. and Juul, S. E. (2009). Postnatal stress produces hyperglycemia in adult rats exposed to hypoxia-ischemia. Pediatr. Res. 66, 278-282.
- 고혈당증은 급성 뇌졸중으로 병원에 실려온 환자의 전형적인 증상이다: Scott, J. F., Robinson, G. M., French, J. M., O'Connell, J. E., Alberti, K. G. and Gray, C. S. (1999). Prevalence of admission hyperglycaemia across clinical subtypes of acute stroke. Lancet 353, 376-377.
- 뇌 조직 감소와 과체중의 연관성을 다룬 논문: Raji, C. A., Ho, A. J., Parikshak, N. N., Becker, J. T., Lopez, O. L., Kuller, L. H., Hua, X., Leow, A. D., Toga, A. W. and Thompson, P. M. (2009). Brain structure and obesity. Hum. Brain Mapp 31, 353-364.
- 뇌 손상과 과체중에 관한 글: Judson, O. Brain Damage. 〈The New York Times〉 20. 04. 2010. New York, Arthur Ochs Sulzberger (Jr.)
- 과체중자와 정상 체중자의 대뇌피질 ATP 농도가 다르지 않음을 보여주는 자기공명영상 연구: Schmoller, A., Hass, T., Strugovshchikova, O., Melchert, U. H., Scholand-Engler, H. G., Peters, A., Schweiger, U., Hohagen, F. and Oltmanns, K. M. (2010). Evidence for a relationship between body mass and energy metabolism in the human brain. Journal of Cerebral Blood Flow and Metabolism 30, 1403-1410.
- Peters, A., Bosy-Westphal, A., Kubera, B., Langemann, D., Goele, K., Later, W.,

Heller, M., Hubold, C., Müller, M. J. (2011). Why doesn't the brain lose weight, when obese people diet? Obesity Facts, in Revision.
- 선천성 렙틴 결핍 사례 연구: Farooqi, I. S., Jebb, S. A., Langmack, G., Lawrence, E., Cheetham, C. H., Prentice, A. M., Hughes, I. A., McCamish, M. A. and O'Rahilly, S. (1999). Effects of recombinant leptin therapy in a child with congenital leptin deficiency. N. Engl. J. Med. 341, 879-884.
- 선천성 TrkB 결함 사례 연구: Yeo, G. S., Hung, C. C., Rochford, J., Keogh, J., Gray, J., Sivaramakrishnan, S., O'Rahilly, S. and Farooqi, I. S. (2004). A de novo mutation affecting human TrkB associated with severe obesity and developmental delay. Nat. Neurosci. 7, 1187-1189.

만성 스트레스는 우리의 뇌를 어떻게 프로그래밍할까

- 만성 스트레스를 받는 영국 대학생들의 음식 섭취에 관한 논문 두 편: 첫째, Oliver, G. and Wardle, J. (1999). Perceived effects of stress on food choice. Physiol. Behav. 66, 511-515.
- 둘째, Serlachius, A., Hamer, M. and Wardle, J. (2007). Stress and weight change in university students in the United Kingdom. Physiol. Behav. 92, 548-553.
- 전형적 우울증과 비전형적 우울증의 차이: Gold, P. W. and Chrousos, G. P. (2002). Organization of the stress system and its dysregulation in melancholic and atypical depression: high vs low CRH/NE states. Mol. Psychiatry 7, 254-275.
- 당질 코르티코이드 수용체는 여러 유전적 변양태가 있는데, 그것들이 스트레스 시스템을 억제하는 힘은 제각각 다르다. 강한 억제력을 지닌 변양태는 높은 인슐린 수치 및 다량의 체지방과 짝을 이루고, 억제력이 미약한 변양태는 정상 체중과 많은 근육량 그리고 높은 인지 능력과 짝을 이룬다: van Rossum, E. F. and Lamberts, S. W. (2004). Polymorphisms in the glucocorticoid receptor gene and their associations with metabolic parameters and body composition. Recent Prog. Horm. Res. 59, 333-357.
- 후자의 변양태를 지닌 사람은 우울증에 걸릴 위험이 높다: van Rossum, E. F., Binder, E. B., Majer, M., Koper, J. W., Ising, M., Modell, S., Salyakina, D.,

Lamberts, S. W. and Holsboer, F. (2006). Polymorphisms of the glucocorticoid receptor gene and major depression. Biol. Psychiatry 59, 681-688.
- "식량 불안"과 과체중의 상관성을 다룬 논문 두 편: 첫째, Adams, E. J., Grummer-Strawn, L., and Chavez, G. (2003). Food insecurity is associated with increased risk of obesity in California women. J. Nutr. 133, 1070-1074.
- 둘째, Townsend, M. S., Peerson, J., Love, B., Achterberg, C. and Murphy, S. P. (2001). Food insecurity is positively related to overweight in women. J. Nutr. 131, 1738-1745.

프로그래밍된 식욕
- 아동의 음식 섭취가 고전적 조건화를 겪는 것에 대한 연구: Birch, L. L., McPhee, L., Sullivan, S. and Johnson, S. (1989). Conditioned meal initiation in young children. Appetite 13, 105-113.
- 음식 섭취의 고전적 조건화를 동물 실험으로 입증한 획기적인 연구: Weingarten, H. P. (1983). Conditioned cues elicit feeding in sated rats: a role for learning in meal initiation. Science 220, 431-433.
- 음식 섭취의 고전적 조건화에서 학습 과정이 일어나는 뇌 구역을 신경해부학적으로 밝혀낸 논문: Petrovich, G. D., Setlow, B., Holland, P. C. and Gallagher, M. (2002). Amygdalo-hypothalamic circuit allows learned cues to override satiety and promote eating. J. Neurosci. 22, 8748-8753.
- 음식 섭취의 고전적 조건화에서 앞이마엽 피질의 구실에 대한 설명: Petrovich, G. D., Holland, P. C. and Gallagher, M. (2005). Amygdalar and prefrontal pathways to the lateral hypothalamus are activated by a learned cue that stimulates eating. J. Neurosci. 25, 8295-8302.
- (스트레스 시스템이 손상되어) 뇌-당김의 경쟁력이 약화되면 신경 당결핍 증상이 나타나고, 음식을 섭취하면 이 증상을 다시 제거할 수 있다는 것을 보여주는 논문: Klement, J., Hubold, C., Cords, H., Oltmanns, K. M., Hallschmid, M., Born, J., Lehnert, H. and Peters, A. (2010). High-calorie glucose-rich food attenuates neuroglycopenic symptoms in patients with Addison's disease. J. Clin. Endocrinol. Metab. 95, 522-528.

- 정상 체중자와 과체중자 뇌의 상대적 에너지 수용량 비교: Peters, A., Hitze, B., Langemann, D., Bosy-Westphal, A. and Müller, M. J. (2010). Brain size, body size and longevity. Int. J. Obes. (London) 34, 1349-1352.
- "음식 광고"가 아동의 음식 섭취를 증가시킨다는 것을 보여주는 논문 두 편: 첫째, Harris, J. L., Bargh, J. A. and Brownell, K. D. (2009). Priming effects of television food advertising on eating behavior. Health Psychol. 28, 404-413.
- 둘째, Halford, J. C., Boyland, E. J., Hughes, G., Oliveira, L. P. and Dovey, T. M. (2007). Beyond-brand effect of television (TV) food advertisements/commercials on caloric intake and food choice of 5-7-year-old children. Appetite 49, 263-267.
- 이른 유년기의 텔레비전 시청이 성인기의 과체중을 유발한다는 것을 보여주는 영국의 대규모 관찰 연구: Viner, R. M. and Cole, T. J. (2005). Television viewing in early childhood predicts adult body mass index. J. Pediatr. 147, 429-435.
- 기억 형성 바탕에 깔린 분자적 메커니즘과 시냅스의 안정 상태에 대한 분석: Langemann, D., Pellerin, L. and Peters, A. (2008). Making sense of AMPA receptor trafficking by modeling molecular mechanisms of synaptic plasticity. Brain Res. 1207, 60-72.
- 공포 조건화와 소거를 개관하는 논문 두 편: 첫째, LeDoux, J. E. (2000). Emotion circuits in the brain. Annu. Rev. Neurosci. 23, 155-184.
- 둘째, Pare, D., Quirk, G. J. and LeDoux, J. E. (2004). New vistas on amygdala networks in conditioned fear. J. Neurophysiol. 92, 1-9.
- 아동을 겨냥한 "식품 마케팅"의 역할에 관한 범유럽 규모의 연구 프로젝트에서 드러났듯 개별 국가의 관련 규정은 비효율적이고 비일관적이다. 극소수 정부(노르웨이, 스웨덴 등)는 아동을 겨냥한 식품 마케팅을 엄격하게 금지하지만, 대부분의 정부는 식품업계와 미디어의 자발적 규제에 의지한다: Matthews, A. E. (2008). Children and obesity: a pan-European project examining the role of food marketing. Eur. J. Public Health 18, 7-11.

스트레스가 정신적 외상으로 발전할 때
- 네덜란드 기아 연구에서 임신 중의 영양 부족과 스트레스가 자식 세대와 손자 세대

에 과체중을 가져온다는 것이 입증되었다: Painter, R. C., Osmond, C., Gluckman, P., Hanson, M., Phillips, D. I. and Roseboom, T. J. (2008). Transgenerational effects of prenatal exposure to the Dutch famine on neonatal adiposity and health in later life. BJOG. 115, 1243-1249.

- 임신부의 행동은 자식의 코르티솔 스트레스 반응을 "프로그래밍"한다: Liu, D., Diorio, J., Tannenbaum, B., Caldji, C., Francis, D., Freedman, A., Sharma, S., Pearson, D., Plotsky, P. M. and Meaney, M. J. (1997). Maternal care, hippocampal glucocorticoid receptors, and hypothalamic-pituitary-adrenal responses to stress. Science 277, 1659-1662.
- "프로그래밍"된 코르티솔 스트레스 반응을 자식 세대와 손자 세대에서 확인할 수 있으며, 이 대물림은 후성적(즉, 비유전적) 메커니즘을 통해 일어난다: Francis, D., Diorio, J., Liu, D. and Meaney, M. J. (1999). Nongenomic transmission across generations of maternal behavior and stress responses in the rat. Science 286, 1155-1158.
- 시상하부 부신피질 시스템의 "프로그래밍"은 해마의 GR 유전자 발현의 변화를 동반하며 되돌릴 수 있다: Weaver, I. C., Cervoni, N., Champagne, F. A., D'Alessio, A. C., Sharma, S., Seckl, J. R., Dymov, S., Szyf, M. and Meaney, M. J. (2004). Epigenetic programming by maternal behavior. Nat. Neurosci. 7, 847-854.
- 네덜란드 기아 연구의 또 다른 성과는 물질대사 조절 유전자의 후성적 변화가 60년 넘게 유지될 수 있음을 입증한 것이다: Heijmans, B. T., Tobi, E. W., Stein, A. D., Putter, H., Blauw, G. J., Susser, E. S., Slagboom, P. E. and Lumey, L. H. (2008). Persistent epigenetic differences associated with prenatal exposure to famine in humans. Proc. Natl. Acad. Sci. USA 105, 17046-17049.
- 성적 학대를 당한 여자아이는 훗날 코르티솔 스트레스 반응이 약해진다: De, B., Chrousos, G. P., Dorn, L. D., Burke, L., Helmers, K., Kling, M. A., Trickett, P. K. and Putnam, F. W. (1994). Hypothalamic-pituitary-adrenal axis dysregulation in sexually abused girls. J. Clin. Endocrinol Metab. 78, 249-255.
- 어린 시절에 심리적 곤경을 겪으면 훗날 과체중과 제2형 당뇨병에 걸릴 위험이 높아진다: Thomas, C., Hypponen, E. and Power, C. (2008). Obesity and type 2 diabetes risk in midadult life: the role of childhood adversity. Pediatrics 121, e1240-

e1249.
- 어린 시절에 학대를 당한 적이 있는 자살자를 검사해보면, 해마의 GR 유전자에 메틸 막이 덮여 있는 경우를 흔히 볼 수 있다. 일반적인 사람에게서 그런 메틸 막을 발견하는 경우는 훨씬 드물다: McGowan, P. O., Sasaki, A., D'Alessio, A. C., Dymov, S., Labonte, B., Szyf, M., Turecki, G. and Meaney, M. J. (2009). Epigenetic regulation of the glucocorticoid receptor in human brain associates with childhood abuse. Nat. Neurosci. 12, 342-348.

게임 조종기와 뇌 물질대사의 재프로그래밍
- 운동 부족이 비만의 원인이 아니라 결과임을 보여주는 청소년 대상 연구: Metcalf, B. S., Hosking, J., Jeffery, A. N., Voss, L. D., Henley, W. and Wilkin, T. J. (2010). Fatness leads to inactivity, but inactivity does not lead to fatness: a longitudinal study in children (EarlyBird 45). Arch. Dis. Child.
- 장기적인 운동 프로그램이 공복시 인슐린 농도의 하강을 (혈당 수치는 변함이 없는 가운데) 가져온다는 것을 보여주는 연구 두 건: 첫째, Potteiger, J. A., Jacobsen, D. J., Donnelly, J. E. and Hill, J. O. (2003). Glucose and insulin responses following 16 months of exercise training in overweight adults: the Midwest Exercise Trial. Metabolism 52, 1175-1181.
- 둘째, Oppert, J. M., Nadeau, A., Tremblay, A., Despres, J. P., Theriault, G. and Bouchard, C. (1997). Negative energy balance with exercise in identical twins: plasma glucose and insulin responses. Am. J. Physiol. 272, E248-E254.
- 텔레비전 시청과 컴퓨터 사용이 아동의 심리에 미치는 부정적 영향: Page, A. S., Cooper, A. R., Griew, P. and Jago, R. (2010). Children's Screen Viewing is Related to Psychological Difficulties Irrespective of Physical Activity. Pediatrics 126, 1011-1017.

거짓 신호
- 무(無)칼로리 감미료가 단 음식의 에너지 함유량에 대한 판단의 혼란을 초래해 지속적인 행동 변화, 특히 영양 섭취 행동의 강화와 체중 증가를 가져온다는 것을 보

여주는 연구 두 건: 첫째, Swithers, S. E. and Davidson, T. L. (2008). A role for sweet taste: calorie predictive relations in energy regulation by rats. Behav. Neurosci. 122, 161-173.
- 둘째, Swithers, S. E., Martin, A. A. and Davidson, T. L. (2010). High-intensity sweeteners and energy balance. Physiol. Behav. 100, 55-62.
- Schmid, S. M., Jauch-Chara, K., Hallschmid, M., Wilms, B. and Schultes, B. (2008). Perception of sweetness during oral glucose intake enhances subsequent increase of blood glucose and decreases spontaneous food intake in normal weight but not obese men. 39th Annual ISPNE (International Society of Psychoneuroendocrinology) Conference, Dresden.
- 외부에서 주입된 당질 코르티코이드는 중추신경계 메커니즘을 통해 시상하부 부신 시스템을 억제하고(코르티솔 수치를 낮추고) 췌장에서의 인슐린 분비를 촉진한다: Zakrzewska, K. E., Cusin, I., Stricker-Krongrad, A., Boss, O., Ricquier, D., Jeanrenaud, B. and Rohner-Jeanrenaud, F. (1999). Induction of obesity and hyperleptinemia by central glucocorticoid infusion in the rat. Diabetes 48, 365-370.
- 경구 섭취용 술포닐우레아는 중추신경계에 직접 작용한다: Slingerland, A. S., Hurkx, W., Noordam, K., Flanagan, S. E., Jukema, J. W., Meiners, L. C., Bruining, G. J., Hattersley, A. T. and Hadders-Algra, M. (2008). Sulphonylurea therapy improves cognition in a patient with the V59M KCNJ11 mutation. Diabet. Med. 25, 277-281.
- 술포닐우레아는 시상하부 부신 시스템이 저혈당에 대응하는 것을 억제한다: Szoke, E., Gosmanov, N. R., Sinkin, J. C., Nihalani, A., Fender, A. B., Cryer, P. E., Meyer, C. and Gerich, J. E. (2006). Effects of glimepiride and glyburide on glucose counterregulation and recovery from hypoglycemia. Metabolism 55, 78-83.
- 술포닐우레아의 안전성에 대한 논쟁은 1970년 "대학 집단 당뇨병 프로그램(University Group Diabetes Programm)"의 결과를 발표하면서 불붙었다. 방법론적인 약점 때문에 비판을 받은 이 연구는 술포닐우레아 치료가 사망률을 높인다고 보고했다: Meinert, C. L., Knatterud, G. L., Prout, T. E. and Klimt, C. R. (1970). A study of the effects of hypoglycemic agents on vascular complications in patients with adult-onset diabetes. II. Mortality results. Diabetes 19, Suppl-830.

- 술포닐우레아의 안전성에 대한 논쟁은 특히 심장 보호 메커니즘에 끼치는 악영향을 둘러싸고 오늘날에도 여전히 진행 중이다: Schwartz, T. B. and Meinert, C. L. (2004). The UGDP controversy: thirty-four years of contentious ambiguity laid to rest. Perspect. Biol. Med. 47, 564-574.
- 선택적 세로토닌 재흡수 억제제는 자율신경계뿐 아니라 시상하부 부신 시스템도 억제한다: Jongsma, M. E., Bosker, F. J., Cremers, T. I., Westerink, B. H. and den Boer, J. A. (2005). The effect of chronic selective serotonin reuptake inhibitor treatment on serotonin 1B receptor sensitivity and HPA axis activity. Prog. Neuropsychopharmacol. Biol. Psychiatry 29, 738-744.
- 항우울제 투여 중의 체중 변화를 개관한 논문: Fava, M. (2000). Weight gain and antidepressants. J. Clin. Psychiatry 61, Suppl. 11, 37-41.
- 아편유사제는 스트레스 시스템을 억제한다: Degli Uberti, E. C., Salvadori, S., Trasforini, G., Margutti, A., Ambrosio, M. R., Rossi, R., Portaluppi, F. and Pansini, R. (1992). Effect of deltorphin on pituitary-adrenal response to insulin-induced hypoglycemia and ovine corticotropin-releasing hormone in healthy man. J. Clin. Endocrinol. Metab. 75, 370-374.
- 아편유사제는 영양 섭취 행동을 강화한다: Zhang, M., Balmadrid, C. and Kelley, A. E. (2003). Nucleus accumbens opioid, GABAergic, and dopaminergic modulation of palatable food motivation: contrasting effects revealed by a progressive ratio study in the rat. Behav. Neurosci. 117, 202-211.
- 아편유사제 패치를 사용한 탓에 급성 부신 기능 장애가 발생한 사례: Oltmanns, K. M., Fehm, H. L. and Peters, A. (2005). Chronic fentanyl application induces adrenocortical insufficiency. Journal of Internal Medicine 257, 478-480.
- 민감한 [고친화성(high-affinity)] 코르티솔 수용체가 편도체 신경 펩티드와 시상하부 신경 펩티드의 발현을 자극한다: Watts, A. G. and Sanchez-Watts, G. (1995). Region-specific regulation of neuropeptide mRNAs in rat limbic forebrain neurones by aldosterone and corticosterone. J. Physiol. 484 (Pt 3), 721-736.
- 알코올의 작용으로 인한 뇌 물질대사의 감소: Volkow, N. D., Ma, Y., Zhu, W., Fowler, J. S., Li, J., Rao, M., Mueller, K., Pradhan, K., Wong, C. and Wang, G. J. (2008). Moderate doses of alcohol disrupt the functional organization of the human

brain. Psychiatry Res. 162, 205-213.
- 알코올은 중추신경계 메커니즘을 통해 인슐린 분비를 촉진한다: Huang, Z. and Sjoholm, A. (2008). Ethanol acutely stimulates islet blood flow, amplifies insulin secretion, and induces hypoglycemia via nitric oxide and vagally mediated mechanisms. Endocrinology 149, 232-236.
- 알코올은 보상 중추의 핵심 구역에서 도파민 분비를 촉진한다: Boileau, I., Assaad, J. M., Pihl, R. O., Benkelfat, C., Leyton, M., Diksic, M., Tremblay, R. E. and Dagher, A. (2003). Alcohol promotes dopamine release in the human nucleus accumbens. Synapse 49, 226-231.
- 사회적 실패의 반복으로 인한 스트레스가 알코올 소비의 증가를 가져온다는 동물 실험 결과: Caldwell, E. E. and Riccio, D. C. (2010). Alcohol self-administration in rats: Modulation by temporal parameters related to repeated mild social defeat stress. Alcohol 44, 265-274.

과체중의 참된 원인을 알아내고 제거하기
- 멜린이 과체중 청소년과 성인을 대상으로 실시하는 뇌 훈련의 효과에 대한 연구: 첫째, Mellin, L. M., Slinkard, L. A. and Irwin, C. E. (Jr.) (1987). Adolescent obesity intervention: validation of the SHAPEDOWN program. J. Am. Diet. Assoc. 87, 333-338.
- 둘째, Mellin, L. M., Croughan-Minihane, M. and Dickey, L. (1997). The Solution Method: 2-year trends in weight, blood pressure, exercise, depression, and functioning of adults trained in development skills. J. Am. Diet. Assoc. 97, 1133-1138.
- 과체중자를 위한 멜린의 프로그램을 소개하는 영어 안내서: Mellin, L. M. (1997). The Solution: 6 Winning Ways to Permanent Weight Loss (New York: Harper Collins).
- 이른바 대화-행동 치료에 기초한, 식이장애자를 위한 심리 치료 매뉴얼. 고도 비만자에게도 원리적으로 적용 가능하다: Schweiger, U. and Sipos, V. (2010). Dialektisch Behavoriale Therapie fur Patienten mit Borderline-Storung und Essstorungen 〔DBT-Essstorungen〕 (Stuttgart: Kohlhammer Verlag).
- "위안용 음식"과 "위안용 음식 섭취"의 개념을 설명하고 그 신경생물학적 기초를

다룬 논문 두 편: 첫째, Dallman, M. F., Pecoraro, N., Akana, S. F., la Fleur, S. E., Gomez, F., Houshyar, H., Bell, M. E., Bhatnagar, S., Laugero, K. D. and Manalo, S. (2003). Chronic stress and obesity: a new view of "comfort food". Proc. Natl. Acad. Sci. USA 100, 11696-11701.
- 둘째, Peters, A. and Langemann, D. (2010). Stress and eating behavior. f1000 Biology Reports 2, 13, doi:10.3410/B2-13.

감정은 우리의 길잡이
- 알라딘과 마술 램프 이야기 출처: 1839년 캘커타판 아랍어 원본을 번역한 독일어판 *Die Erzahlungen aus den Tausendundein Nachten.*, Enno Littmann 옮김, Zweiter Band (Insel Verlag), S. 659-791.
- 숙면 중의 기억 다지기에서 MR 코르티솔 수용체의 역할: Wagner, U., Degirmenci, M., Drosopoulos, S., Perras, B. and Born, J. (2005). Effects of cortisol suppression on sleep-associated consolidation of neutral and emotional memory. Biol. Psychiatry 58, 885-893.
- 보상 시스템이 목표 지향적 행동의 통제에 미치는 영향: Grace, A. A., Floresco, S. B., Goto, Y. and Lodge, D. J. (2007). Regulation of firing of dopaminergic neurons and control of goal-directed behaviors. Trends Neurosci. 30, 220-227.
- 시냅스 가소성에서 D1-도파민 수용체와 D2-도파민 수용체의 협동: Shen, W., Flajolet, M., Greengard, P. and Surmeier, D. J. (2008). Dichotomous dopaminergic control of striatal synaptic plasticity. Science 321, 848-851.

물질대사 교육: 우리 아이들을 날씬하게 키우는 법
- 신경경제학: 기능성 자기공명영상으로 뇌를 촬영하면 예컨대 사람이 두 가지 음료 중 하나를 선택할 때 앞이마엽 피질이 어떤 구실을 하는지 볼 수 있다: McClure, S. M., Li, J., Tomlin, D., Cypert, K. S., Montague, L. M. and Montague, P. R. (2004). Neural correlates of behavioral preference for culturally familiar drinks. Neuron 44, 379-387.

- 신경 마케팅: Pradeep, A. K. (2010). The Buying Brain: Secrets for Selling to the Subconcious Mind (Hoboken, New Jersey: John Wiley & Sons), 1-252.
- 피실험자가 스스로 감정적 표정을 짓거나 타인의 감정적 표정을 관찰할 때 신경세포가 어떻게 활동하는지 관찰해 거울 뉴런의 존재를 입증한 연구: Mukamel, R., Ekstrom, A. D., Kaplan, J., Iacoboni, M. and Fried, I. (2010). Single-Neuron Responses in Humans during Execution and Observation of Actions. Curr. Biol. 20, 750-756.
- 조건화한 인슐린 분비에서 편도체가 필수적임을 보여주는 동물 실험: Roozendaal, B., Oldenburger, W. P., Strubbe, J. H., Koolhaas, J. M. and Bohus, B. (1990). The central amygdala is involved in the conditioned but not in the meal-induced cephalic insulin response in the rat. Neurosci Lett 116, 210-215.
- 인용문 "정원 깊은 곳에 창문 열린 수도원이 있고……"의 출처: 마르셀 프루스트, 《잃어버린 시간을 찾아서》 3권. 독일어판: Proust, M. (2003), *Auf der Suche nach der verlorenen Zeit, Guermantes*. Frankfurter Ausgabe, 117.

맺음말

- 감정적 기억에 대한 신경과학적 연구 결과를 프루스트가 문학적으로 선취했음을 지적하는 논문: Peters, A. und Gunther, A. Quartette -Beziehungsmuster bei Proust, Racine und Goethe (2010). PROUSTIANA, Hrsg. Speck, R. Moritz, R., Magner, M. (Insel Verlag, Berlin), 75-94.
- 맺음말 끝에 인용한 마들렌 에피소드의 출처: 마르셀 프루스트, 《잃어버린 시간을 찾아서》 1권. 독일어판: *Auf der Suche nach der verlorenen Zeit, In Swanns Welt*. Deutsch von Eva Rechel-Mertens (2000) (Suhrkamp Verlag, Frankfurt am Main), 67.

감사의 글

원고를 집필하는 과정에서 비판적 조언과 논평을 제공한 디르크 랑에만, 브리타 쿠베라, 크리스티안 후볼트, 자비네 비트네벨, 레기나 판 다이켄, 조냐 엔트링거에게 진심으로 감사의 뜻을 전한다.

또한 뤼베크 대학 연구팀의 모든 구성원이 이기적인 뇌 이론에 대한 연구에서 보여준 열정과 탁월한 성과에 감사한다. 디르크 랑에만 교수, 뤽 펠르랭 교수, 토마스 페터스 교수, 케르스틴 M. 올트만스 교수, 우베 H. 멜헤르트 박사, 페르디난트 빈코프스키 교수, 울리히 슈바이거 교수, 디르크 페테르센 교수, 프리츠 호하겐 교수, 이자벨 파이스 박사, 얀 보른 교수, 만프레드 할슈미트 박사, 카밀라 야우흐-하라 박사, 헤드릭 레네르트 교수, 올라프 요렌 교수. 예로엔 메스터스 박사, 롤프 힐겐펠트 교수, 브리타 쿠베라 박사, 크리스티안 후볼트 박사, 레기나 판 다이켄, 조냐 엔트링거 박사, 마티아스 정 박사, 아니카 갈링거 박사, 토르스텐 비에트 박사, 미하엘라 뢰비히 박사, 안드레 슈몰러 박사, 물리학자 하랄트 솔란트-엥글러, 비브케 그레게르센 박사, 요한나 클레멘트 박사, 제바스티안 M. 슈미트 박사, 브리타 브릭스 박사, 마일린 되프켄스, 호르스트 로렌츠 펨 교수, 위르겐 프레스틴, 안드레아스 모저 박사, 자비네 비트네벨, 키르스틴 노르트하우젠, 유타 슈반봄.

더 나아가 지난 몇 년 동안 "이기적인 뇌"에 대한 연구로 박사 학위를 취득하고 과학에만 국한되지 않은 방식으로 기꺼이 연구팀에 기여한 박사 과정 학생 100명에게도 특별한 감사의 말을 전한다.

또한 우리 임상 연구팀을 신뢰하고 수백만 유로에 달하는 자금을 지원해준 독일연구재단에 감사한다.

베티나 엘트너와 하이케 그로네마이어의 아주 건설적이고 심층적인 편집을 매우 소중하게 평가한다. 참으로 고맙다.

집필 과정에서 제바스티안 융게와 활발히 협력한 것은 내가 경험한 가장 멋진 작업 중 하나였다. 이 자리를 빌려 융게에게 진심으로 고맙다는 말을 전한다.

끝으로 질문과 이해와 뒷받침으로 내 연구에 동행한 아스트리드에게 큰 고마움을 느낀다.